新编21世纪高等职业教育精品教材
装备制造类

新形态
实训教程

五轴加工中心编程与仿真

顾　问◎蔡玉俊
主　审◎谭积明
主　编◎何　欣　杨天时　张　健
副主编◎胡高峰　王元泽　梁晓雅
参　编◎何　平　王柏强　李保正
锁子明　崔铭达　王梓暄
贺斐杰　赵　猛

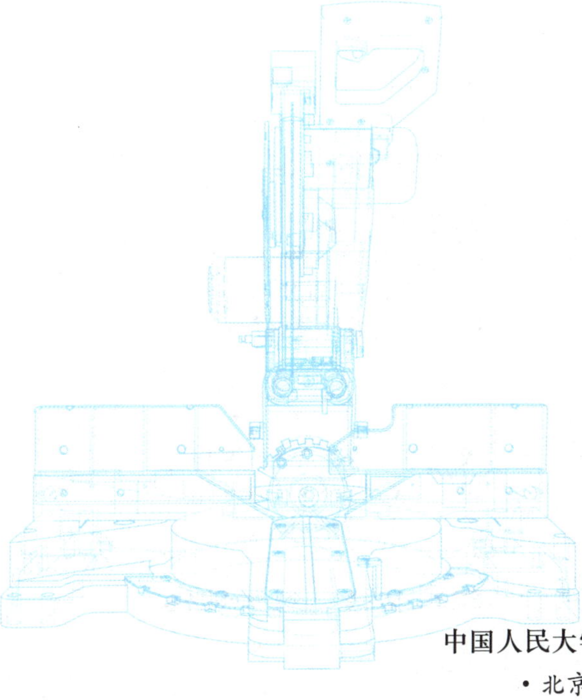

中国人民大学出版社
·北京·

图书在版编目（CIP）数据

五轴加工中心编程与仿真 / 何欣，杨天时，张健主编. -- 北京 : 中国人民大学出版社，2025. 5. --（新编 21 世纪高等职业教育精品教材）. -- ISBN 978-7-300-34054-8

Ⅰ. TG519. 1

中国国家版本馆 CIP 数据核字第 2025E7T800 号

新编 21 世纪高等职业教育精品教材 · 装备制造类

五轴加工中心编程与仿真

顾　问　蔡玉俊
主　审　谭积明
主　编　何　欣　杨天时　张　健
副主编　胡高峰　王元泽　梁晓雅
参　编　何　平　王柏强　李保正　锁子明　崔铭达　王梓暄　贺斐杰　赵　猛

Wuzhou Jiagong Zhongxin Biancheng yu Fangzhen

出版发行	中国人民大学出版社		
社　　址	北京中关村大街 31 号	**邮政编码**	100080
电　　话	010－62511242（总编室）		010－62511770（质管部）
	010－82501766（邮购部）		010－62514148（门市部）
	010－62511173（发行公司）		010－62515275（盗版举报）
网　　址	http://www.crup.com.cn		
经　　销	新华书店		
印　　刷	中煤（北京）印务有限公司		
开　　本	889 mm × 1194 mm　1/16	**版　　次**	2025 年 5 月第 1 版
印　　张	14.5	**印　　次**	2025 年 5 月第 1 次印刷
字　　数	372 000	**定　　价**	52.00 元

前 言

党的二十大报告指出，教育、科技、人才是全面建设社会主义现代化国家的基础性、战略性支撑。教育是国之大计、党之大计。职业教育是我国教育体系的重要组成部分，肩负着“为党育人、为国育才”的神圣使命。本教材以习近平新时代中国特色社会主义思想为指导，深入贯彻落实党的二十大精神，将思想道德建设与专业素质培养融为一体，着力培养爱党爱国、敬业奉献，具有工匠精神的高素质技能人才。

近年来，随着我国制造业的快速发展，企业对高精度、高速度、高效率的五轴机床的需求越来越大。五轴加工技术的普及是我国突破高端制造瓶颈、实现产业升级的关键路径。通过技术自主化、产业链协同化和应用场景多元化，五轴加工技术将持续推动我国制造业向智能化、精密化、绿色化方向迈进，为我国“十五五”期间建设制造强国奠定坚实的基础。

然而，由于价格昂贵、维修保养费用高等问题，五轴机床的实际操作和编程培训工作颇具难度。此外，五轴机床较复杂，需要专业技术人员进行操作和维护，这也限制了其在国内市场的普及。基于这种情况，我们编写了本教材，旨在助力院校和企业开展五轴加工中心编程、操作、仿真教学及培训工作。

本教材首先介绍了五轴加工中心仿真实训的教学环境，随后详细讲解了宇龙机械加工仿真软件的安装、启动、操作等方面的知识，包括五轴加工中心的基本原理、结构特点以及操作技巧等，并配套了多个典型的五轴加工应用案例，帮助学生提高实际操作能力和技术水平。

本教材内容丰富，讲解深入浅出，适合作为职业院校的教材，也可供各类机械制造企业的相关从业人员学习和参考。

在教材编写过程中，我们得到了行业专家、院校教师以及企业工程技术人员的大力支持和悉心指导，在此深表感谢！

由于时间仓促，加之编者水平有限，教材中难免存在疏漏之处，恳请广大读者批评指正，以便继续修订完善。

编者

目 录

笔记栏

单元 1

五轴加工中心仿真实训的教学环境

学习目标

- 掌握五轴加工中心仿真软件的安装方法。

立德树人

为强国建设、民族复兴夯实高技能人才基石

党的二十届三中全会通过的《中共中央关于进一步全面深化改革、推进中国式现代化的决定》提出："加快建设国家战略人才力量，着力培养造就战略科学家、一流科技领军人才和创新团队，着力培养造就卓越工程师、大国工匠、高技能人才，提高各类人才素质。"新时代新征程，社会主义现代化强国建设和中华民族伟大复兴的千秋伟业迫切呼唤高技能人才竞相涌现。

1.1 概　述

五轴加工中心仿真实训环节应用的是上海宇龙软件工程有限公司开发的宇龙机械加工仿真软件。该软件实现了五轴加工中心加工全过程的仿真，包括毛坯的定义，加工刀具的定义与选用，加工坐标系的设置，加工程序的输入、编辑和调试，加工后的零件测量等。加工仿真是根据 NC 代码逐行仿真，包括中间的过渡运动，可确保虚拟机床的运动同真实机床运动完全一致，基于 NC 的机床仿真保证了可靠的碰撞检测，有效解决了实训环节五轴加工中心机床数量严重不足和因失误操作导致机床碰撞产生精度下降的问题。

五轴加工中心仿真实训以零成本的方式反复训练学生的五轴机床操作技能，达到"学中

笔记栏

做，做中学”的效果。教学过程中，理论与实践交替进行，在确保学生快速提升机床操作技能的同时，减少了五轴机床、刀具和零件材料的损耗。

五轴加工中心仿真实训过程符合当前国家示范校建设要求中提出的理论实践一体化，体现了实践“项目化”和“任务化”教学理念。教学过程“虚实结合”，具有实训效果好，针对性强，易于普及等特点。

笔记栏

1.2 宇龙机械加工仿真软件的安装

1.2.1 系统要求

硬件配置：Intel(R) Core(TM) i3 CPU 2.0GHz 或以上；内存 2.0GB 或以上。
操作系统：Windows 7 及以上；必须安装 TCP/IP 网络协议。

1.2.2 网络要求

局域网内部必须畅通，即局域网内部计算机之间可以互相访问。

1.2.3 宇龙机械加工仿真软件的下载和安装

宇龙机械加工仿真软件的下载地址是 https://www.shulin-soft.com/softwareDownload.html。安装步骤如下：

第 1 步：打开“宇龙机械加工仿真软件”的安装包，如图 1－1 所示。

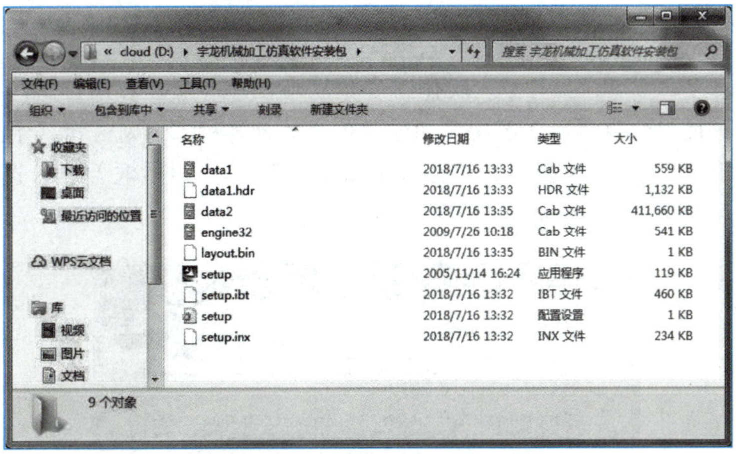

图 1－1　宇龙机械加工仿真软件的安装程序

第 2 步：双击 setup.exe 程序，进行安装，此时系统弹出图 1－2 所示的“InstallShield Wizard”对话框（一），单击“下一步”按钮。

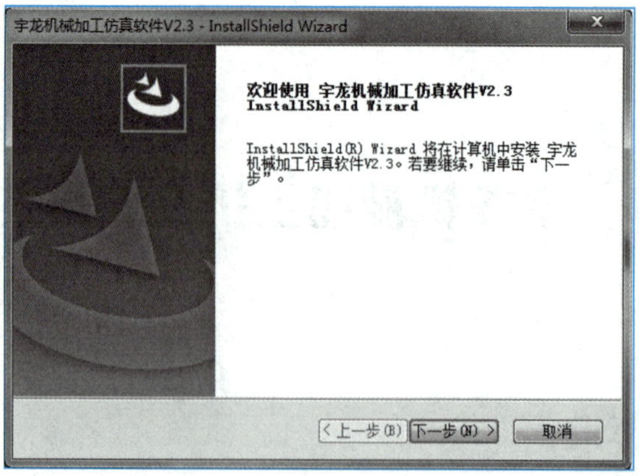

图 1-2 “InstallShield Wizard”对话框（一）

第 3 步：系统弹出图 1-3 所示的“InstallShield Wizard”对话框（二），选择“教师机”或者“学生机”，单击“下一步”按钮。

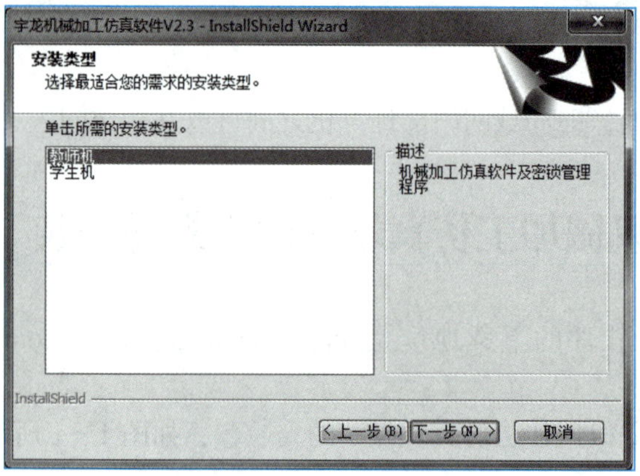

图 1-3 “InstallShield Wizard”对话框（二）

注：此处选择“教师机”，则安装软件加密锁驱动程序和管理程序，适用于教师使用的计算机或无网络单机使用的计算机。若安装在学生使用的计算机上，则选择“学生机”。

第 4 步：系统弹出图 1-4 所示的“InstallShield Wizard”对话框（三），选择“我接受许可证协议中的条款”，单击“下一步”按钮。

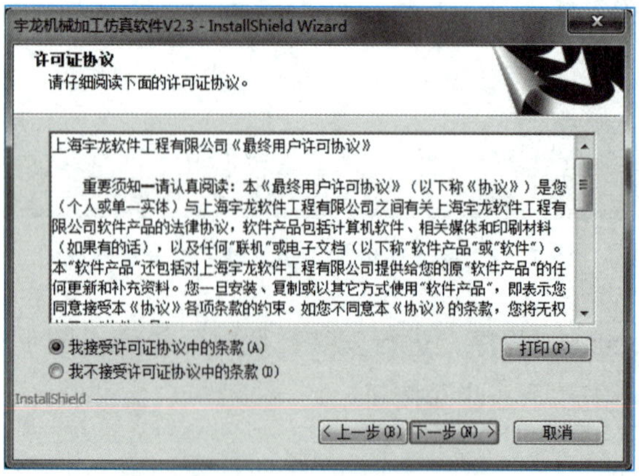

图 1-4 “InstallShield Wizard”对话框（三）

笔记栏

第 5 步：系统弹出图 1－5 所示的“InstallShield Wizard”对话框（四），单击“浏览”按钮可以选择软件的安装路径，此处默认安装在 C 盘，单击“下一步”按钮。

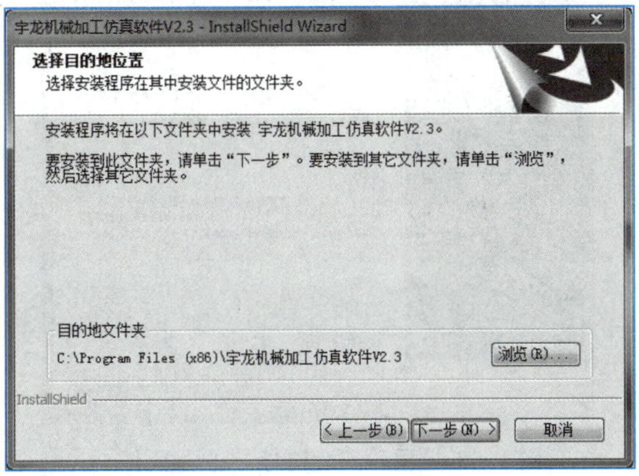

图 1－5　**“InstallShield Wizard”对话框（四）**

第 6 步：系统弹出图 1－6 所示的“InstallShield Wizard”对话框（五），单击“安装”按钮，开始安装。

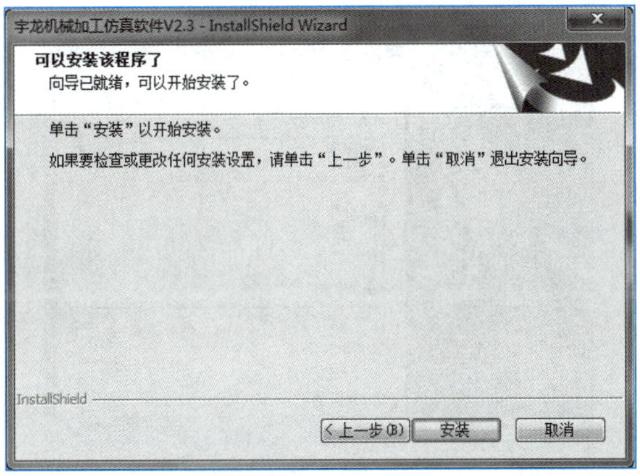

图 1－6　**“InstallShield Wizard”对话框（五）**

第 7 步：系统弹出图 1－7 所示的“InstallShield Wizard”对话框（六），等待安装完成。

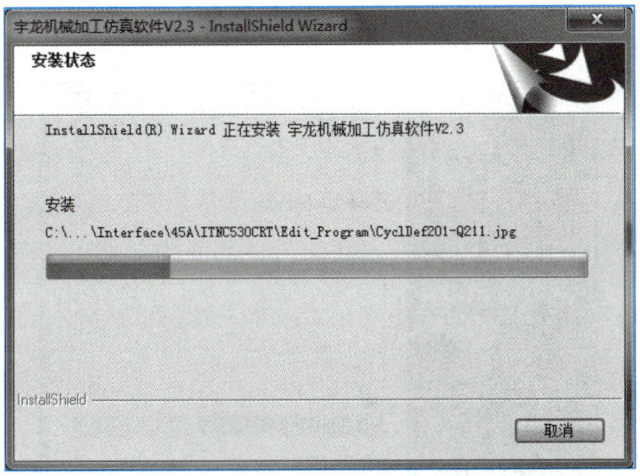

图 1－7　**“InstallShield Wizard”对话框（六）**

注意：若第 3 步选择学生机，则没有第 8 步、第 9 步和第 10 步。

笔记栏

第 8 步：系统弹出图 1－8 所示的“驱动安装向导”对话框（一）时，单击“下一步”按钮。

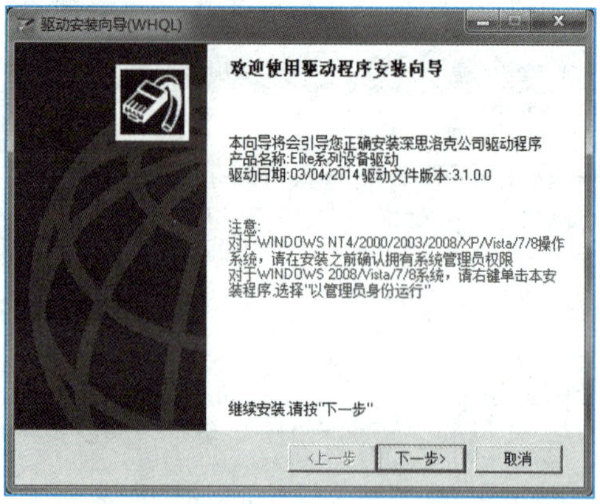

图 1－8 “驱动安装向导”对话框（一）

第 9 步：系统弹出图 1－9 所示的“驱动安装向导”对话框（二），此时单击 ... 可以选择驱动的安装路径，选择“安装驱动程序”，单击“下一步”按钮（此处单击“高级设置”可以安装虚拟读卡器）。

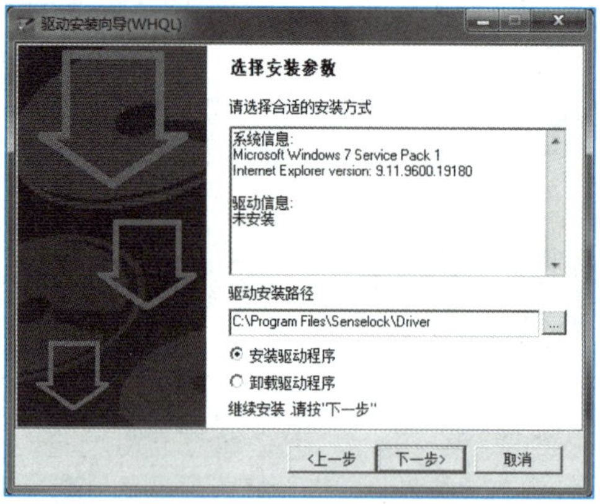

图 1－9 “驱动安装向导”对话框（二）

第 10 步：系统弹出图 1－10 所示的“驱动安装向导”对话框（三）。稍等片刻，“进度”条填满后，单击“完成”按钮。

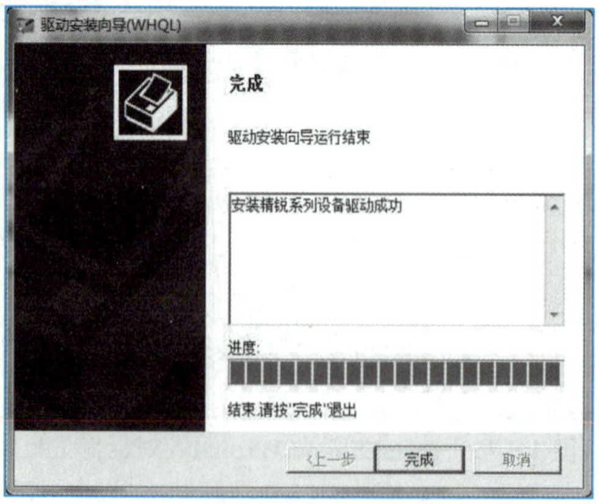

图 1－10 “驱动安装向导”对话框（三）

笔记栏

第 11 步：系统弹出图 1 - 11 所示的“问题”对话框，提示用户是否在桌面上创建快捷方式，单击“是”按钮。

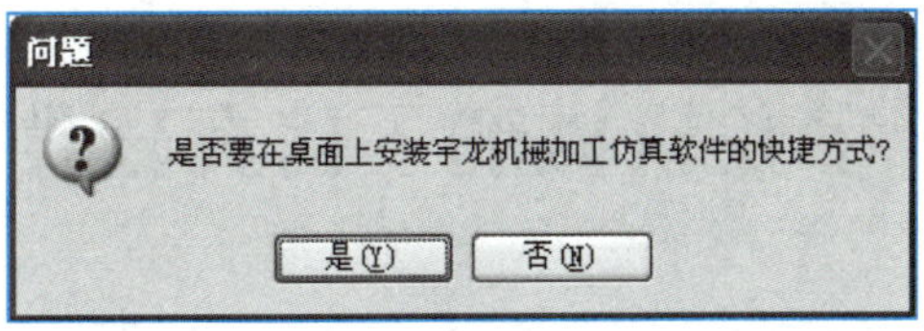

图 1 - 11 “问题”对话框

第 12 步：系统弹出图 1 - 12 所示的“InstallShield Wizard”对话框（七），单击“完成”按钮，完成安装。

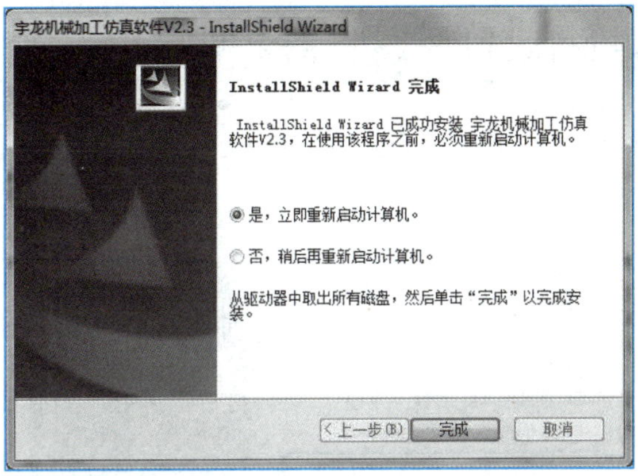

图 1 - 12 “InstallShield Wizard”对话框（七）

1.2.4 程序的卸载

选择桌面菜单“开始”→“设置”→“控制面板”的“添加 / 删除程序”；选中程序列表中的“宇龙机械加工仿真软件”，单击“添加 / 删除…”即可删除加工仿真系统。

笔记栏

1.3 宇龙机械加工仿真软件的启动

安装程序已在教师机上安装了宇龙软件授权管理程序，用于管理加密锁和控制仿真系统的运行状态。宇龙软件授权管理程序运行后，教师机和学生机的机械加工仿真软件才能运行。单机版的用户操作与教师机操作相同。

1.3.1 启动宇龙软件授权管理程序

如图 1－13 所示，选择桌面菜单“开始”→“宇龙机械加工仿真软件”→“宇龙软件授权管理程序”。

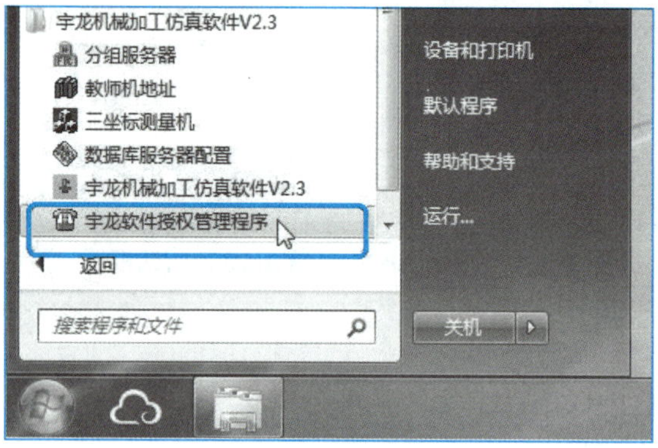

图 1－13 “开始”菜单

宇龙软件授权管理程序启动后，屏幕右下方的工具栏中将出现“”图标。

1.3.2 运行宇龙机械加工仿真软件

选择桌面菜单“开始”→“宇龙机械加工仿真软件”，系统弹出图 1－14 所示的“用户登录”界面。

此时，可以直接单击“快速登录”按钮进入机械加工仿真软件的操作界面，也可以通过输入用户名和密码，再单击“确定”按钮进入软件。

一般用户名为 guest，密码为 guest。可联系系统管理员获取“管理员用户名和密码”。

注：一般情况下，单击“快速登录”按钮直接登录即可。

使用网络版宇龙机械加工仿真软件时，必须按上述方法先在教师机上启动“宇龙软件授权管理程序”，等教师机屏幕右下方的工具栏中出现“”图标后，才可以向学生机提供软件使用授权。

笔记栏

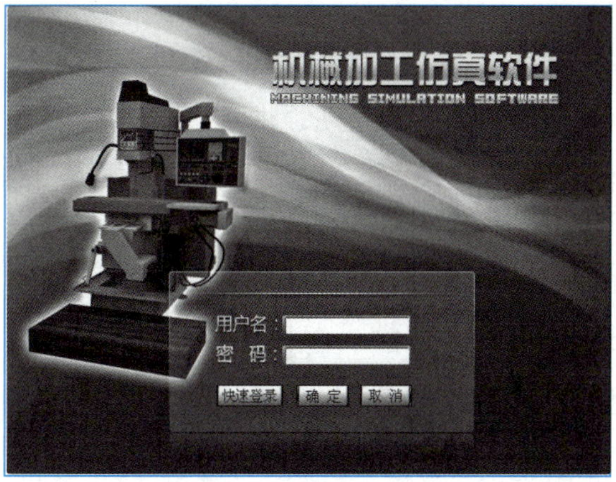

图 1－14　“用户登录”界面

如果安装时选择的是“学生机”，则需要等教师机上的“宇龙软件授权管理程序”启动且提供网络授权后，学生机才能启动宇龙机械加工仿真软件。

如果找不到网络授权，学生机则无法启动软件。此时可能需要配置一下教师机的地址。在学生机上选择桌面菜单“开始”→“宇龙机械加工仿真软件”→“教师机地址”，启动程序后出现图 1－15 所示的对话框。如果本机是安装了加密锁的教师机，此配置界面的内容无须改动。

如果本机是学生机，则需要取消勾选相应的选项，如图 1－16 所示，然后在“运行加密锁管理程序的计算机地址”输入框中输入安装了加密锁的计算机的名字或 IP 地址（116.236.111.194 为示例），单击“确定”按钮。学生机再次启动软件时将根据这个地址寻找网络授权。得到授权后，学生机上的宇龙机械加工仿真软件就可以顺利启动并正常使用。

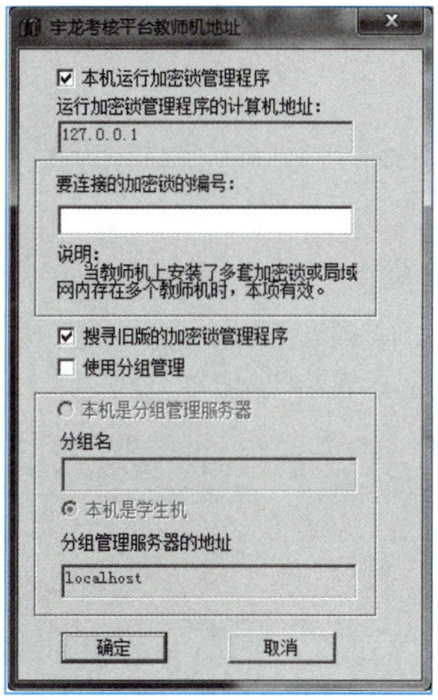

图 1－15　有加密锁的教师机设置

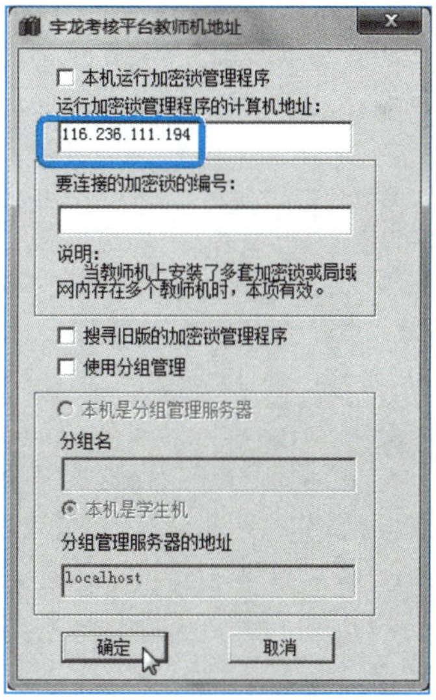

图 1－16　没有加密锁的学生机设置

笔记栏

单元 2

宇龙机械加工仿真软件的操作

学习目标

- 掌握五轴加工中心仿真软件的使用方法。

立德树人

弘扬工匠精神，攀登卓越高峰

大力弘扬劳模精神、劳动精神、工匠精神，努力学习和提升技能，中国制造必能向中国精造、中国创造不断升华，从制造大国向制造强国华丽转身，为蛟龙潜海、墨子升空、北斗导航、月背着陆、天眼远眺、5G 引领、高铁纵横、大桥跨海……一个个惊艳成就的出现夯基垒土。

2.1 概　述

机械加工仿真软件的五轴加工中心操作界面如图 2－1 所示。

该界面采用了标准的 Windows 窗口模式，最上边是标题栏，第二行是菜单栏，第三行是快捷键工具栏；中部左半边是虚拟机床及零件加工状态显示区，右半边是操作面板区，包括数控系统面板和机床控制面板；最下边是状态提示栏。

微课：五轴加工中心仿真软件的使用

笔记栏

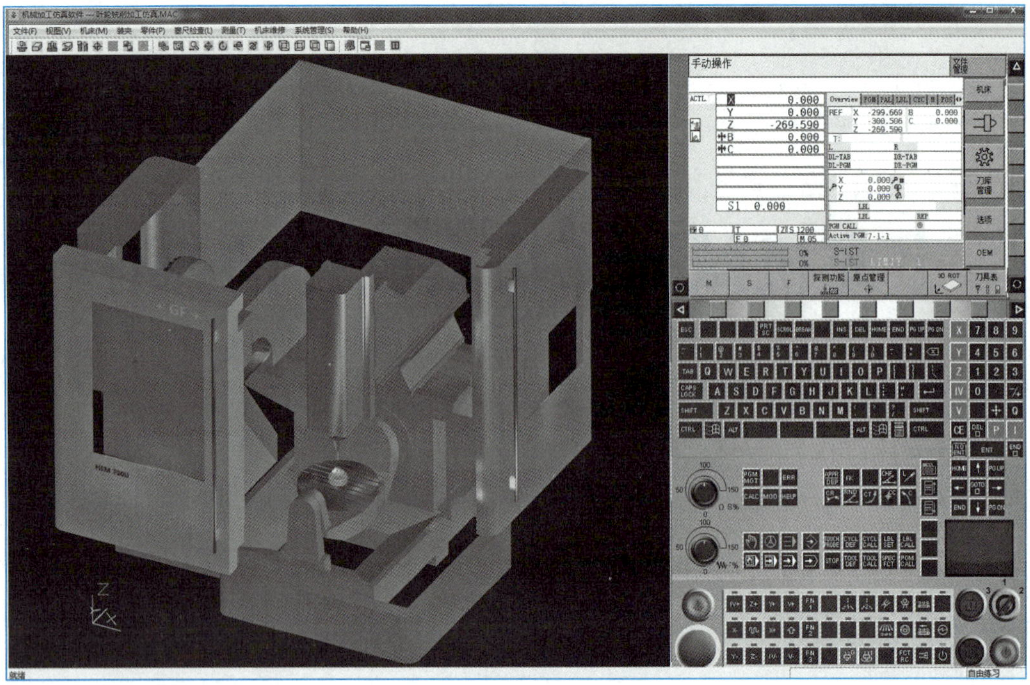

图 2-1　五轴加工中心操作界面

笔记栏

2.2　文件菜单

“文件”菜单如图 2－2 所示，该菜单主要用于管理项目文件。项目文件中保存了操作结果，包括：机床，毛坯，加工完成的零件，选用的刀具和夹具，零件在机床上的安装位置和方式，输入的数控程序、用户坐标系、刀具长度及半径补偿值等内容。下面简要介绍项目文件管理的相关命令。

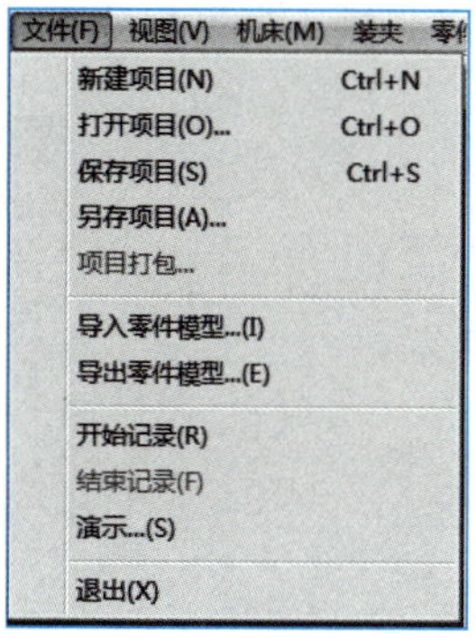

图 2－2　“文件”菜单

2.2.1　新建项目文件

单击菜单“文件（F）”→“新建项目（N）”，相当于重新选择机床的状态。

在新建项目文件时，如果当前文件有所改动或者没有保存，系统将弹出图 2－3 所示的对话框，提示用户是否保存当前修改的项目文件。

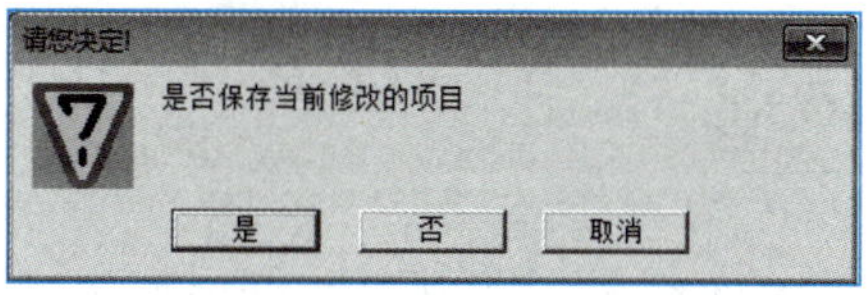

图 2－3　提示信息

2.2.2　打开项目文件

单击菜单“文件（F）”→“打开项目（O）”，系统弹出图 2－4 所示的“打开”对话框。在“搜寻（I）”下拉列表中选择相应的路径，然后选择要打开的文件，单击“打开”按钮即可将该文件打开。

图 2－4　“打开”对话框

笔记栏

2.2.3 保存项目文件

保存文件很重要，间隔一定时间就应该对所做的工作进行保存，这样能避免一些操作失误带来的损失。

单击菜单“文件（F）”→“保存项目（S）”或“另存项目（A）”，选择需要保存的内容，单击“确认”按钮即可。如果是保存一个新的项目或者需要以新的项目名保存，选择“另存项目（A）”，系统弹出图 2-5 所示的“另存为”对话框，在“搜寻（I）”下拉列表中选择要保存的路径，输入项目名称，单击“保存”按钮即可。

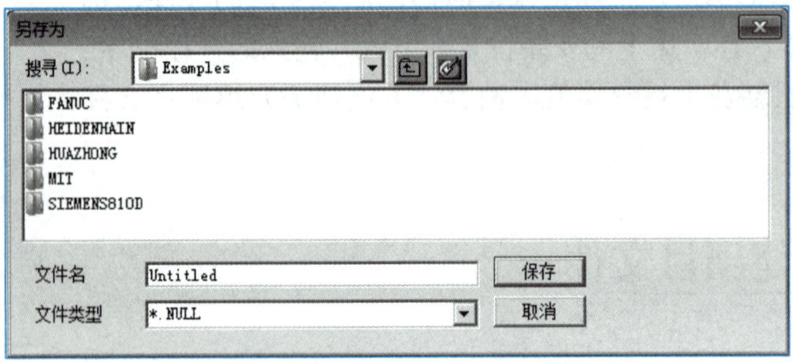

图 2-5 “另存为”对话框

保存时，系统自动以用户输入的文件名建立一个文件夹，内容都放在该文件夹中，默认保存在用户工作目录相应的机床系统文件夹内。

2.2.4 导出零件模型

经过部分加工的毛坯称为零件模型，导出零件模型相当于保存加工后的零件模型。利用这个功能，可以把经过部分加工的零件作为成型毛坯保存。如图 2-6 所示，此毛坯已经过数控车床的加工，现在通过导出零件模型功能予以保存，将来可作为叶轮五轴铣削的毛坯。

单击菜单“文件（F）”→“导出零件模型（E）”，系统弹出图 2-7 所示的“另存为”对话框，在对话框中输入文件名，单击“保存”按钮，此成型毛坯即被保存。

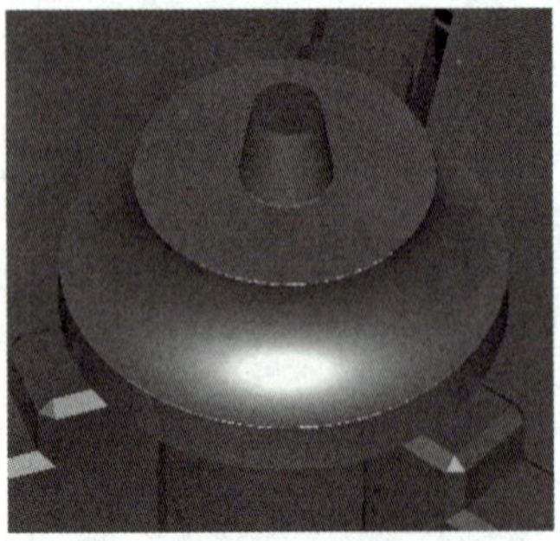

图 2-6 零件模型

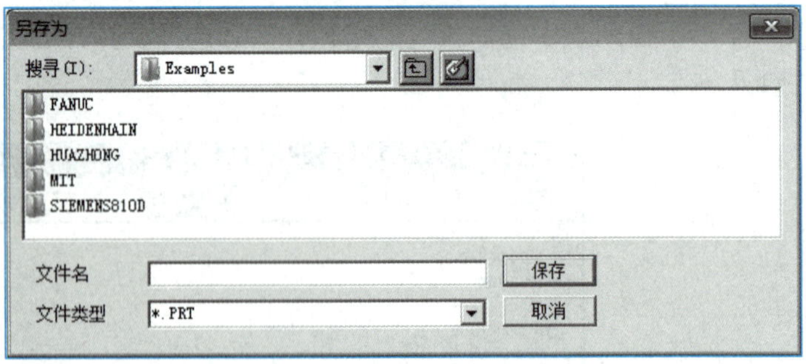

图 2-7 “另存为”对话框

笔记栏

2.2.5 导入零件模型

机床加工零件时，除了可以加工完整的毛坯，还可以对完成部分加工的毛坯进行再加工。利用导入零件模型功能就能调用之前保存的零件模型。

单击菜单"文件（F）"→"导入零件模型（I）"，系统首先弹出图 2－3 所示的对话框，提示用户是否保存当前修改的项目文件，确认后，弹出图 2－8 所示的"打开"对话框。

图 2－8 "打开"对话框

在"打开"对话框中选择并且打开所需的后缀名为" PRT"的零件文件，则该零件模型便被放置在工作台上。此类文件便是通过"文件（F）"→"导出零件模型（E）"所保存的成型毛坯文件。

注： 车床的零件模型、铣床的零件模型和加工中心的零件模型可以相互调用，满足车铣复合加工的需求。

笔记栏

2.3 视图与窗口

使用机械加工仿真软件进行仿真时，常常需要对屏幕上的机床模型进行平移、缩放、旋转等操作，以便准确操作模拟机床或观看零件的加工细节。“视图”菜单、显示区内右键浮动菜单或工具栏中均提供了基本的视图操作功能，“视图”菜单和视图命令快捷键如图 2-9 所示。

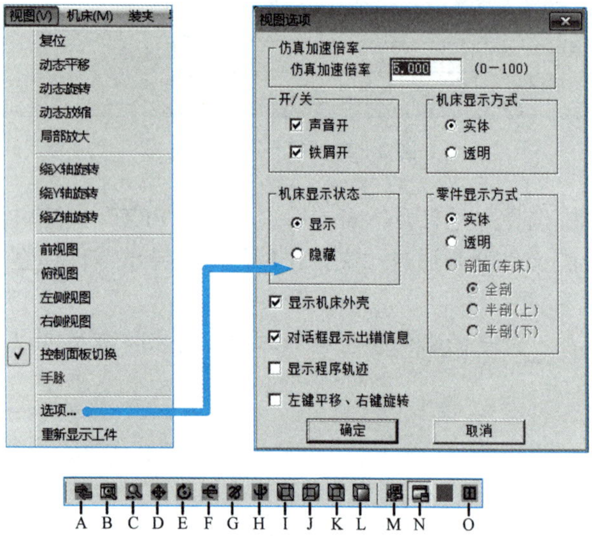

A—复位；B—局部放大；C—动态放缩；D—动态平移；E—动态旋转；F—绕 X 轴旋转；G—绕 Y 轴旋转；H—绕 Z 轴旋转；I—左侧视图；J—右侧视图；K—俯视图；L—前视图；M—选项；N—控制面板切换；O—打开或关闭机床的门

图 2-9 “视图”菜单和视图命令快捷键

2.3.1 视图视角

（1）“复位”命令。该命令用于将状态显示区的视角快速还原为机床的初始化视角。

（2）“局部放大”命令。选择该命令后，鼠标指针变成放大镜形状，此时按住鼠标左键在状态显示区拖动选择需要放大的部位，系统会按比例放大显示选择区域，以便更好地观察加工过程。

（3）“动态平移”命令。该命令用于在状态显示区对模拟机床位置进行平移。

（4）“动态旋转”命令。该命令用于在状态显示区对模拟机床位置进行旋转。

（5）“绕 Z 轴旋转”命令。选择该命令后，在机床模型显示区拖动鼠标指针，模拟机床将绕机床的 Z 轴做旋转运动。其他类似命令（如“绕 Y 轴旋转”）应用不多，不再赘述。

（6）“控制面板切换”命令。单击菜单“视图（V）”→“控制面板切换”，或在右键浮动菜单中选择“控制面板切换”，或在工具栏中单击 ，机床控制面板将隐藏（显示）。当控制面

笔记栏

板隐藏时，模拟机床将处于全屏显示状态。

（7）“选项”命令。选择该命令将弹出“视图选项”对话框。

（8）“重新显示工件”命令。如果加工后的零件有毛刺，可用该命令消除。

2.3.2　视图选项

单击菜单“视图（V）”→“选项”，或在右键浮动菜单中选择“选项”，或在工具栏中单击，系统弹出图 2－10 所示的“视图选项”对话框。

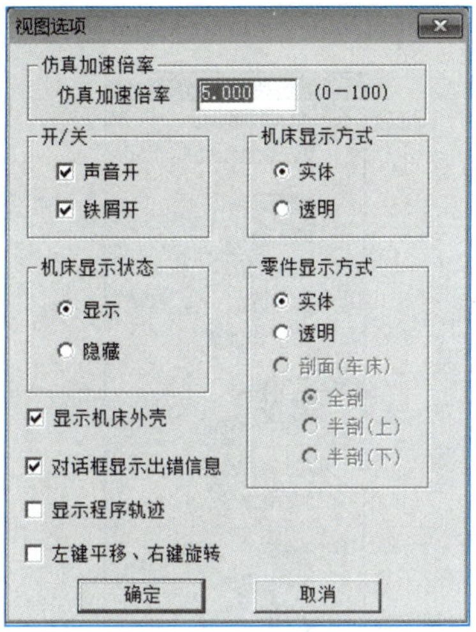

图 2－10　“视图选项”对话框

在“视图选项”对话框中可以完成一些与视图相关的设置，例如透明显示方式可方便用户观察零件内部的加工状态。

“仿真加速倍率”用于调节仿真速度，有效数值范围为 1 ～ 100。其中数值“1”为实际机床的加工速度。

如果勾选“对话框显示出错信息”，出错信息将出现在对话框中，否则显示在屏幕的右下角。

勾选“左键平移、右键旋转”，可使用鼠标的左、右键直接控制机床。

笔记栏

2.4 机床管理

使用机械加工仿真软件进行仿真加工时，首先需要确定所用机床的类型、加工刀具以及对刀时要用的基准工具等。下面介绍“机床”菜单中主要命令的功能，“机床”菜单如图 2－11 所示。

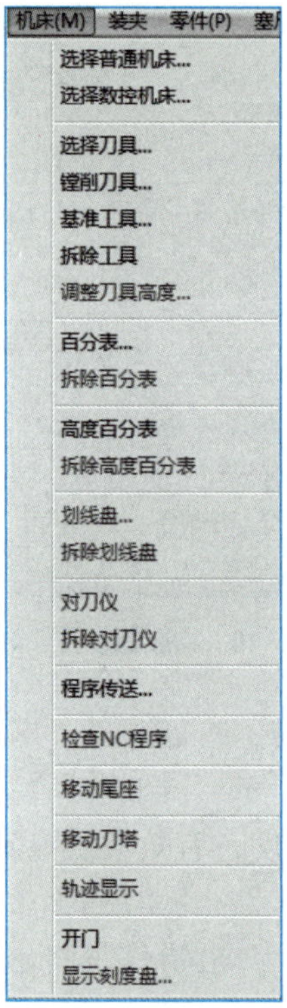

图 2－11 “机床”菜单

注：灰色菜单项表示在当前机床中不可用，在特定机床中才能被激活。

2.4.1 选择数控机床

单击菜单“机床（M）”→“选择数控机床”或在工具栏中单击 ，系统弹出图 2－12 所示的“选择机床”对话框。在对话框中，“控制系统”选择“HEIDENHAIN”和“ITNC 530”，“机床类型”选择“五轴加工中心”，型号是“HEM700U”，选择完成后单击“确定”按钮。

笔记栏

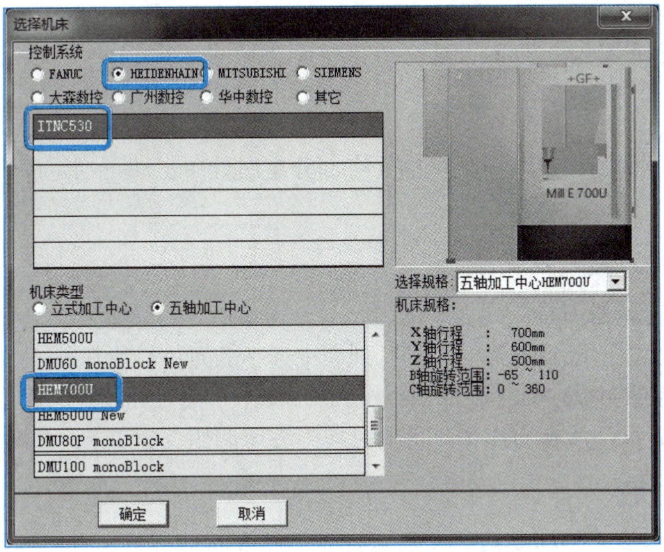

图 2－12　“选择机床”对话框

2.4.2　选择刀具

单击菜单“机床（M）”→“选择刀具”或者在工具栏中单击 ，系统弹出图 2－13 所示的“选择铣削、钻削刀具”对话框。系统自带的刀具有 400 多把，可通过设置过滤条件快速找到所需刀具。

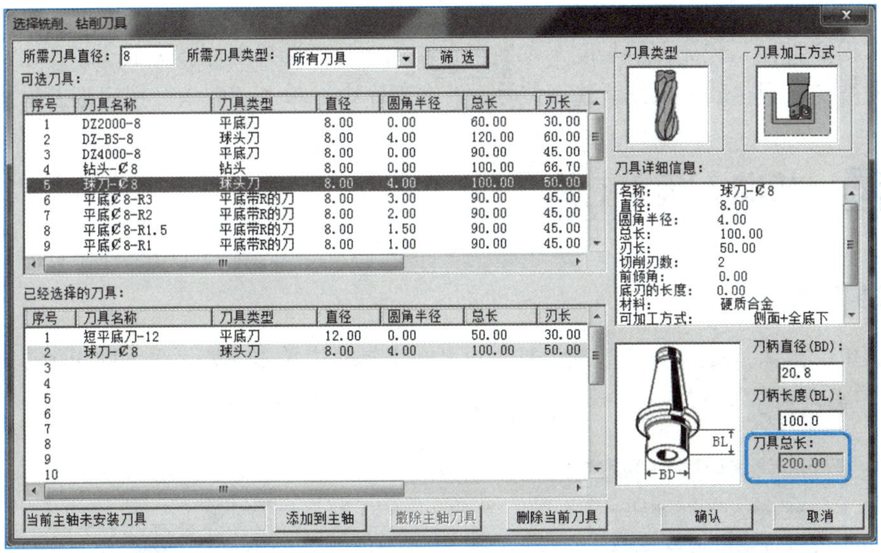

图 2－13　“选择铣削、钻削刀具”对话框

1. 按条件列出工具清单

筛选条件是所需刀具的直径和类型。

（1）在“所需刀具直径”输入框中输入直径值，如果不把直径作为筛选条件，请输入数字“0”。

（2）在“所需刀具类型”选择列表中选择刀具类型。可供选择的刀具类型有平底刀、球头

笔记栏

刀、钻头、平底带 R 的刀（圆鼻刀）、镗刀、T 形刀等。

（3）单击“筛选”按钮，符合条件的刀具便显示在“可选刀具”列表中。

2. 指定序号

在“选择铣削、钻削刀具”对话框的下半部分空白处单击即可指定序号，这个序号就是刀库中的刀位号。

3. 选择需要的刀具

先单击“已经选择的刀具”列表中的刀位号，再单击“可选刀具”列表中所需的刀具，选中的刀具将对应显示在“已经选择的刀具”列表中选中的刀位号所在行。

卧式加工中心会在主轴上装载刀位号最小的刀具，其余刀具放在刀库中。立式加工中心暂不装载刀具，全部刀具都放在刀库中，可通过换刀程序调用。

4. 输入刀柄参数

用户可以按需要输入刀柄参数，参数有直径和长度两种。刀柄直径的范围为 0 ～ 100mm，刀柄长度的范围为 0 ～ 1000mm。刀具总长是刀柄长度与刀具长度之和。

注意：*在五轴机床中，刀具总长的含义与实际机床上标准刀的长度的含义相同。*

5. 添加到主轴

单击“添加到主轴”按钮，在“已经选择的刀具”列表中指定的刀具会直接安装到主轴上。如果指定错误，可单击“撤除主轴刀具”按钮，将主轴上已经装载的刀具拆除。

6. 删除当前刀具

单击“删除当前刀具”按钮，可删除“已经选择的刀具”列表中选中的刀具。

7. 确认选刀

如果“刀柄直径”和“刀柄长度”参数符合要求，刀具选择工作就完成了，单击“确认”按钮，刀具便被安装到主轴上或按所选刀位号放置在刀库中。单击“取消”按钮则退出选刀操作。

2.4.3 基准 / 拆除工具

1. 基准工具

单击菜单“机床（M）”→“基准工具”或者在工具栏中单击  ，系统弹出图 2－14 所示的“基准工具”对话框。单击“确定”按钮后，电子寻边器将自动添加到主轴，如图 2－15 所示。

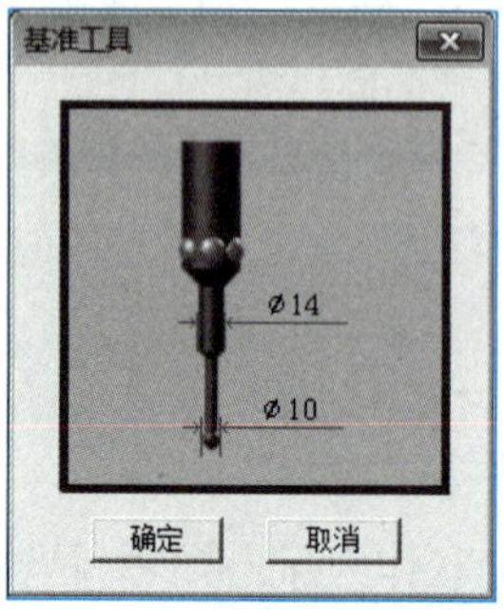

图 2－14 “基准工具”对话框

图 2－15 电子寻边器

笔记栏

注意：装载基准工具时应确保主轴上未装载刀具，否则系统将弹出“警告”提示信息。

2. 拆除工具

单击菜单“机床（M）”→“拆除工具”，主轴上的基准工具将被拆除。

2.4.4　高度百分表 / 拆除高度百分表

1. 高度百分表

单击菜单“机床（M）”→“高度百分表”，工作台左侧将出现高度百分表，如图 2－16 所示。高度百分表用于测量刀具长度。

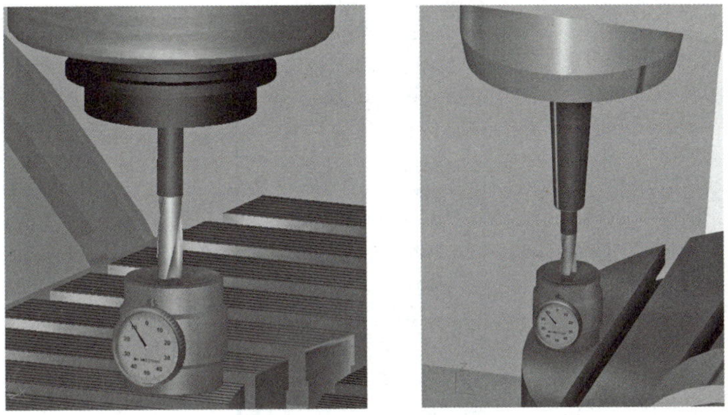

图 2－16　使用高度百分表测量刀具长度

2. 拆除高度百分表

单击菜单“机床（M）”→“拆除高度百分表”，工作台上的高度百分表将被拆除。

笔记栏

2.5 机床夹具管理

机床夹具主要用于将工件固定在机床工作台上，以保证工件和刀具的相对位置。机械加工仿真软件提供了平口钳、自定心卡盘和垂直工艺板 3 种夹具，以及辅助夹具的压板和支撑等零件。如图 2－17 所示的“装夹”菜单中列出了夹具的相关功能。

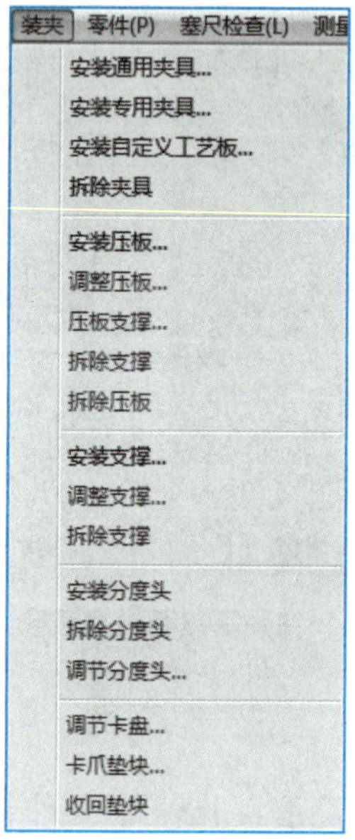

图 2－17 “装夹”菜单

2.5.1 安装/拆除夹具

1. 安装通用夹具

单击菜单“装夹”→“安装通用夹具”或在工具栏中单击 ，系统将弹出图 2－18 所示的“选择夹具”对话框，根据加工毛坯的外形选择合适的夹具。以平口钳为例，先单击平口钳图标，再单击“确定”按钮，机床工作台上将自动添加平口钳，如图 2－19 所示。

注意： 只有铣床和加工中心可以安装夹具。如果机床行程较小，可以选择小尺寸的夹具。在五轴加工中心上可以使用自定心虎钳将工件安装在回转工作台的中心。

2. 安装专用夹具

单击菜单“装夹”→“安装专用夹具”，系统将弹出图 2－20 所示的“选择夹具”对话框。选择需要的夹具，再单击“确定”按钮，专用夹具就出现在机床工作台上。

笔记栏

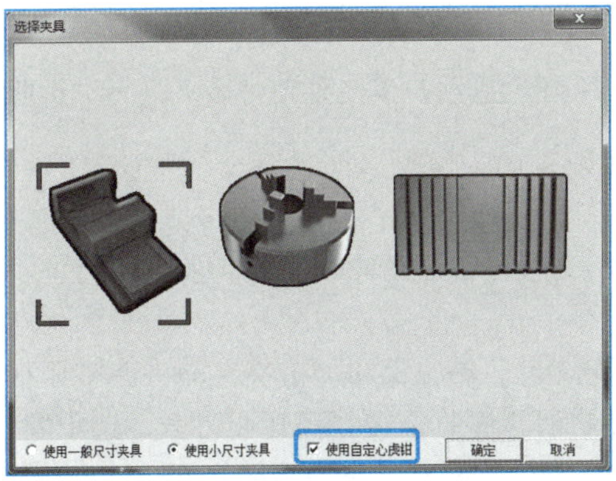

图 2－18　“选择夹具”对话框

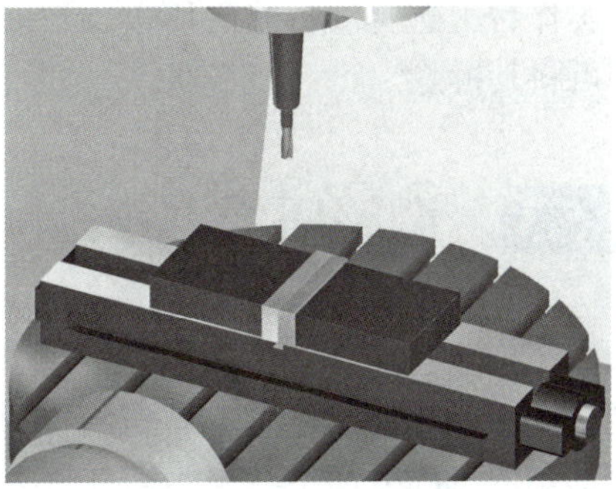

图 2－19　添加平口钳

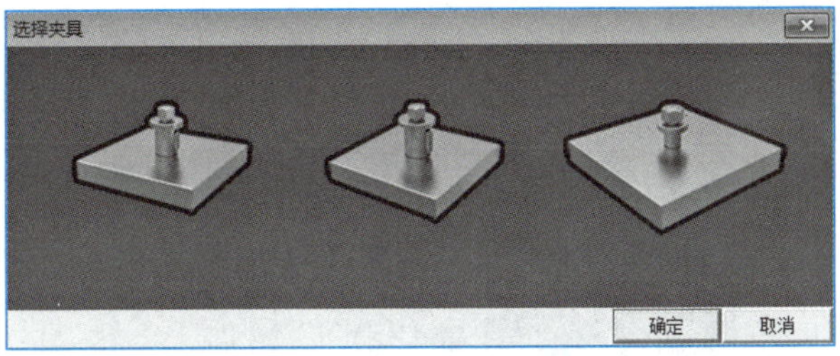

图 2－20　选择专用夹具

专用夹具针对的是特殊零件，限于篇幅，这里不做具体介绍。

3. 自定义工艺板

使用自定义工艺板命令，可以自行定义工艺板的长、宽、高的尺寸。可以在自定义工艺板的上面继续添加通用夹具，以便将零件加高，满足五轴加工中心对某些加工位置的要求。自定义工艺板的使用方法在本书单元 7 有操作范例，这里就不赘述了。

4. 拆除夹具

单击菜单“装夹”→“拆除夹具”即可将机床工作台上的夹具拆除，前提是确保夹具上的毛坯或工件已经被卸载。

2.5.2　安装 / 拆除压板

1. 安装压板

对于尺寸较大的毛坯，铣床和加工中心（使用工艺板或者不使用夹具时）可以通过压板来装夹。单击菜单“装夹”→“安装压板”，系统将弹出图 2－21 所示的“选择通用压板”对话框。选择尺寸适当的压板和螺栓后，单击“确定”按钮，压板会出现在模拟机床的左下角。若已采用垂直工艺板，选择压板时需要勾选“安装到垂直工艺板”。

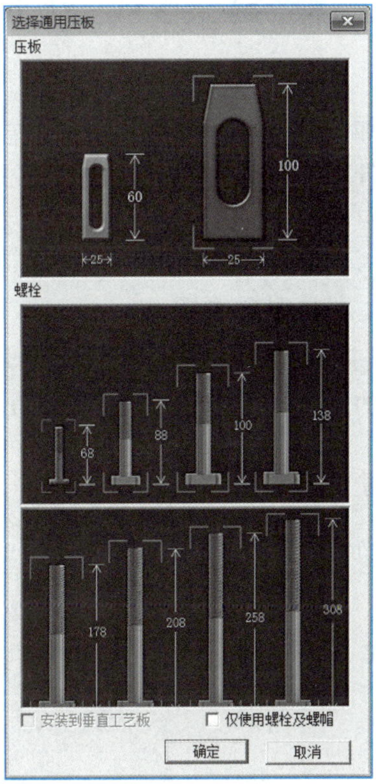

图 2－21　“选择通用压板”对话框

笔记栏

2. 拆除压板

在工作台上选择要拆除的压板，被选中的压板以红色显示。单击菜单“装夹”→“拆除压板”即可将其拆除。

2.5.3 调整压板

选中工作台上需要调整的压板，此时压板变为红色。单击菜单“装夹”→“调整压板”，系统弹出图 2-22 所示的“调整压板”对话框。用户可以根据需要调整压板参数。选中螺杆，单击屏幕小键盘的方向按钮时，螺杆将带动螺母和压板一起移动；选中螺母，可通过小键盘的方向按钮调整螺母和压板的上下位置，从而使压板与工件接触；选中压板，可通过小键盘的方向按钮和旋转按钮调整其位置。

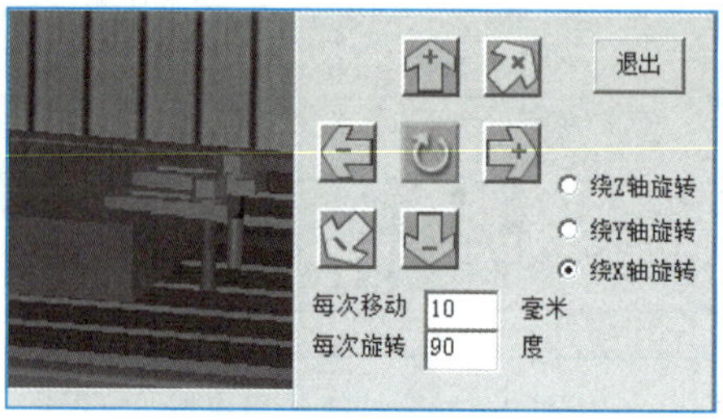

图 2-22 “调整压板”对话框

2.5.4 安装 / 拆除支撑

由于工件本身结构的限制，加工部位处于悬臂状态，而原有的机床夹具又不能保证工件在加工过程中处于正确位置时，常采用辅助支撑来保持工件定位时的稳定性并增强刚性。仿真软件为特殊工件提供了辅助支撑功能。辅助支撑的调整方法与压板的调整方法相同，这里不再赘述。

注意：辅助支撑没有定位作用。

1. 安装支撑

单击菜单“装夹”→“安装支撑”，支撑会出现在模拟机床的左下角，如图 2-23 所示为仿真辅助支撑的应用。

图 2-23 辅助支撑的应用

2. 拆除支撑

在工作台上选择要拆除的支撑，被选中的支撑以红色显示，单击菜单“装夹”→“拆除支撑”即可将其拆除。

笔记栏

2.6 零件管理

如图2-24所示，机械加工仿真软件的“零件”菜单为用户提供了定义毛坯、放置零件、移动零件、拆除零件等功能，用户可根据仿真需要合理选择。

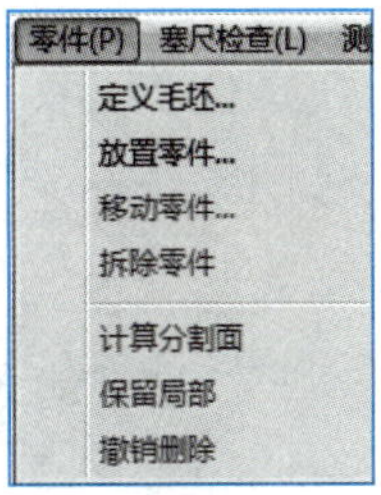

图2-24 “零件”菜单

2.6.1 定义毛坯

单击菜单“零件（P）”→“定义毛坯”或在工具栏中单击 ，系统将弹出图2-25所示的“定义毛坯”对话框。

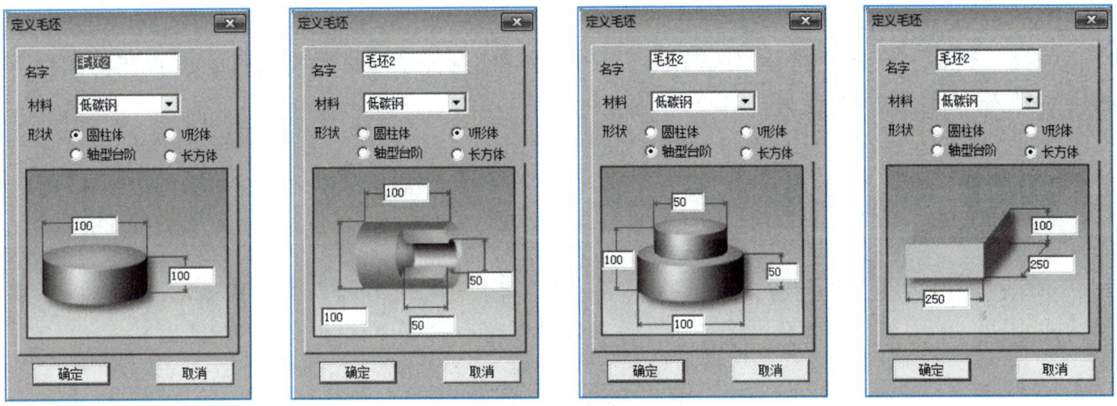

图2-25 “定义毛坯”对话框

在“名字”文本框内输入毛坯名，也可以使用缺省值；“材料”下拉列表中提供了供加工的毛坯材料；“形状”选项栏提供了圆柱体、U形体、轴型台阶和长方体4种毛坯形状，可根据需要选择。选择完毕后，单击“确定”按钮即可。

2.6.2 放置零件

单击菜单“零件（P）”→“放置零件”或在工具栏中单击 ，系统将弹出图2-26所示的“选择零件”对话框。在列表中选中所需的零件，单击“安装零件”按钮，即可将零件安装到机床上。如果机床工作台上已经安装了夹具，零件将被安装到夹具上，如图2-27所示。

如果通过“文件”菜单执行过“导入零件模型”操作，那么“选择零件”对话框的零件列表中会显示导入模型文件名。在“类型”栏选择“选择模型”即可导入零件模型（完成部分加工的半成品），模型将被放置在机床工作台或夹具上，如图2-28所示。

笔记栏

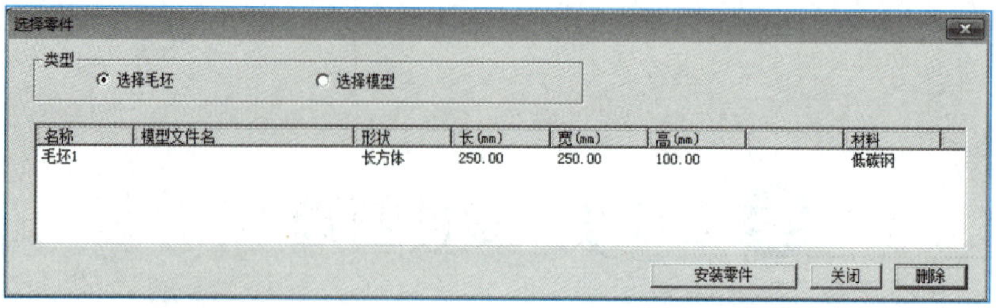

图 2-26 “选择零件”对话框

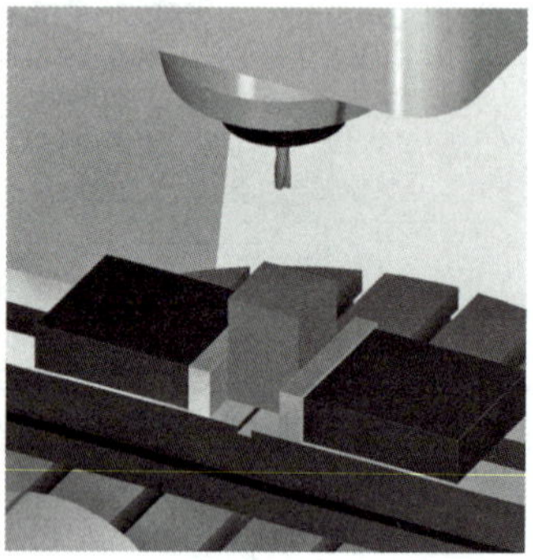

图 2-27 毛坯安装到虎钳夹具上

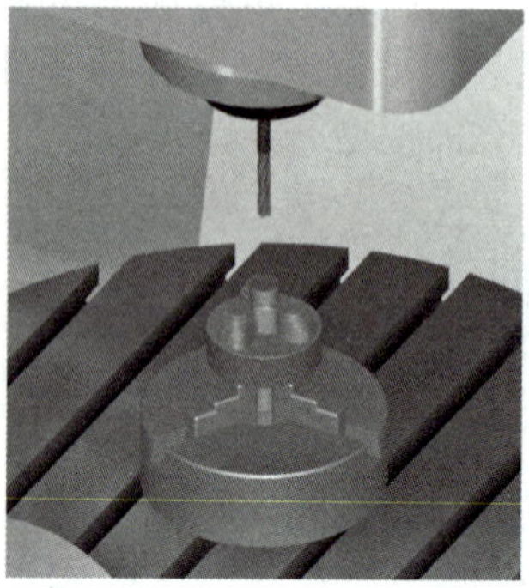

图 2-28 半成品毛坯安装到卡盘夹具上

若在“类型”栏选择的是“选择毛坯”，那么即使选择了零件模型文件，放置在工作台上的仍然是未经加工的原始毛坯。

2.6.3 移动零件

对于已经放置在工作台或夹具上的零件，可以通过图 2-29 所示的“移动零件”对话框来移动或旋转。单击菜单“零件（P）”→“移动零件”可以打开“移动零件”对话框。

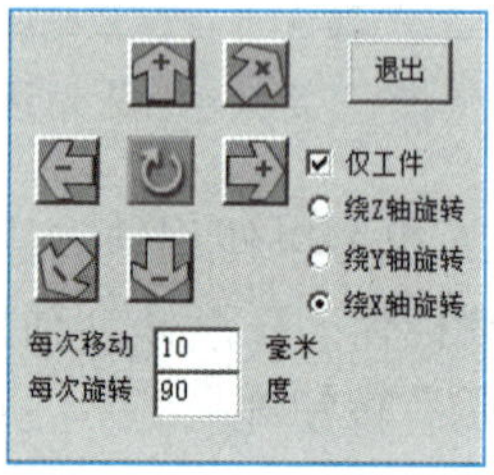

图 2-29 “移动零件”对话框

注意：如果零件上安装了压板，需要将压板拆除才能移动零件。

2.6.4 拆除零件

单击“零件（P）”→“拆除零件”即可将工作台上的零件拆除。在拆除零件前应确保没有安装压板，且机床处于停止状态。

2.7 测量工具

机械加工仿真软件提供了对刀时常用的塞尺和用于保证零件加工尺寸精度的量具，分别位于“塞尺检查（L）”菜单和“测量（T）”菜单中。

2.7.1 塞尺检查

“塞尺检查（L）”菜单中提供了 7 种塞尺的规格：0.05mm、0.1mm、0.2mm、1mm、2mm、3mm、100mm（量块）。用户可根据需要选取不同规格的塞尺，也可以同时调用不同规格的塞尺，叠加使用。但各塞尺在同一把刀的对刀过程中只能被调用一次。在真实加工中，100mm 的量块主要用于避免在对刀过程中，刀具与工件表面直接接触而划伤工件表面。

1. 安装塞尺

毛坯和刀具均安装在机床上之后，调整刀具位置使其位于毛坯表面上方（刀具底部与毛坯上表面的距离最好大于 100mm），如图 2－30 所示。

单击菜单“塞尺检查（L）”→“100mm（量块）”，仿真界面如图 2－31（左图）所示，当刀具底面与塞尺上表面未接触时，系统提示“太松”；使用机床控制面板调整刀具高度，当刀具底面与塞尺上表面刚好接触时，系统提示“合适”，如图 2－31（中图）所示；当刀具底面位于塞尺上表面以下时，系统提示“太紧”，如图 2－31（右图）所示。

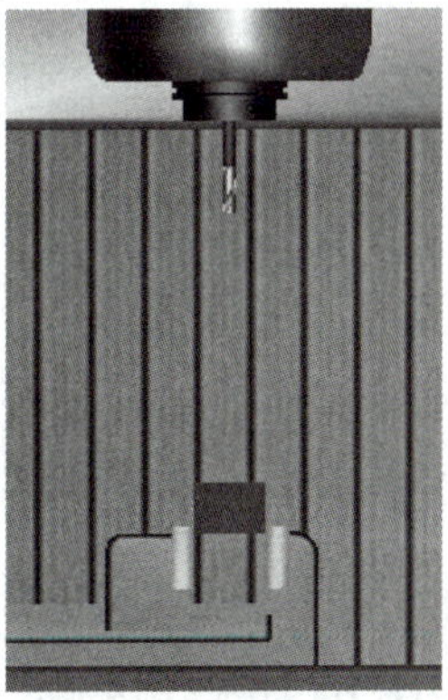

图 2－30　准备 Z 方向对刀

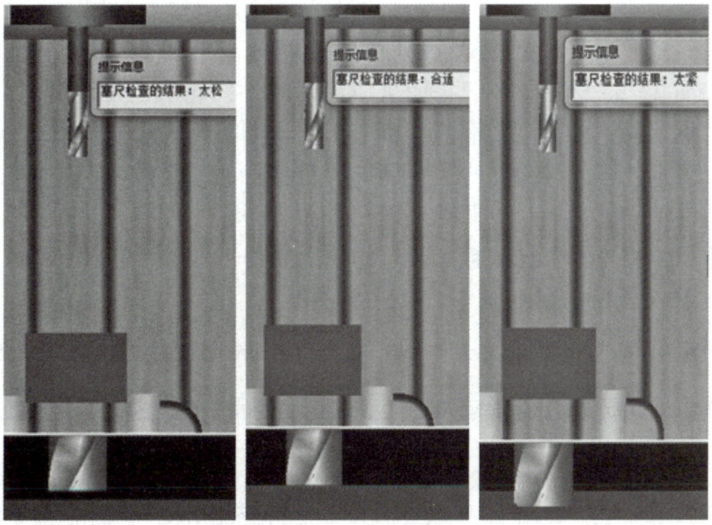

图 2－31　对刀时塞尺的检查反馈

2. 收回塞尺

单击菜单“塞尺检查（L）”→“收回塞尺”或单击已被调用的塞尺，即可收回塞尺。

笔记栏

2.7.2 测量工具

1. 剖面图测量

剖面图测量是指通过选择零件上某一平面，利用量具测量该平面的尺寸。仿真软件提供了 3 种量具：默认尺、0 ～ 25mm 的外径百分尺、0 ～ 150mm 的游标卡尺。单击菜单“测量（T）”→“剖面图测量”，系统将弹出零件测量剖面和“测量工具”对话框，如图 2－32 所示。

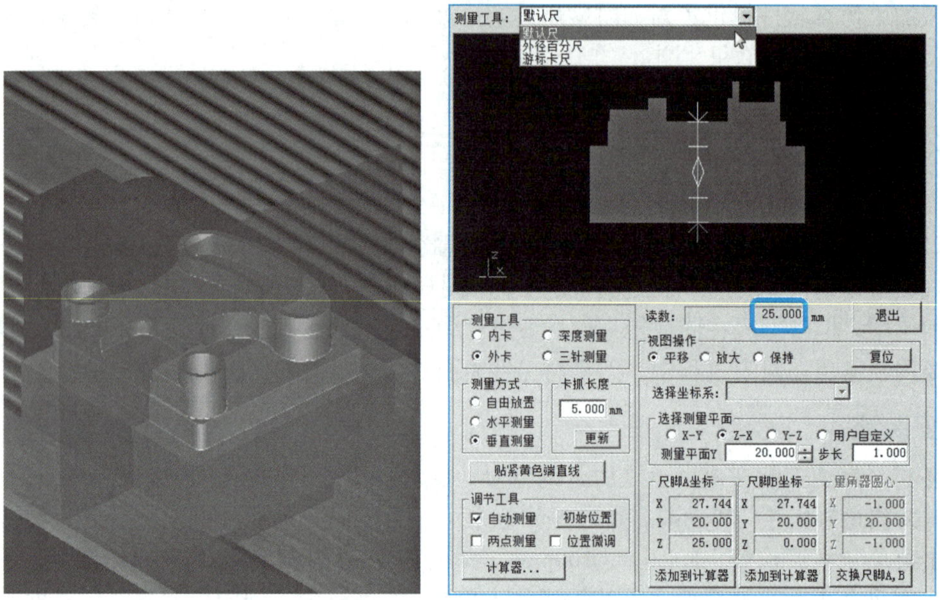

图 2－32　零件测量剖面和“测量工具”对话框

测量时先选择一个平面，左侧的机床视图中以绿色透明表面呈现所选的测量平面（图中为垂直方向，*Z–X* 平面）。右侧的“测量工具”对话框上部显示零件被测平面切割加工后的剖面形状。*Z–X* 平面通常用于测量零件的高度尺寸。

如图 2－33 所示，*X–Y* 平面可以测量零件的轮廓尺寸，此时绿色透明剖切面呈水平方向。图中的标尺模拟的是现实测量中的卡尺。当箭头由卡尺外侧指向卡尺中心时，为外卡测量，通常用于测量外径，测量时卡尺内收与零件接触；当箭头由卡尺中心指向卡尺外侧时，为内卡测量，通常用于测量内径，测量时卡尺外张直至与零件接触。对话框的“读数”显示的是两个卡爪的距离，相当于卡尺读数。标尺的使用如图 2－34 所示。

（1）“关于”卡尺的操作。

两端的黄线和蓝线表示卡爪。将光标停在某个端点的箭头附近，光标变为，此时可移动该端点。将光标停在旋转控制点附近，光标变为，此时可绕中心旋转卡尺。将光标停在平移控制点附近，光标变为，拖动鼠标，可在保持卡尺方向不动的情况下移动卡尺中心。对话框右下角的“尺脚 A 坐标”显示卡尺黄色端坐标；“尺脚 B 坐标”显示卡尺紫色端坐标。

（2）视图操作。

选择一种“视图操作”方式，拖动鼠标即可对零件及卡尺进行平移和放大操作。选择“保持”时，鼠标拖动不起作用。单击“复位”按钮，对话框恢复至初始状态。

笔记栏

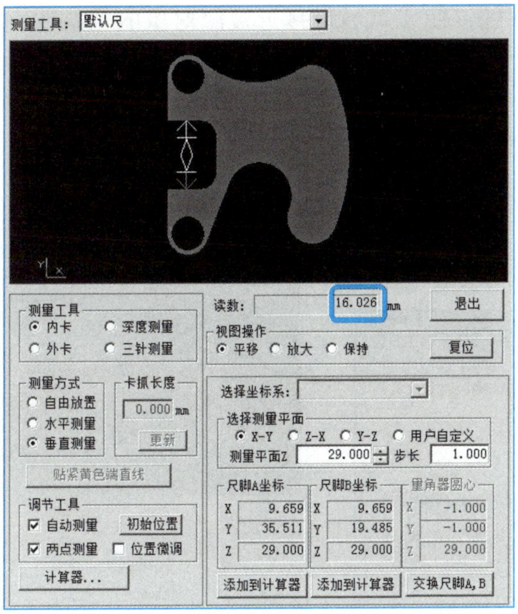

图 2－33　零件轮廓尺寸的测量

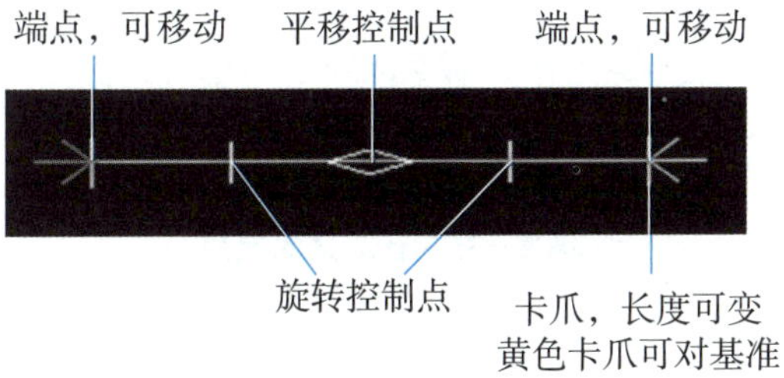

图 2－34　标尺的使用

（3）测量过程。

1）测量坐标系默认以工件坐标来显示坐标值（零点在毛坯的左下角）。

2）选择测量平面：先选择平面方向（*X–Y*/*Y–Z*/*X–Z*），再填入测量平面的具体位置，或者按旁边的上、下按钮移动测量平面，移动的步长可以通过“步长”输入框确定。

3）选择卡尺类型：测量内径选用内卡，测量外径选用外卡。

4）选择测量方式：水平测量是指卡尺在当前的测量平面内水平放置；垂直测量是指卡尺在当前的测量平面内垂直放置；自由放置时，用户可以随意调整放置角度。

调节工具可以调节卡尺位置，获取卡尺读数。

5）自动测量：选中该选项后，外卡卡爪自动内收，内卡卡爪自动外张直至与零件边界接触。此时平移或旋转卡尺，卡尺将始终与实体区域边界保持接触，读数自动刷新。

6）两点测量：选中该选项后，卡爪长度为零。

7）如果选择非两点测量，则可以修改卡爪长度，单击“更新”按钮后生效。

8）位置微调：选中该选项后，鼠标拖动时卡尺的移动速度放慢。

9）初始位置：按下该按钮，卡尺的位置恢复至初始状态。

（4）计算器的操作。

计算器用于测量零件轮廓的近似尺寸，即测量一些不规则形状的尺寸。如图 2－35 所示（左图），根据测量元素的需要，选取对应的测量方式后，系统会提示需要测量的元素个数。将

笔记栏

卡尺拖动到要测量的轮廓处，使卡爪尽量接近被测对象的轮廓线，然后单击图 2-35（右图）所示的对应卡爪的“添加到计算器”按钮，该卡爪所在点位的坐标值就会自动添加到“测量结果”栏。当添加的测量元素个数满足测量系统要求时，单击“计算”按钮，测量的点位坐标和计算结果都显示在“测量结果”栏。

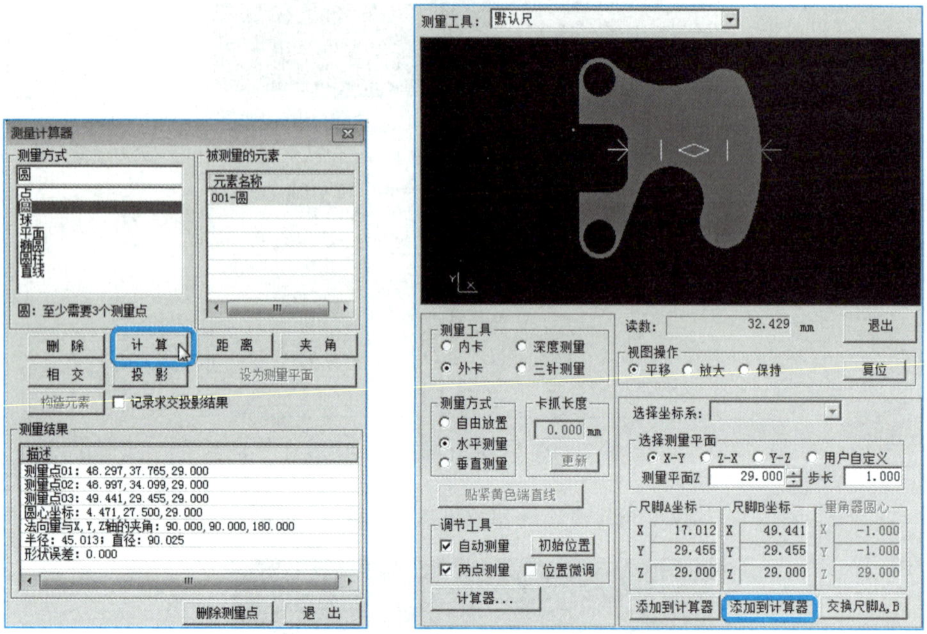

图 2-35　计算器的使用

2. 工艺参数

仿真系统会根据刀具的种类和材料、机床的类型等参数，限定加工时刀具的最大切削线速度、最小转速、最大进给量和最大切深等，避免初学者盲目设置。

单击菜单“测量 (T)”→“工艺参数”，系统将弹出图 2-36 所示的“工艺参数”对话框。

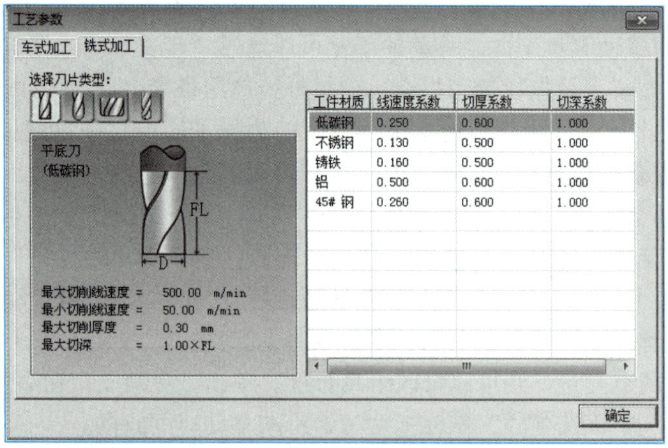

图 2-36　“工艺参数”对话框

笔记栏

2.8 操作记录

2.8.1 记录

启动机械加工仿真软件，选择要用的数控系统和机床，单击菜单“文件（F）”→“开始记录（R）”(如图 2－37)，系统将弹出图 2－38 所示的“另存为”对话框，选择文件的保存路径并输入文件名，单击“保存”按钮。

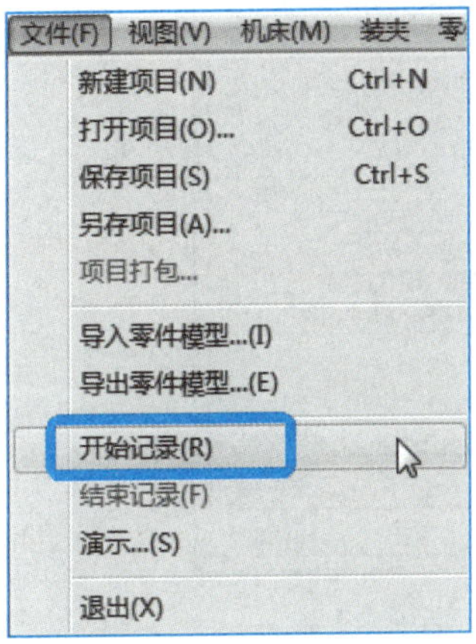

图 2－37 “文件”菜单

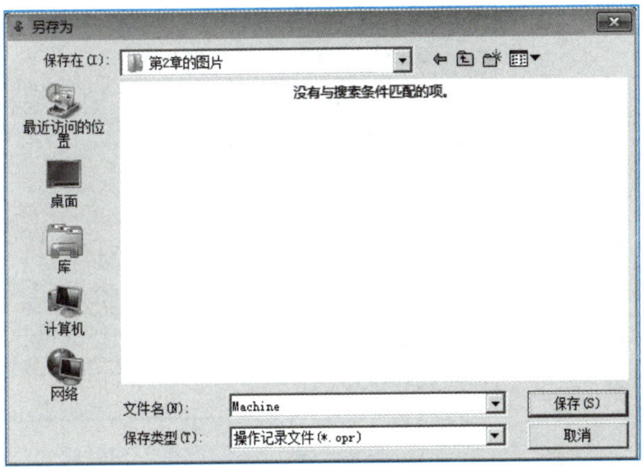

图 2－38 “另存为”对话框

此时，系统通过记录操作指令的方式记录整个操作过程。记录完成后，单击菜单“文件（F）”→“结束记录（F）”，所有操作记录被保存到一个文件里，记录结束。

2.8.2 查看记录

单击菜单“文件（F）”→“演示 (S)”，系统将弹出“打开操作记录文件”对话框，找到相应文件，单击“打开”按钮，即可播放记录。

注意：此“演示”目前只支持在本地计算机观看。

笔记栏

2.9 系统设置

单击菜单“系统管理（S）”→“系统设置”，系统将弹出图 2－39 所示的“系统设置”对话框，共有 11 个选项卡（如图 2－39 至图 2－49）。这些选项卡的设置会影响后续仿真操作，因此务必根据具体情况准确设置。设置好之后，单击“应用”按钮，表示仅用于本次登录。用教师机的密码登录仿真系统，才能激活“保存”按钮，永久保存。如果不需要设置，则单击“退出”按钮退出。

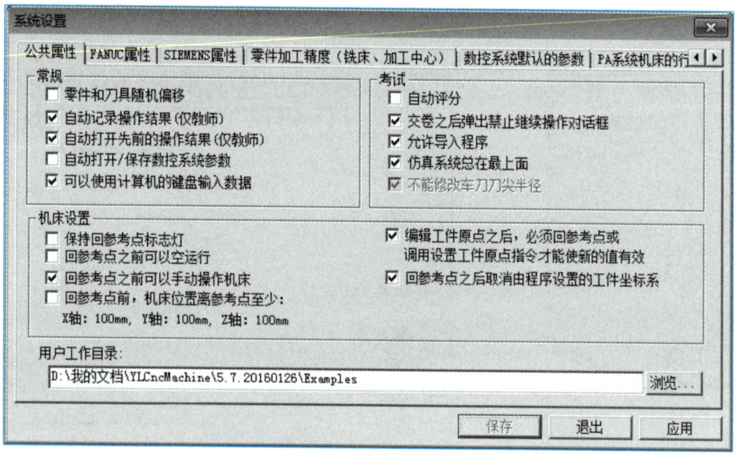

图 2－39 “系统设置”对话框（“公共属性”选项卡）

注意：用教师机的密码登录仿真系统，所保存的新系统设置将会更新所有学生机的系统设置，以确保教师机和学生机的系统设置相同。

2.9.1 公共属性

“公共属性”选项卡如图 2－39 所示。

（1）零件和刀具随机偏移：每次放置零件、安装刀具时，会在固定位置的基础上产生微小的随机偏移。考试时经常这样设置，重新放置零件时，使用户坐标系 G54 的值与上一次不同。

（2）自动记录操作结果（仅教师）：以管理员身份登录时，关闭时自动记录操作结果。

（3）自动打开先前的操作结果（仅教师）：以管理员身份登录时，自动打开上次登录时的操作结果。

（4）自动打开 / 保存数控系统参数：登录时自动打开上次退出时保存的数控系统参数。

（5）可以使用计算机的键盘输入数据：下次登录时可以使用计算机的键盘代替操作面板的键盘。

（6）自动评分：考试结束后按照教师设置的评分标准自动出成绩。

笔记栏

（7）交卷之后弹出禁止继续操作对话框：交卷后弹出对话框，可以防止考生继续操作，输入管理员密码才能退出仿真系统。

（8）允许导入程序：可以导入已编辑好的程序文件。

（9）仿真系统总在最上面：确保仿真系统的面板不被其他程序面板遮住。

（10）不能修改车刀刀尖半径：所选刀具不可修改刀尖半径，刀尖半径框呈灰色。

（11）保持回参考点标志灯：回零后，改变机床位置，回参考点标志灯仍然亮起。

（12）回参考点前，机床位置离参考点至少：X 轴为 100mm，Y 轴为 100mm，Z 轴为 100mm。

（13）可通过“浏览”选择用户工作目录，或者直接输入目录路径。

2.9.2 FANUC 属性

“FANUC 属性”选项卡如图 2－40 所示。

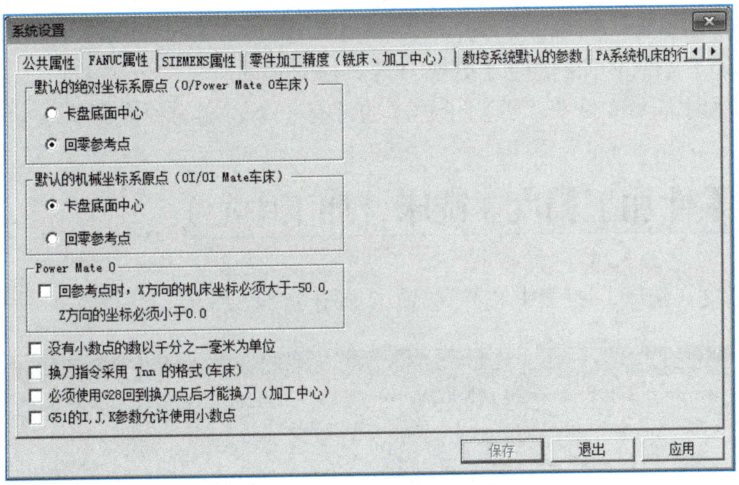

图 2－40 “FANUC 属性”选项卡

（1）默认的绝对坐标系原点（车床）：FANUC 0 系统的数控车床原点一般放置在参考点上，但 FANUC 0I 系统的数控车床原点放置在卡盘底面的中心，这里按照所仿真的实际机床来设置。

（2）没有小数点的数以千分之一毫米为单位：如果实际机床的默认单位是微米（μm），则需要勾选该选项，例如：

输入 100　生成 0.100

输入 100.　生成 100.000

（3）换刀指令采用 Tnn 的格式（车床）；如果数控车床的刀号指令是 T11，表示 1 号刀和 1 号补偿时，需要勾选该选项。

2.9.3 SIEMENS 属性

“SIEMENS 属性”选项卡如图 2－41 所示。

笔记栏

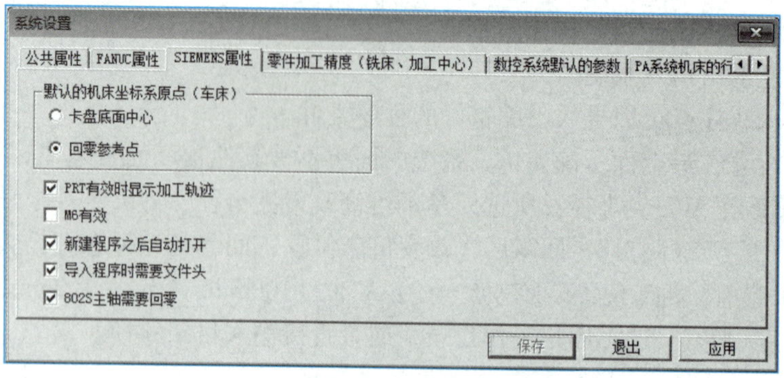

图 2－41 “SIEMENS 属性”选项卡

默认的机床坐标系原点（车床）：不同版本的西门子数控系统，其数控车床的原点有些放置在参考点上，有些放置在卡盘底面的中心，这里按照所仿真的实际机床来设置。

（1）PRT 有效时显示加工轨迹：自动状态下，单击 CRT 屏幕的 Machine 键，选中程序测试（PRT），运行时显示加工轨迹。

（2）M6 有效：执行 M6 指令时才更换刀具。

（3）导入程序时需要文件头：西门子程序通常有一个固定的程序开头。

2.9.4 零件加工精度（铣床、加工中心）

“零件加工精度（铣床、加工中心）”选项卡如图 2－42 所示。

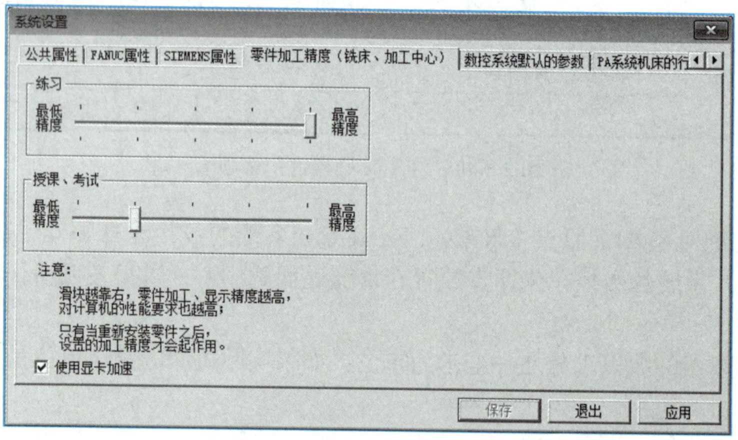

图 2－42 “零件加工精度（铣床、加工中心）”选项卡

用鼠标拖动滑块，可调节显示精度。仅适用于铣床、加工中心的零件，在重新安装零件时生效。精度越高，加工的零件的显示效果越细腻，对计算机的性能要求就越高。配置酷睿 i7 处理器和 8G 内存以上的计算机，建议调高此精度；低配置计算机则建议调低此精度。

2.9.5 数控系统默认的参数

“数控系统默认的参数”选项卡如图 2－43 所示。

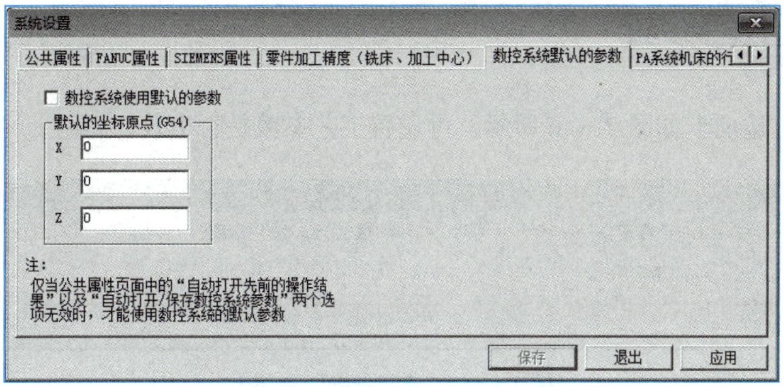

图 2－43　“数控系统默认的参数”选项卡

（1）数控系统使用默认的参数：勾选该选项后，下面的设置才有效。

（2）默认的坐标原点（G54）：以机床坐标系计算。

注意：“公共属性”选项卡的“自动打开先前的操作结果（仅教师）”以及“自动打开 / 保存数控系统参数”无效时，才能使用数控系统默认的参数。

2.9.6　PA 系统机床的行程范围

“PA 系统机床的行程范围”选项卡如图 2－44 所示。行程范围是指在机床坐标系下机床移动的范围，FA 车床、铣床、立式加工中心各有两种选项。

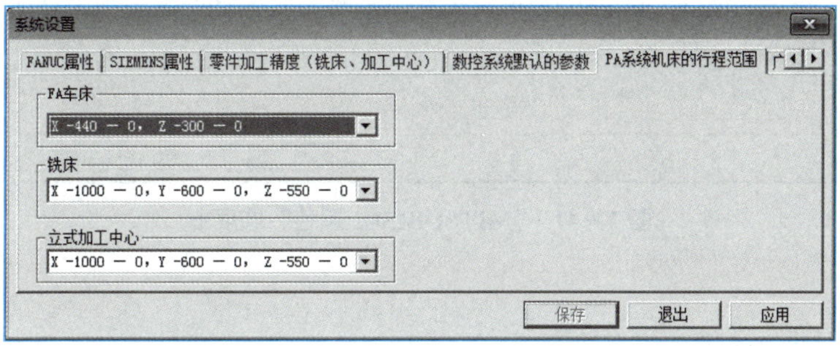

图 2－44　“PA 系统机床的行程范围”选项卡

2.9.7　广州数控属性

“广州数控属性”选项卡如图 2－45 所示，设置广州数控系统的默认单位是否为 μm，若默认单位为 mm 则无须修改该选项。

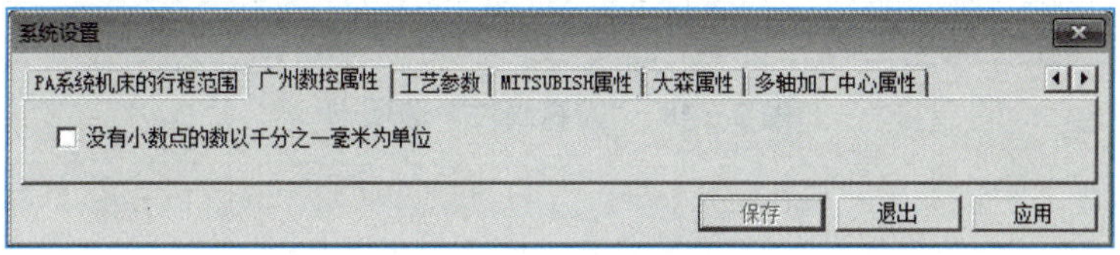

图 2－45　“广州数控属性”选项卡

笔记栏

2.9.8 工艺参数

“工艺参数”选项卡如图 2－46 所示，可设置工艺参数是否生效。

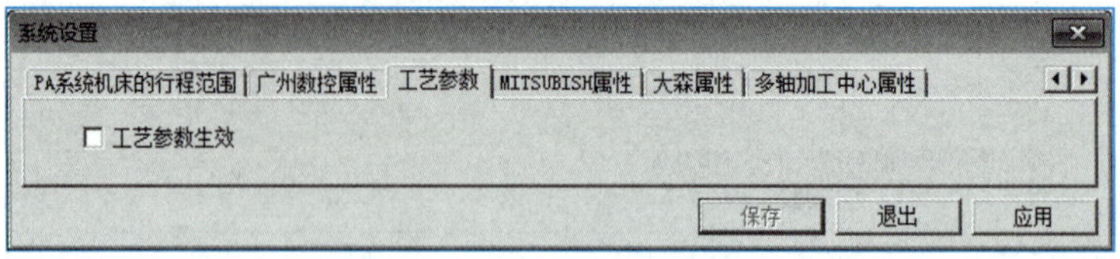

图 2－46 “工艺参数”选项卡

2.9.9 MITSUBISHI 属性

“MITSUBISHI 属性”选项卡如图 2－47 所示，可设置 MITSUBISHI 数控系统相关属性。

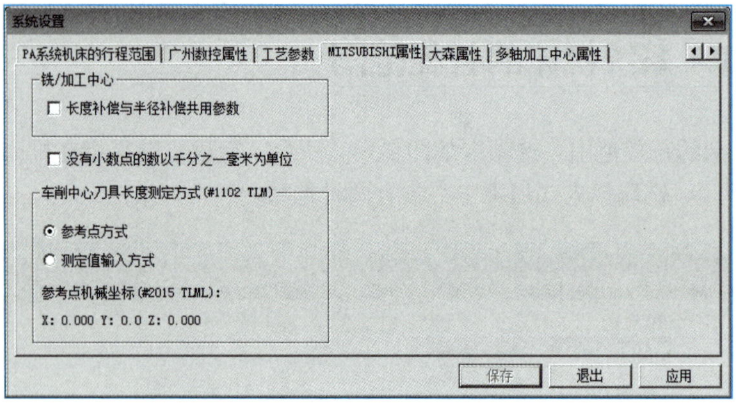

图 2－47 “MITSUBISHI 属性”选项卡

2.9.10 大森属性

“大森属性”选项卡如图 2－48 所示，可设置大森数控系统相关属性。

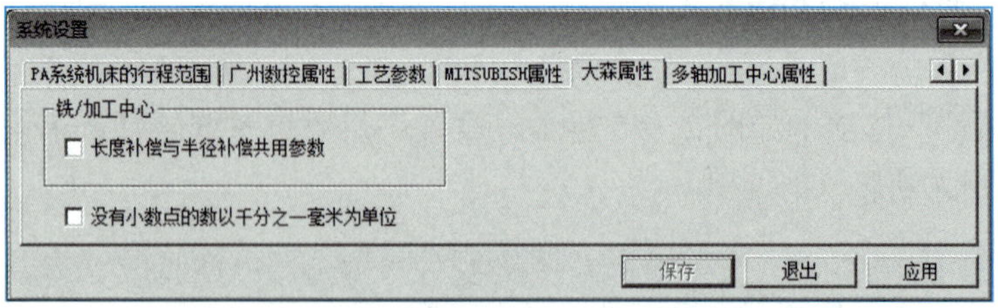

图 2－48 “大森属性”选项卡

笔记栏

2.9.11 多轴加工中心属性

用户购买了四轴和五轴加工仿真功能后，可以在图 2－49 所示的“多轴加工中心属性”选项卡中设置五轴加工中心是否支持刀尖跟随（RTCP）功能。在五轴加工中心，如果特殊轴的旋转范围与机床默认值不符，也可以在此调整。

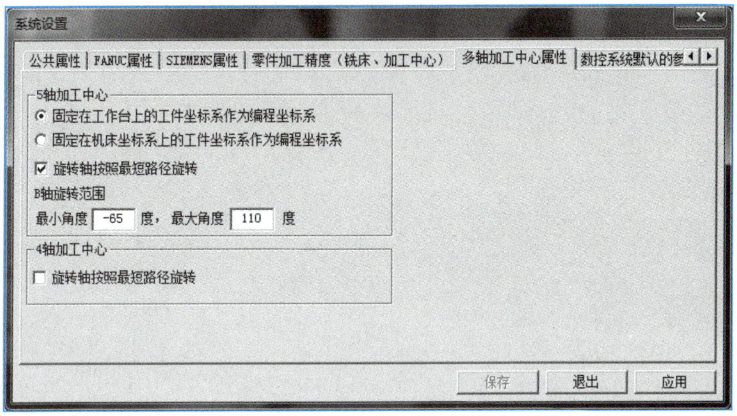

图 2－49 “多轴加工中心属性”选项卡

笔记栏

单元 3

五轴加工中心的常用操作

学习目标

- 掌握五轴加工中心的常用操作方法。
- 完成一个简单实例的仿真加工。

立德树人

时代发展，需要大国工匠；迈向新征程，需要大力弘扬工匠精神

“技能报国舞台广阔，建功立业正逢其时”。当匠心变为匠魂，各行各业的劳动者都能执着专注于自己的工作，倾注毕生心血，精益求精、一丝不苟、追求卓越，就能不断涌现出检测手感堪比 X 光般精准、能把密封精度控制在头发丝的五十分之一、能在牛皮纸薄的钢板上焊接而不出现一丝漏点的能工巧匠，创造出一个个中国神话，登顶一座座高峰。

3.1 概　　述

五轴加工中心是指具有三个直线坐标轴和两个旋转坐标轴，并且可以进行五轴联动加工的数控机床。虽然 ISO 标准中规定了永远假定刀具相对于静止的工件坐标而运动，但落实到具体机床上，根据加工零件时是刀具移向工件还是工件移向刀具，坐标轴旋转时是刀具摆动还是工件旋转，五轴加工中心衍生出以下几种机床结构。

微课：五轴加工中心的常用操作方法

笔记栏

3.1.1 双摆头式（Head/Head）五轴加工中心

双摆头式五轴加工中心的结构如图 3－1 所示，两个旋转轴均属摆头类，它们结合为一个整体，构成双摆头结构。加工过程中，刀具除正转切削以外，还能绕 *A* 轴和 *C* 轴摆动，或绕 *B* 轴和 *C* 轴摆动，工件在工作台上，整个加工过程固定不动。这种结构的机床适合加工体积大、质量重的工件。但因为主轴在加工过程中摆动，所以主轴刚性较差，加工切削量较小。重型机床一般采用这种结构。

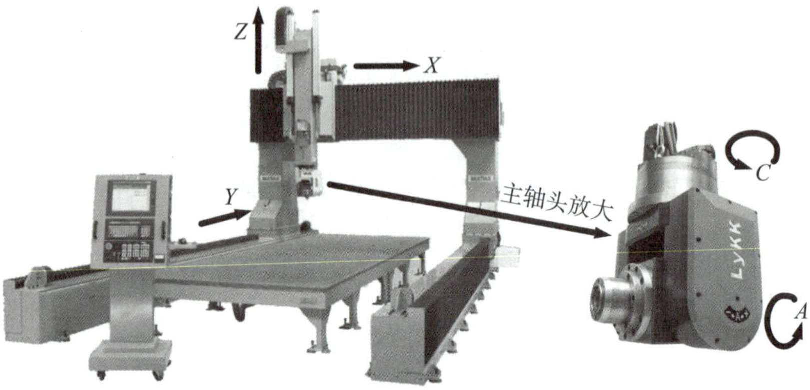

图 3－1　双摆头式五轴加工中心

3.1.2 双摆台式（Table/Table）五轴加工中心

双摆台式五轴加工中心的结构如图 3－2 所示，两个旋转轴均属转台类，它们结合为一个整体，构成双转台结构，放置在工作区。在加工过程中，工作台可按照加工指令旋转并摆动，整个工作台横放则工件绕 *C* 轴旋转的同时可沿着 *A* 轴摆动，工作台竖放则工件绕 *C* 轴旋转的同时可沿着 *B* 轴摆动。刀具在主轴上只做正转切削，主轴始终为竖直方向。这种结构的机床主轴刚性好，可以进行切削量较大的加工。但工件的尺寸受转台尺寸的限制，所以适合加工体积小、质量轻的工件。

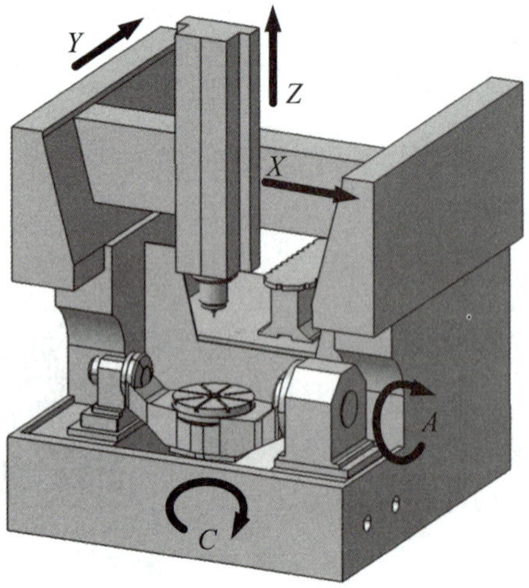

（a）*A* 轴摆动

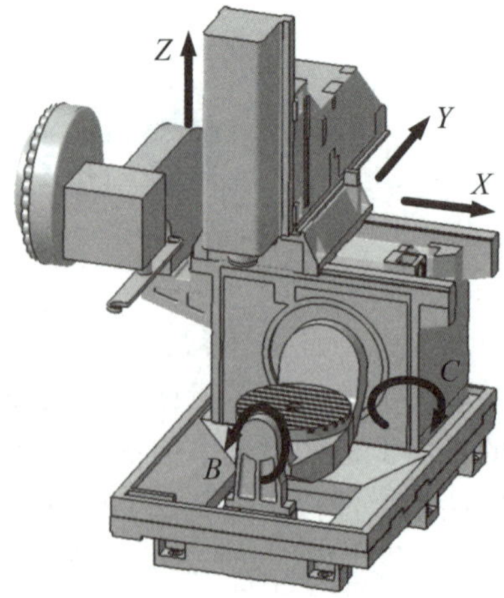

（b）*B* 轴摆动

图 3－2　双摆台式五轴加工中心

笔记栏

很多中小型五轴联动数控铣床采用双摆台形式。因为被加工的工件较小、较轻，所以将机床设计为双摆台形式可以更有效地利用机床空间使加工范围更大。而且主轴是竖直不旋转的，所以刀具长度不会影响摆动误差。此外，可旋转、可倾斜的工作台更加便于操作。教学实训用的五轴加工中心常选择这类机床。

3.1.3　一摆头一摆台（Head/Table）五轴加工中心

一摆头一摆台五轴加工中心的结构如图 3－3 所示，旋转轴 *B* 为摆头，加工时刀具可沿着 *B* 轴摆动，旋转轴 *C* 为转台，工件可沿着 *C* 轴旋转，旋转平面为 *XY* 平面。这类五轴机床的特点是加工过程中工作台只旋转不摆动，主轴只在一个旋转平面内摆动，加工方式介于双摆台和双摆头之间。

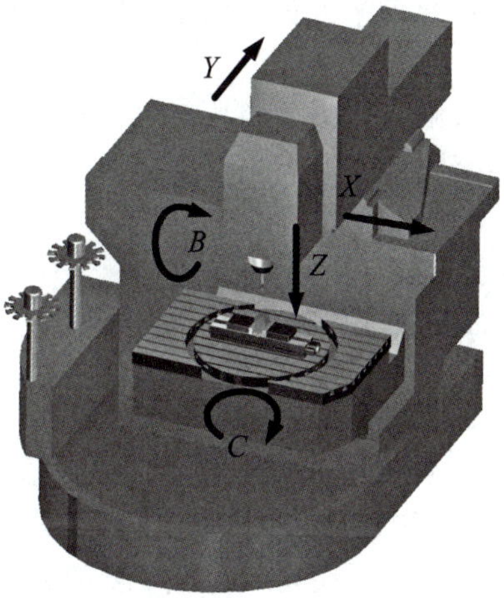

图 3－3　一摆头一摆台五轴加工中心

3.1.4　摆头型五轴机床与摆台型五轴机床的区别

五轴机床不同的结构形式会使机床在刚性、动态性能和精度稳定性等方面存在一些差异。

1. 机床主轴刚性对比

摆头型五轴机床在加工过程中主轴摆动，使得主轴的刚性相对较差；而摆台型五轴机床，由于是工作台摆动，因此不会对主轴的刚性产生任何影响。

2. 机床加工效率对比

由于旋转点不同，刀尖实现同样的位移时，摆头型五轴机床的主轴需要摆动更大的角度（类似杠杆原理），因此加工同样的零件，其效率更低。

3. 刀具长度对机床加工精度的影响

对于摆头型五轴机床来说，刀具长度是摆臂的一部分。也就是说，在主轴倾斜的情况下，刀具长度影响摆臂长度，会放大误差。即误差会随着刀具长度的增加而增大（摆动误差＝摆臂 × 摆角）。对于摆台型五轴机床，刀具长度与摆臂长度无关。

笔记栏

4. 摆动产生的位置误差与形状误差

随着摆动，两种机床都会产生位置误差，但是摆头型五轴机床还会产生形状误差，而摆台型五轴机床则不会产生形状误差。例如，加工孔时，主轴的进给方向和刀具的回转中心发生偏离，在机床产生位置误差的同时，摆头型五轴机床还会产生楔形孔的形状误差。

而摆台型五轴机床的位置误差是由工作台摆动造成的，主轴的进给方向和刀具的旋转中心始终重合，因此不会附加产生形状误差。

5. 五轴加工范围对比

随着摆头型五轴机床主轴的摆动，工件直径方向的加工范围会缩小，也就是说，主轴倾斜时会吃掉行程，从而导致五轴所能加工的最大工件的直径比三轴小。而摆台型五轴机床的工作台倾斜时，对工件水平方向的尺寸不会产生任何影响，从这个意义上讲，五轴加工和三轴加工时的工件大小范围是相同的。但是五轴加工工件的最大范围还需考虑机床结构引起的干涉，需要机床供应商提供五轴加工干涉示意图来分析。通常，同样的行程，摆台型五轴机床的加工范围比摆头型五轴机床大。

当然，摆台型五轴机床的最大缺点是需要克服工件的自重，如果工件和夹具很重，导致无法实现工作台摆动，则只能采用摆头型五轴机床了。

3.1.5 五轴加工中心的优势

（1）更广的适用范围：五轴加工中心能够加工三轴加工中心不能加工或者无法一次装夹便加工完成的连续光滑的自由曲面，如航空发动机转子、大型发电机转子、大型船舶螺旋桨等。另外，由于五轴加工中心在加工过程中，刀具相对于工件的角度可以随时调整，避免了刀具的加工干涉，因此可以完成三轴加工中心不能完成的许多复杂零件的加工。

（2）更精的加工质量：五轴加工中心可以提高自由空间曲面的加工精度、加工效率和加工质量。相对于三轴加工中心，加工型腔复杂的零件时，五轴加工中心可以随时调整位姿角，以最佳角度加工工件，而且可以一次装夹完成加工。

（3）更高的工作效率：五轴加工中心可以减少搬运工件、上下料、安装调整等环节消耗的时间。能完成数台三轴加工中心配合才能完成的加工任务，工作效率显著提升。

笔记栏

3.2　五轴加工中心的操作界面

本书选择了 GF 阿奇夏米尔公司的 MIKRON HEM 500U/700U 作为五轴加工中心操作范例，其外观如图 3-4 所示，主要参数见表 3-1。

图 3-4　MIKRON HEM 500U/700U 五轴加工中心

表 3-1　MIKRON HEM 500U/700U 五轴加工中心的主要技术数据和特性

序号	内容	技术指标	单位	500U	700U
1	工作范围	*X*/*Y*/*Z* 轴	mm	500/450/400	700/600/500
		最大快移和进给速度	m/min	30	30
2	换刀机械手	刀柄	—	ISO 40/BT 40	ISO 40/BT 40
		刀库	—	DT 30/CT 60	DT 30/CT 60
3	电主轴的主驱动机构	最大功率	kW	20	20
		最大扭矩	N·m	75	75
		主轴最高转速	r/min	12 000	12 000
4	*B* 轴	摆动范围	°	+110/-65	+110/-65
		快速摆动	r/min	32	32
5	*C* 轴	回转工作台尺寸	mm	$\phi 500$	$\phi 630$
		转动范围	°	$n \times 360°$	$n \times 360°$
		快速转动	r/min	112	112

笔记栏

MIKRON HEM 700U 五轴加工中心配置了海德汉（Heidenhain）iTNC530 数控操作系统，主界面如图 3-5 所示，相关区域的功能见表 3-2。

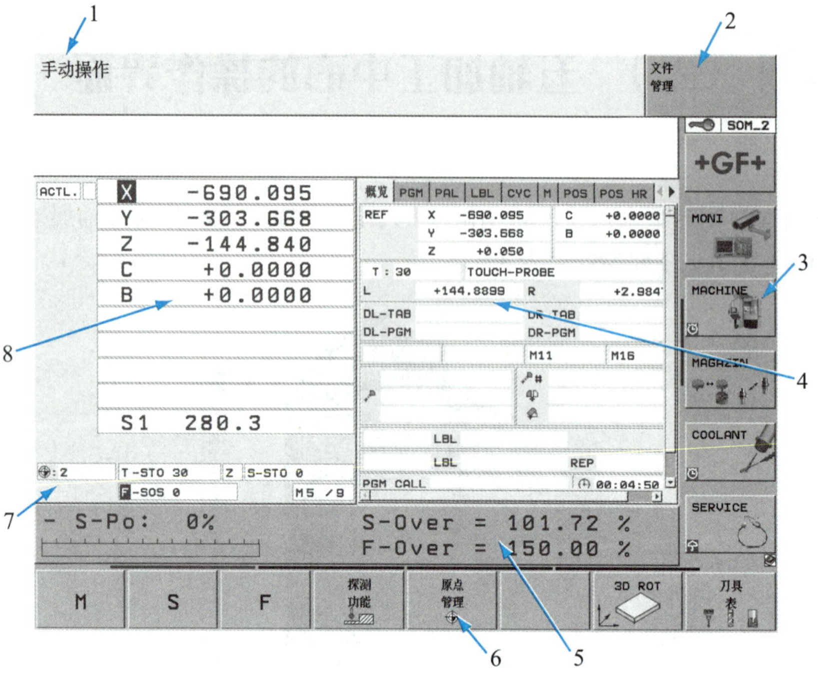

图 3-5 海德汉 iTNC530 主界面

表 3-2 海德汉 iTNC530 界面各区域功能

区域号	作用	详细说明
1	左侧标题行	显示当前选中的机床运行方式（手动操作、MDI、电子手轮、自动运行等）
2	右侧标题行	显示当前选中的程序运行方式（程序保存 / 编辑、程序测试等）
3	垂直功能键	显示机床功能
4	位置显示	可通过 MOD 模式键设置 ACTL（用户坐标系）、REF（参考点）、DIST（剩余行程）这 3 种常用的位置显示模式
5	主轴监控	显示机床当前的监控状态（主轴温度、震动、倍率等）
6	水平功能键	显示编程功能
7	工艺和零点显示	显示刀具名、刀具轴、转速、进给、旋转方向、冷却润滑剂等信息，以及来自预设值表启用的基准点编号
8	状态表格	表格概况：位置显示可达 5 个轴，包括刀具信息、启用的 M 功能、启用的坐标变换、启用的子程序、启用的程序循环、通过 PGM CALL 调用的程序、当前的加工时间、启用的主程序名

在屏幕下方、左边和右边各有几个控制键，具体说明见表 3-3。

表 3-3 控制键功能

键形式	功能	键形式	功能
	切换屏幕布局	◁	“向左”键，行切换键
	切换加工模式和编程模式	▷	“向右”键，行切换键
	在屏幕中选择功能的键	△	“向上”键，行切换键

MIKRON HEM 700U 五轴加工中心操作面板如图 3－6 所示，相关区域的功能见表 3－4。MIKRON HEM 700U 五轴加工中心操作面板按键说明见表 3－5。

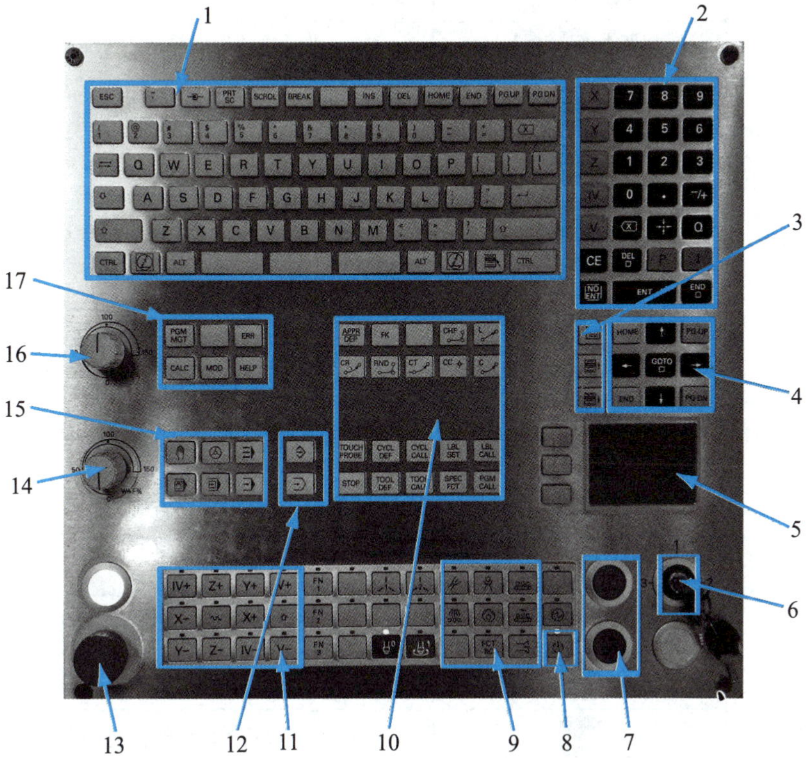

图 3－6 MIKRON HEM 700U 五轴加工中心操作面板

表 3－4 MIKRON HEM 700U 五轴加工中心操作面板功能区说明

区域号	功能区说明
1	输入字母和符号的键盘区
2	字符键盘区，主要坐标轴和数值的输入和编辑键
3	SmarT.NC 导航键区
4	光标移动方向键和 GOTO 跳转指令键区
5	触摸屏区
6	SmartKey，电气运行方式开关区
7	程序启动键，进给停止键
8	系统电源开关
9	功能键区
10	打开编程对话窗口区
11	轴运动键区
12	编程运行方式键
13	急停按钮
14	进给倍率按钮
15	机床操作模式区
16	快移倍率按钮
17	程序 / 文件管理功能键，包括计算器、MOD 模式功能、HELP 帮助功能等

笔记栏

表 3-5　MIKRON HEM 700U 五轴加工中心操作面板按键说明

区域号	键形式	说明
字符键盘区	Q W E	文件名，图注
	G F S	DIN/ISO 编程
机床操作模式区		手动操作
		电子手轮
		SmarT.NC
		MDI 模式
		程序运行——单段运行
		程序运行——全自动
编程运行方式键		程序编辑
		测试运行
程序 / 文件管理，ITNC530 系统功能	PGM MGT	选择或删除程序和文件，外部数据传输
	PGM CALL	定义程序调用，选择原点和点位表
	MOD	选择 MOD 功能
	HELP	显示 NC 出错信息的帮助信息
	ERR	显示当前全部出错信息
	CALC	显示计算器
导航键	↑ ↓	上、下移动光标键
	← →	左、右移动光标键
	GOTO □	直接移至程序段、循环和参数功能上
刀具功能	TOOL DEF	定义程序中所用刀具数据
	TOOL CALL	调用刀具数据
编程路径运动	APPR DEP	接近 / 离开轮廓
	FK	FK 自由轮廓编程
	L	直线插补
	CC	圆心 / 极坐标极点
	C	已知圆心圆插补
	CR	已知半径圆插补
	CT	相切圆弧插补
	CHF RND	倒角 / 倒圆角

笔记栏

续表

区域号	键形式	说明
循环、子程序和程序块重复	TOUCH PROBE	定义测头探测循环
	CYCL DEF CYCL CALL	定义和调用循环
	LBL SET LBL CALL	输入和调用子程序及程序块重复的标记
	STOP	在程序中输入程序停止
坐标轴和编号输入及编辑	X ... V	选择坐标轴或者输入到程序中
	0 ... 9	数字
	. -/+	小数点，正负号
	P I	极坐标输入，增量值
	Q	Q 参数编程 /Q 参数状态
		保存当前位置或计算器值
	NO ENT	忽略对话提问，删除字
	ENT	确认输入信息并继续对话
	END □	结束程序段，退出输入
	CE	清除数字输入或清除 ITNC530 出错信息
	DEL □	中断对话，删除程序块
特殊功能 Smart.NC	SPEC FCT	显示特殊功能
		选择窗口中下一个选项卡
		选择上 / 下一个窗口中的第 1 个输入字段
轴运动键	X+	机床 *X* 轴正方向运行键
	X-	机床 *X* 轴负方向运行键
	Y+	机床 *Y* 轴正方向运行键
	Y-	机床 *Y* 轴负方向运行键
	Z+	机床 *Z* 轴正方向运行键
	Z-	机床 *Z* 轴负方向运行键
	V+	机床 *B* 轴正方向运行键
	V-	机床 *B* 轴负方向运行键
	IV+	机床 *C* 轴正方向运行键
	IV-	机床 *C* 轴负方向运行键

笔记栏

续表

区域号	键形式	说明
功能键		主轴停转
		主轴旋转
		夹紧卡盘键（CLAMP THE CLAMPING CHUCK）
		松开卡盘键（RELEASE THE CLAMPING CHUCK）
		启用键（ENABLE）
		冷却液接通 / 关闭
		主轴中心冷却液接通 / 关闭
		排屑器打开
		排屑器后退
SmartKey	授权钥匙 TAG 用作授权的钥匙	1：在安全门关闭状态下运行的安全运行模式，可进行绝大多数操作，为系统默认状态
		2：在安全门开启状态下运行的调整运行模式，系统限制主轴最高转速 800r/min、最大进给速度 2m/min
		3：在安全门开启状态下运行，与调整运行模式相同，系统限制主轴最高转速 5000r/min，最大进给速度 5m/min

笔记栏

3.3　五轴加工中心仿真系统的基本操作

3.3.1　选择五轴加工中心机床

启动宇龙机械加工仿真软件后，单击菜单“机床（M）”→“选择数控机床”或者在工具栏中单击，系统将弹出图 3－7 所示的“选择机床”对话框。在对话框中，“控制系统”选择“HEIDENHAIN”，类别为“ITNC530”，“机床类型”选择“五轴加工中心”，具体型号是“HEM700U”，最后单击“确定”按钮，进入 MIKRON HEM 700U 五轴加工中心界面，如图 3－8 所示。

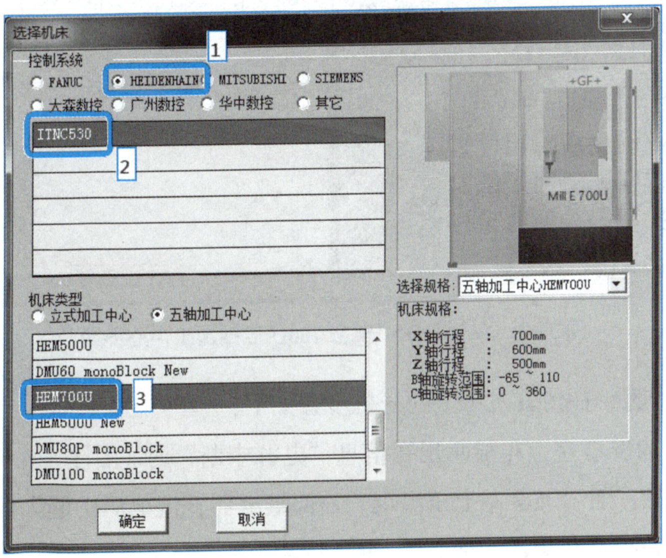

图 3－7　选择五轴加工中心

3.3.2　数控系统的启动操作

在真实机床上的开机步骤如下：

（1）将机床主电源开关由 OFF 扳至 ON，启动机床。

（2）机床屏幕显示“电源中断”，按“CE”键 2 次。

（3）机床屏幕显示“435 open protective”，手动拉开防护门再关闭。

（4）机床屏幕显示“MC safety doors are closed”，按下关门键。

（5）机床屏幕显示“Switch on external dc voltage”，按下电气电源键。

笔记栏

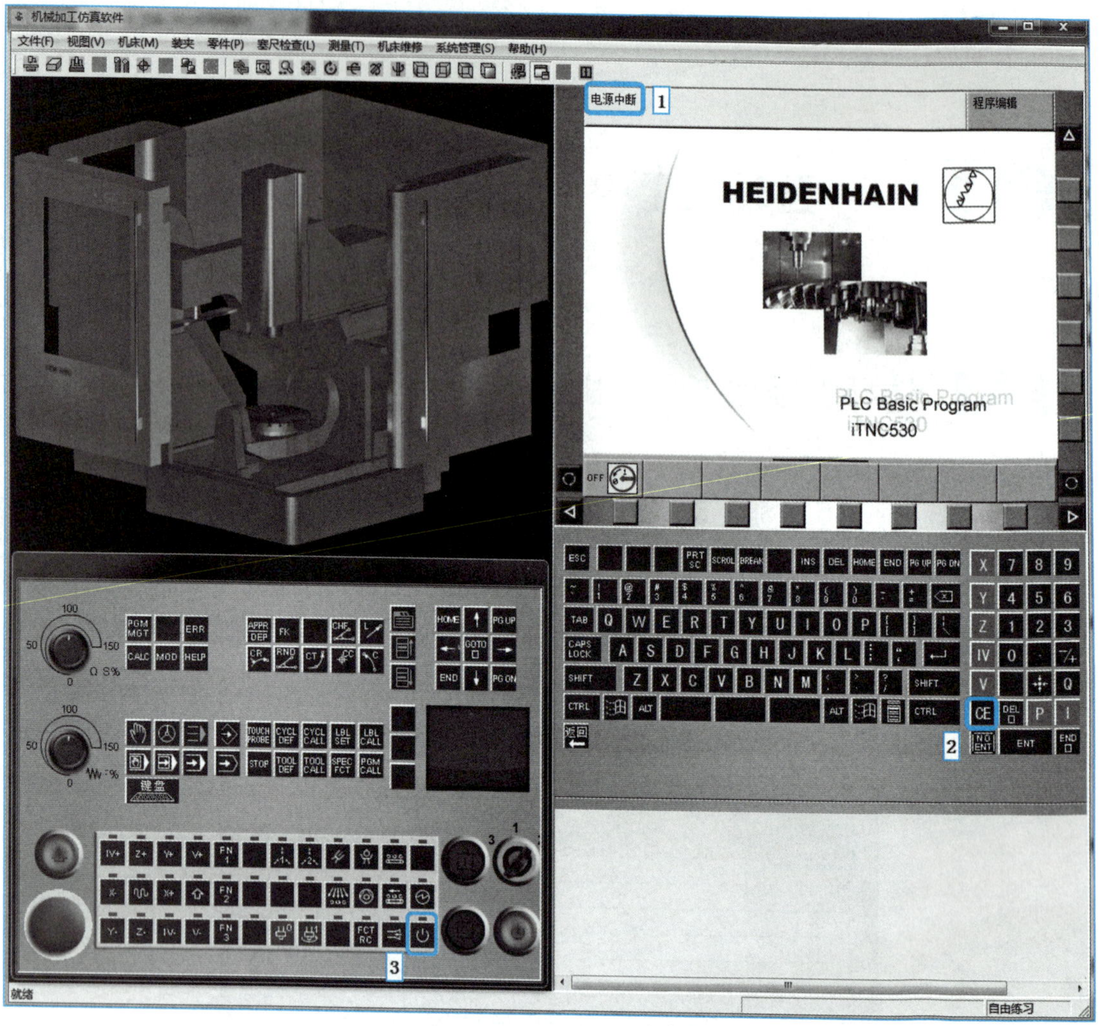

图 3－8　MIKRON HEM 700U 五轴加工中心界面

参考上述操作步骤，在仿真机床上的开机步骤如下：

如图 3－8 所示的屏幕左上角显示出错信息“电源中断”时（图注 1），单击 CE 键两次（图注 2），清除出错信息。随后屏幕左上角出现“外部继电器直流电压中断”的提示，单击电气电源键（图注 3），数控系统启动完成。

3.3.3　手动操作机床

在“手动操作”模式下，可采用手动或增量运动方式定位机床轴、设置工件原点以及倾斜加工面。

进入“手动操作”模式的方法如下：

（1）在操作面板上选择“手动操作”模式，界面如图 3－9 所示。

（2）按住机床轴方向键直至轴移动到目标位置为止。如图 3－10 所示为机床各轴移动方向键。

注意：在轴移动时，可以通过 F 键或进给倍率旋钮调节进给倍率。

笔记栏

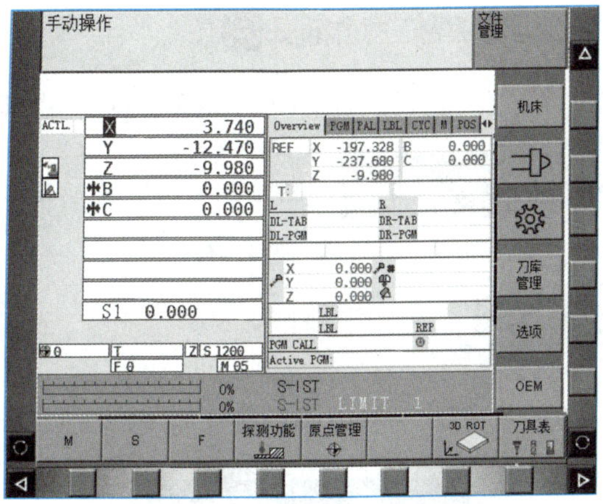

图 3-9　“手动操作”模式界面

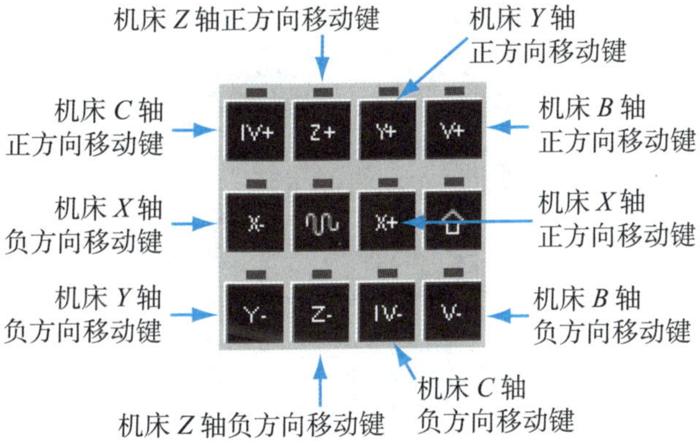

图 3-10　机床各轴移动方向键

3.3.4　电子手轮操作

在程序运行过程中，也可以通过电子手轮移动机床轴。电子手轮各键及功能如图 3-11 所示。在加工安全门开启的状态下，电子手轮单轴移动的操作步骤如下：

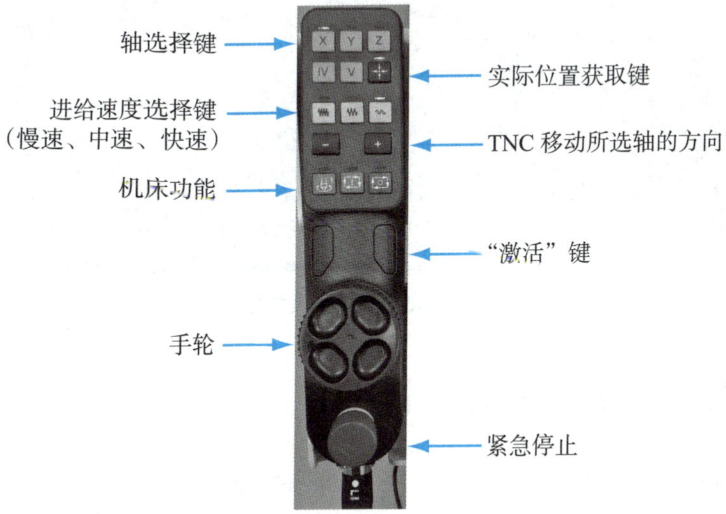

图 3-11　电子手轮各键及功能

笔记栏

（1）在操作面板上选择“电子手轮”操作模式。

（2）按住电子手轮上的“激活”键，然后选择轴（如 X 轴 X），再选择进给速率，接着选择所选机床轴的移动方向 - +，也可以通过旋转手轮来移动所选机床轴。

3.3.5 定义毛坯尺寸

如图 3 - 12 所示，定义毛坯的形状为长方体，尺寸为 50mm × 50mm × 70mm。

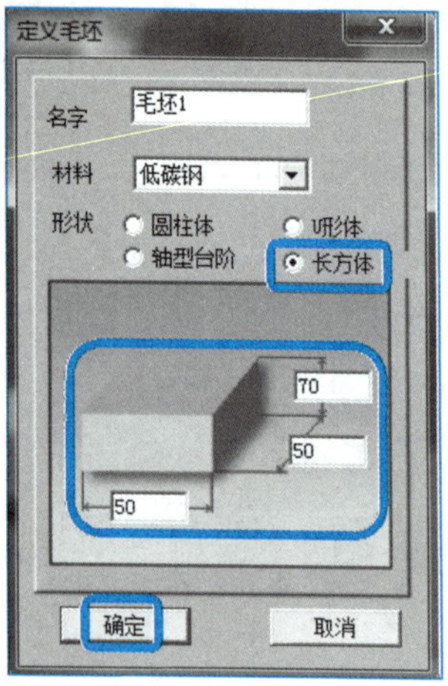

图 3 - 12　定义毛坯的形状和尺寸

3.3.6 定义夹具

如图 3 - 13 所示，定义夹具类型为自定心虎钳。

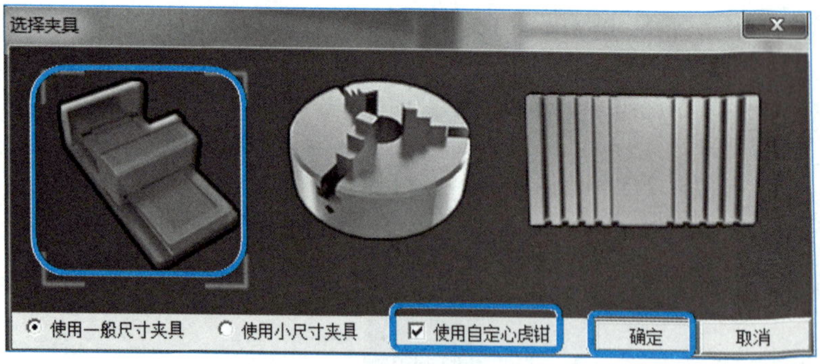

图 3 - 13　定义夹具类型

3.3.7 将毛坯放置于夹具上

在图 3 - 14 所示的“选择零件”对话框中选择前面定义好的毛坯，单击“安装零件”按钮，将毛坯放置于虎钳上，效果如图 3 - 15 所示。

笔记栏

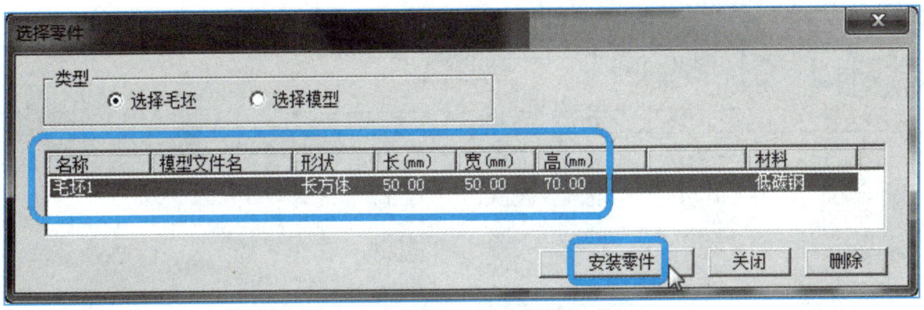

图 3-14　选择毛坯

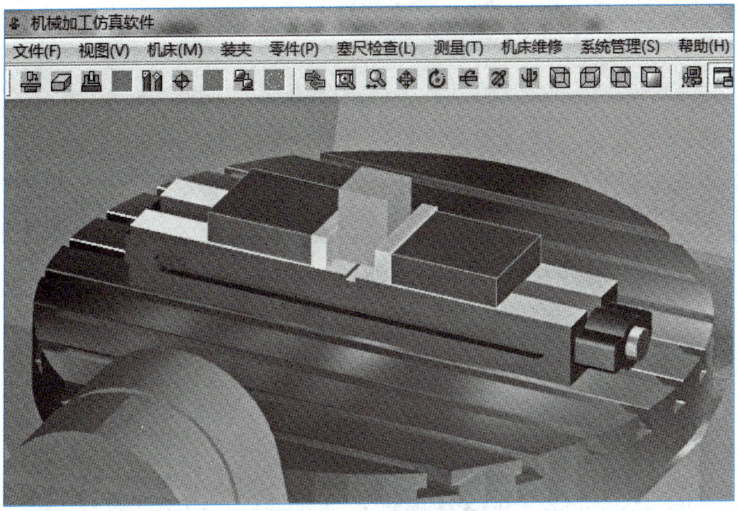

图 3-15　毛坯放置完成

仿真系统默认的放置位置是毛坯中心在自定心虎钳的行程正中间，同时毛坯的中心与旋转工作台的中心重合。

由于毛坯的高度为 70mm，自定心虎钳的钳口高度为 32mm，因此刀具的加工深度不能超过零件伸出来的高度（即 38mm）。

在实际工作中，零件的安装位置应尽量接近旋转工作台的中心，这样工件摆动的幅度会比较小，更加安全。

3.3.8　定义加工刀具

在图 3-16 所示的“选择铣削、钻削刀具”对话框中定义 T1 刀具为 ϕ10mm。

注意：如图 3-16 中图注 1 所示的 162.608 是刀尖到主轴端面的距离。在实际工作中，该尺寸可通过机外测量仪直接测得，如图 3-17 所示。

如果没有机外测量仪，可以使用高度百分表测量该值。如图 3-18 所示，在机床手动模式下，移动主轴，在主轴端面触碰到高度百分表后，记下该位置的 Z 轴数值。更换刀具后移动刀具，让刀尖触碰高度百分表的同一位置，此时该位置的 Z 轴数值与前次记录的 Z 轴数值的差值就是刀尖到主轴端面的距离。

笔记栏

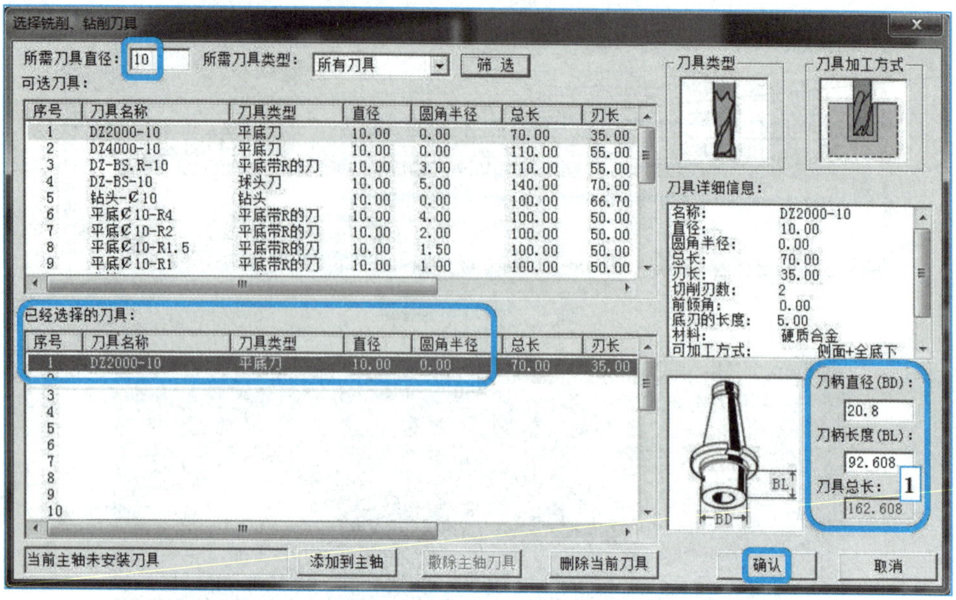

图 3-16　定义 T1 刀具

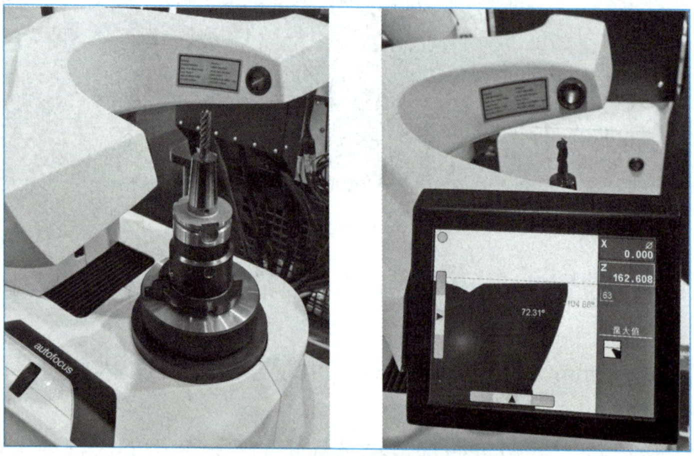

图 3-17　使用机外测量仪测量刀具尺寸

图 3-18　使用高度百分表测量刀具尺寸

笔记栏

3.3.9 建立刀具表

（1）在操作面板上选择“手动操作

（2）在屏幕右下角选择“刀具表” 刀具表，如图 3 - 9 所示。

刀具表界面，如图 3 - 19 所示。

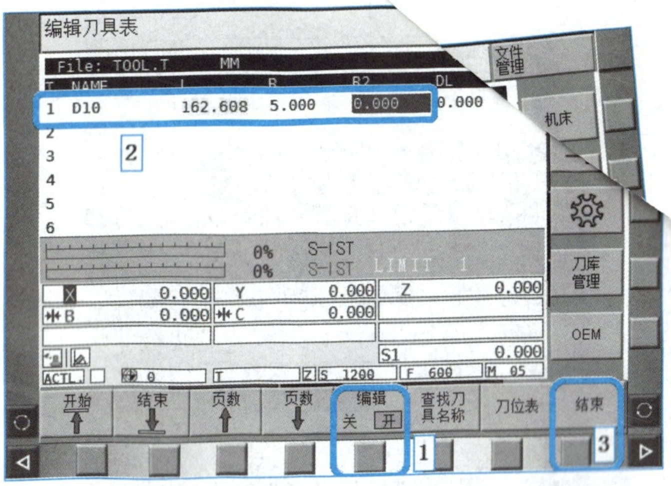

图 3 - 19　刀具表界面

（3）将“编辑”键设置在“开”位置（图注 1）。

（4）用光标键选择需要修改的值，这里输入 T1 的刀具名称为“D10”，L 值为“162.608”，即刀尖到主轴端面的距离，刀具半径 R 为“5.000”（图注 2）。如果是球头铣刀则 R2 为球头半径，这里是平底刀，R2 为“0.000”。刀具表填写说明见表 3 - 6。

表 3 - 6　刀具表填写说明

符号	说明	输入值
T	在程序中调用刀具的编号（顺序编号，用光标选择）	1
NAME	在程序中调用的刀具名（最多 16 个字符，只用大写字母，没有空格）	D10
L	刀具长度 *L* 补偿值	162.608
R	刀具半径 *R* 补偿值	5
R2	球头半径或刀尖圆角半径	0
DL	刀具长度 *L* 的差值	0
DR	刀具半径 *R* 的差值	0
DR2	刀具半径 *R2* 的差值	0
ANGLE	循环 22 和 208 往复切入加工时，刀具的最大切入角	

（5）刀具定义完成后，将“编辑”键设置在“关”位置，然后单击“结束”键（图注 3），退出刀具表。

注意： 将“编辑”键切换至关闭或退出刀具表前，修改不会生效。如果修改了当前主轴上的刀具的参数，则需要重新调用一次刀具才能生效。

笔记栏

3.3.10 手动数据输入（MDI）

用户可通过 MDI 模式方便地进行简单 …… 或刀具预定位，编写的程序被保存在 $MDI 文件中。

在操作面板上选择 MDI 模式（图 …… ，如图 3－20 所示。

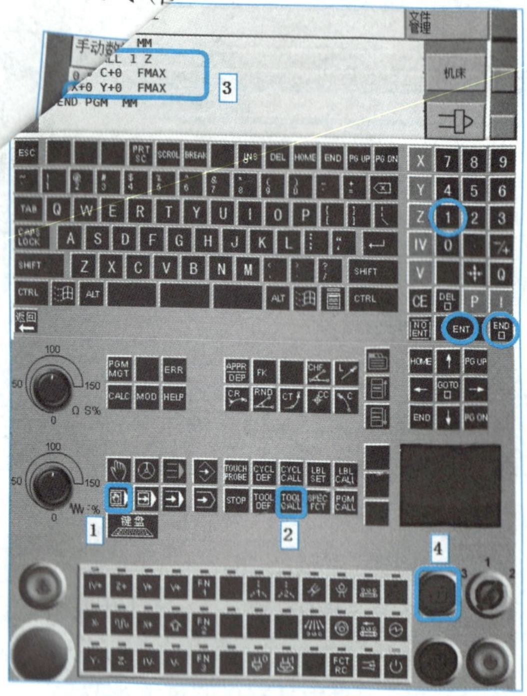

图 3－20　手动数据输入（MDI）模式

进入 MDI 模式后，海德汉系统会自动将以前保存的 MDI 文件打开，因此可以提前输入常用的刀具调用和刀具预定位等指令。

如果没有提前输入，单击“TOOL CALL”键（图注 2），系统自动输入字母“TOOL CALL”，再单击数字键“1”和“ENT”键，随后出现字母“Z”，单击“ENT”键确认，如果不需要输入 S 转速，单击“END”键，完成换刀指令录入（图注 3）。

如果以前输入过该换刀指令，则移动光标至“TOOL CALL 1 Z”，该行程序的字体颜色自动变为蓝色，表示选中。最后单击“程序启动”键（图注 4），机床自动将 1 号刀换到主轴上。与此同时，在刀具表中定义的 1 号刀的参数自动生效。如果主轴上已经是 1 号刀，则不会发生换刀动作，但刀具表中修改过的参数会自动生效。

在 MDI 模式中，每次单击“程序启动”键，只执行光标所在行的程序。该行程序执行结束，光标自动选择下一行程序，如果需要顺序执行，可直接按下“程序启动”键。如果不需要顺序执行，则用光标选择其他行的程序，再单击“程序启动”键执行。如果光标所在行的程序为固定循环，例如 CYCLE 7 或者 CYCLE 19，则执行完整个循环后才会停止。

3.3.11 对刀操作（试切法）

对刀操作是确定用户坐标系的过程。为了降低实训成本，下面直接使用 T1 刀具完成对刀过程。

（1）对刀操作之前必须保证机床 *B* 轴处于 0 值，即工作台处于水平状态，不能倾斜。如果工作台倾斜，可以在 MDI 模式下执行“L B+0 FMAX”指令，将工作台恢复水平状态。如果工作台处于旋转状态，则需要摆正位置，可在 MDI 模式下执行“L C+0 FMAX”指令，将工作台复位至零位状态。

（2）在操作面板上选择“手动操作”模式。移动刀具，接近工件，如图 3－21 所示。在实际工作中，使用电子手轮完成刀具接近工件的操作。

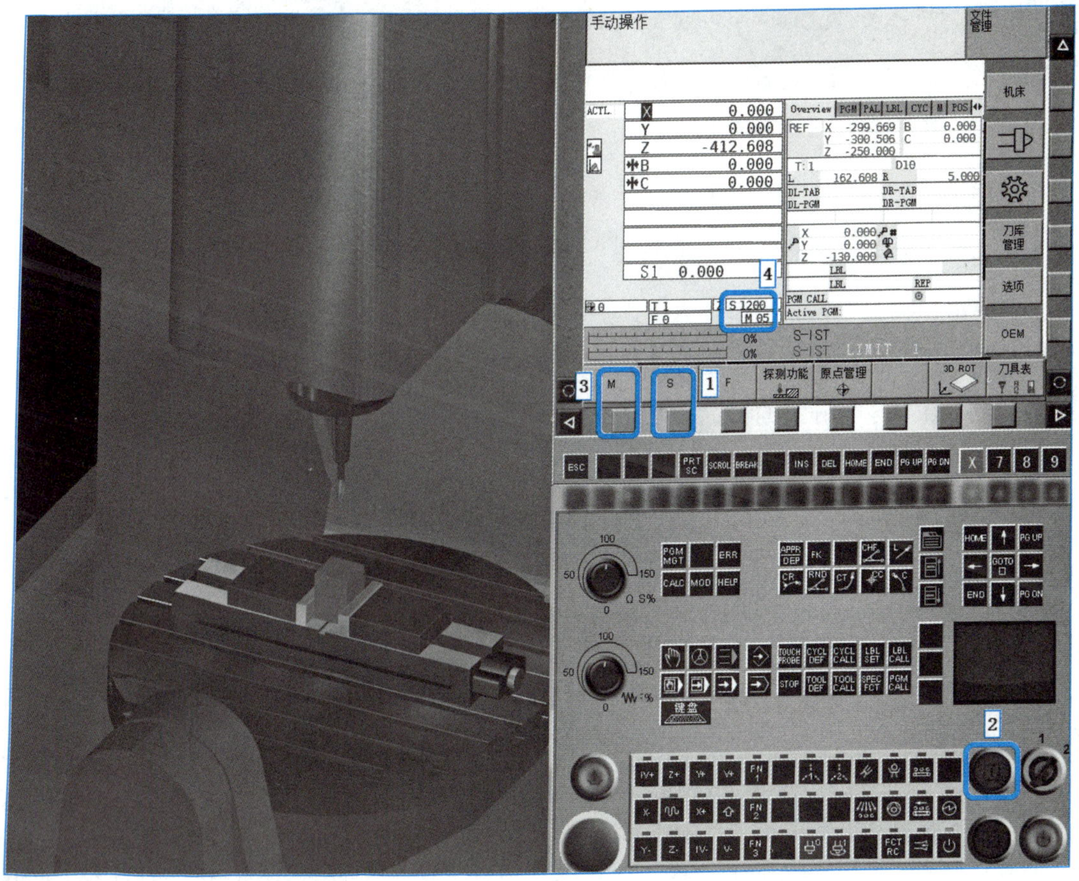

图 3－21　刀具接近工件

（3）试切法需要刀具处于旋转状态。如图 3－21 所示，图注 4 是前一次设定的转速值，如果默认转速合适，单击“主轴正转”键，主轴将旋转起来。如果转速不合适，可单击“S”键（图注 1），弹出图 3－22 所示的对话框，输入“1200”，单击“程序启动”键（图 3－21 中图注 2），完成主轴转速 S=1200 的设定。单击“M”键（图注 3），可设定 M 指令，例如 M03，主轴正转。或者单击“主轴正转”键，将主轴旋转起来。

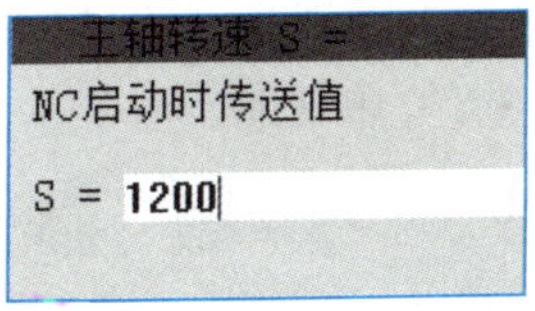

图 3－22　设定转速

（4）使旋转的刀具慢慢接近工件，如果感觉手动操作模式移动太快，可使用电子手轮。将刀具从 $-X$ 方向靠近工件的左侧，手轮倍率调小，慢慢移动，当刀具与工件接触时（出现铁屑），停止手轮操作，如图 3－23 所示。$-X$ 方向对刀的操作现场（刀具为寻边器）如图 3－24 所示。

笔记栏

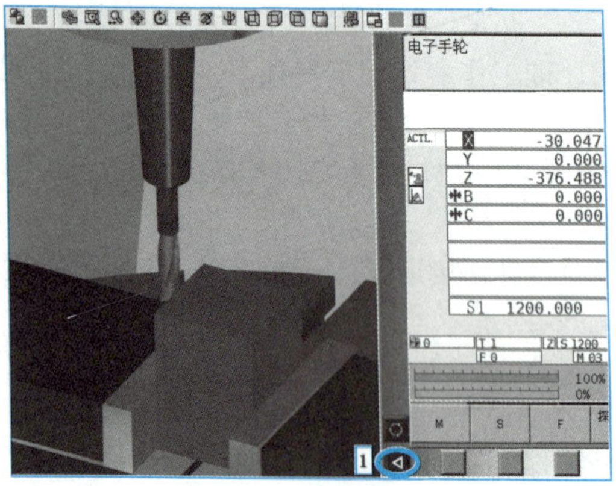

图 3－23　$-X$ 方向对刀

图 3－24　$-X$ 方向对刀的操作现场

（5）在手动操作或电子手轮模式下，单击“向左”键◁（图 3－23 中图注 1），屏幕下方出现新的菜单，单击“设定原点”设定原点键，新菜单如图 3－25 所示。

（6）单击“轴 X”键，屏幕上方出现提示行，如图 3－26 所示。输入“－30”，注意要先单击3和0，再单击“正负号”键-/+改变符号，最后单击“ENTER”键ENT。系统会自动计算工件中心在机床坐标系的位置，计算结果显示 ACTL 坐标系中的 X 值为“－30.000”。

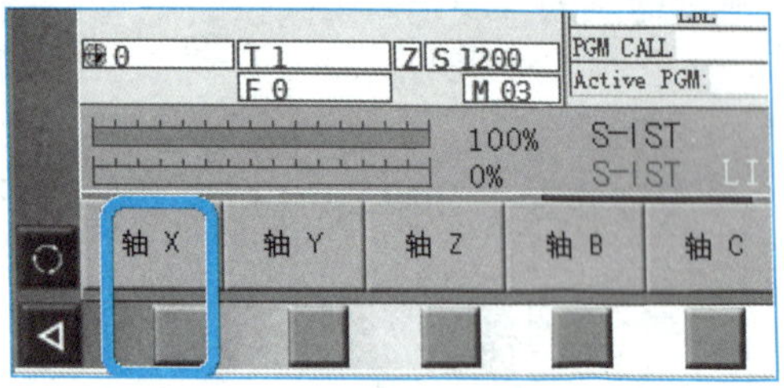

图 3－25　“轴 X”键的位置

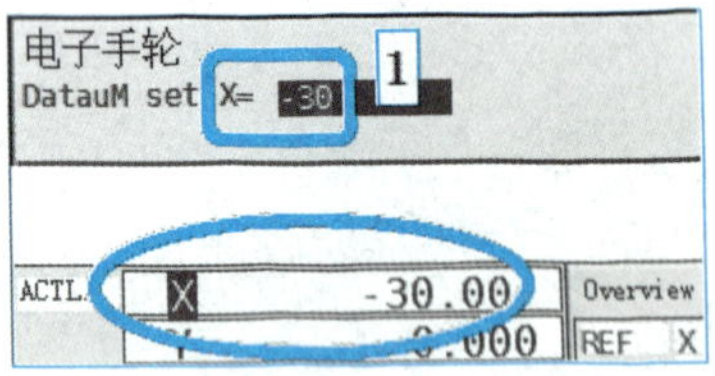

图 3－26　X 轴的设定值

该操作的含义是定义工件毛坯的中心为用户坐标系的原点，此时 T1 刀具在用户坐标系中 X 轴方向的位置是“－30”。

计算公式是毛坯 X 方向的尺寸除以 2 再加上刀具半径，即 50/2+10/2=30，刀具在工件左侧为 －30，在右侧为 +30。

（7）X 轴找正完成后，找正 Y 轴。将旋转的刀具从 $-Y$ 方向靠近工件，手轮倍率调小，慢慢移动，当刀具与工件接触时，停止手轮操作，如图 3－27 所示。

（8）单击图 3－27 所示的“轴 Y”键（图注 1），屏幕上方出现提示行（图注 2），输入“－30”，先单击3和0，再单击“正负号”键-/+改变符号，最后单击“ENTER”键ENT。系统会自动计算工件中心在机床坐标系的位置，计算结果显示 ACTL 坐标系中的 Y 值为“－30.000”（图注 3）。

该操作的含义是定义工件毛坯的中心为用户坐标系的原点，此时 T1 刀具在用户坐标系中 Y 轴方向的位置是“－30”。

计算公式是毛坯 Y 方向的尺寸除以 2 再加上刀具半径，即 50/2+10/2=30，刀具在工件下方为 －30，在上方为 +30。

笔记栏

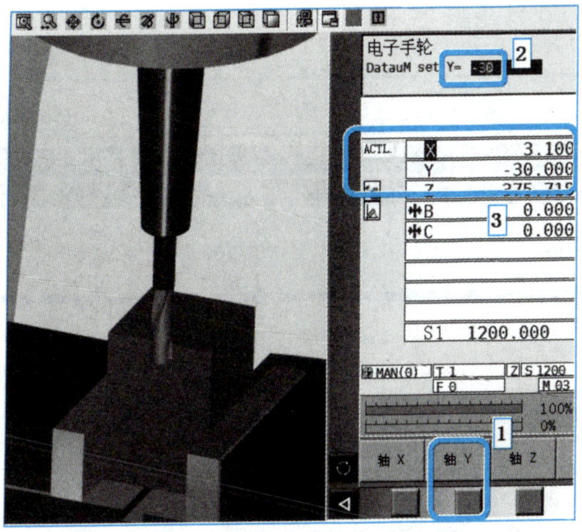

图 3-27　*Y* 轴的设定值

（9）*Y* 轴找正完成后，找正 *Z* 轴，将旋转的刀具从工件上方靠近工件，手轮倍率调小，慢慢移动，当刀具与工件接触时，停止手轮操作，如图 3-28 所示。

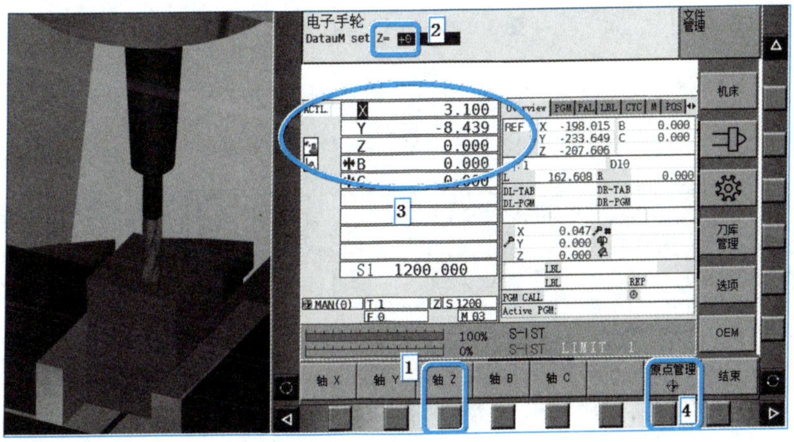

图 3-28　*Z* 轴的设定值

（10）单击图 3-28 所示的“轴 Z”键（图注 1），屏幕上方出现提示行（图注 2），由于系统默认为“+0”，符合要求，因此无须输入，直接单击“ENTER”键 ENT 。系统会自动计算工件中心在机床坐标系的位置，计算结果显示 ACTL 坐标系中的 *Z* 值为“0.000”（图注 3）。

该操作的含义是定义工件毛坯的中心为用户坐标系的原点，此时 T1 刀具在用户坐标系中 *Z* 轴方向的位置是“0”。

在实际操作中，试切法的对刀精度较差。原因是要求刀具和工件有摩擦痕迹，但出现铁屑时说明已经切削多了。因此对于加工精度要求高的零件，可将刀具更换为寻边器（对刀方法是一样的）。

X、*Y*、*Z* 三个轴的对刀完成后，单击“原点管理”键（图注 4），进入预设表。

3.3.12　用户坐标系的设定

预设表的设置如图 3-29 所示。*X*、*Y*、*Z* 三个轴的对刀结果都显示在预设表中的第一行

笔记栏

(图注 1)。其中，第一行为 0 号坐标系（显示为红色），一般不使用 0 号坐标系。

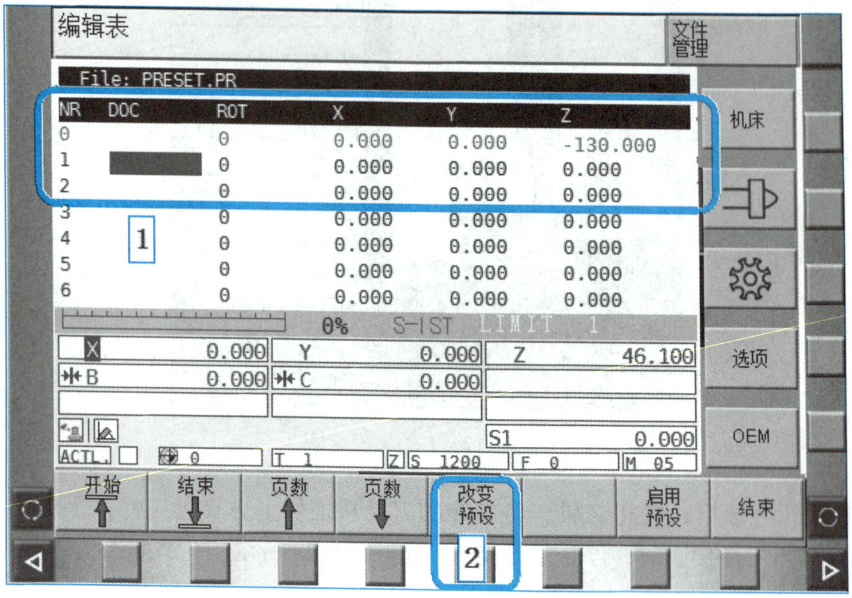

图 3－29　预设表的设置

将光标移到 1 号坐标系，单击“改变预设”键（图注 2），屏幕下方将出现新的菜单项，如图 3－30 所示，单击“保存当前预设点”键（图注 3）。

图 3－30　单击“改变预设”键后出现的菜单项

此时，屏幕下方又会出现新的菜单项，如图 3－31 所示。

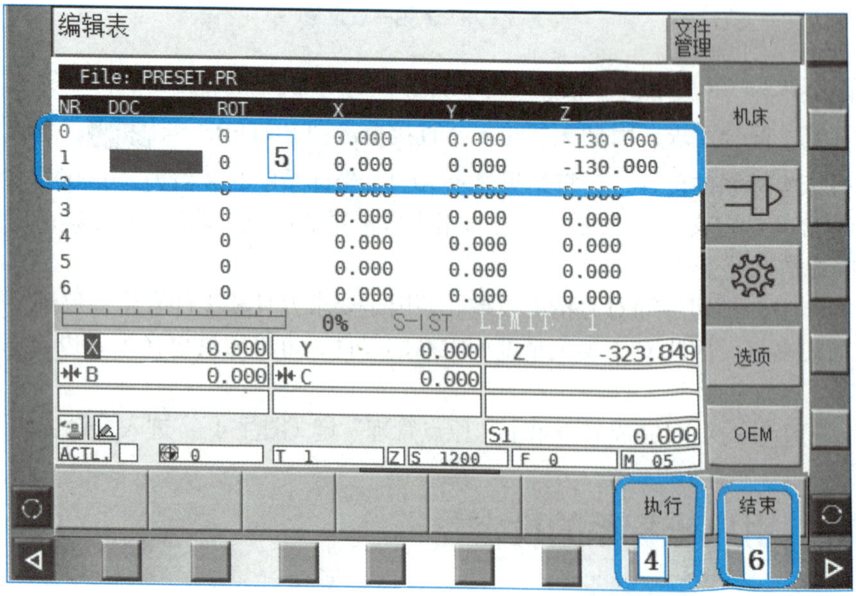

图 3－31　单击“保存当前预设点”键后出现的菜单项

笔记栏

单击“执行”键（图注4），可以观察到0号坐标系的数值被复制到1号坐标系中（图注5）。单击“结束”键（图注6），返回图3-30所示的上一级菜单。可以单击“编辑当前字段”键修改复制完成的1号坐标系中的值。单击“上一级”键（图3-30中图注7），返回图3-32所示的界面。

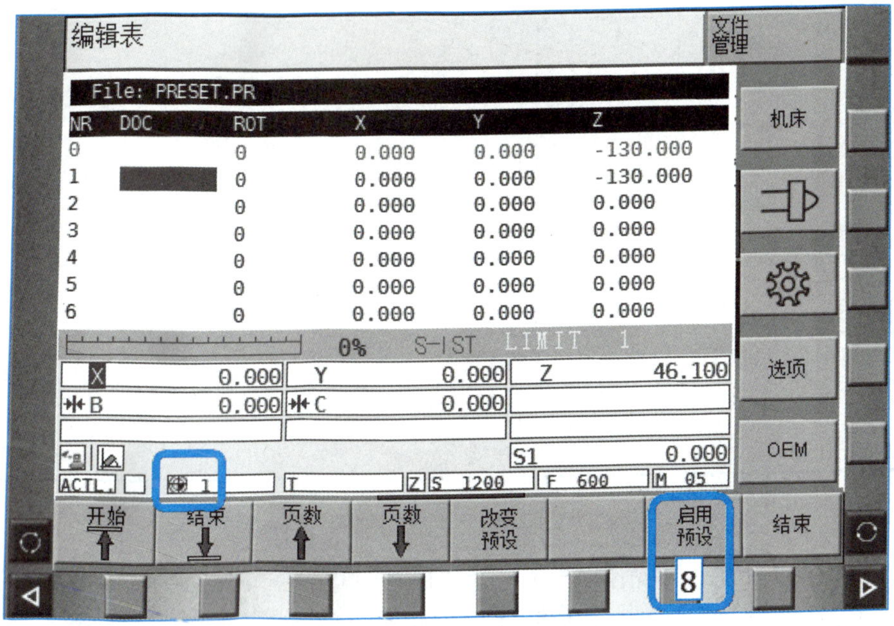

图3-32　启用1号坐标系为当前坐标系

1号坐标系建立完成后，可设置该坐标系为当前坐标系。单击“启用预设”键（图注8），屏幕下方菜单变更为图3-31所示状态。单击“执行”键（图3-31中图注4），1号坐标系的字体颜色由黑色变为蓝色，1号坐标系成为当前坐标系。最后单击“结束”键，返回手动操作界面，用户坐标系的设定就完成了。

3.3.13　外部加工程序的传入

五轴机床的加工程序通常较长，若用机床键盘录入，效率低且容易出错，常用的方法是将CAM软件后置处理生成的程序直接传入数控系统。

为了方便后续操作，请将下述铣工件上表面的程序录入记事本，并保存到“C:\NC\LX1.H”。

C:\NC\LX1.H（铣工件上表面的程序）	程序注释（不需要输入）
0　BEGIN PGM LX1 MM	前面内容为固定格式，程序名为LX1，程序单位为mm
1　BLK FORM 0.1 Z X-25 Y-25 Z-70	定义毛坯最小点坐标
2　BLK FORM 0.2 X+25 Y+25 Z+0	定义毛坯最大点坐标
3　TOOL CALL 1 Z S1500	调用1号刀，设置转速为1500r/min
4　CYCL DEF 247 DATUM SETTING ~ Q339 = +1 ; DATUM NUMBER	用户坐标系选择1号坐标系
5　L X+35 Y-24 R0 FMAX	快速移动到加工起始点（35，-24），FMAX指令不续效
6　L Z+100 R0 FMAX M03	
7　L Z+5 R0 FMAX M08	

笔记栏

续表

C:\NC\LX1.H（铣工件上表面的程序）	程序注释（不需要输入）
8 L Z–1 R0 F260	铣削深度 1mm
9 L X–24	（走回字形轨迹）
10 L Y+24	
11 L X+24	
12 L Y–16	
13 L X–16	
14 L Y+16	
15 L X+16	
16 L Y–8	
17 L X–8	
18 L Y+8	
19 L X+8	
20 L Y+0	
21 L X+0	
22 L Z+100 R0 FMAX M09	快速提刀
23 M05	
24 M30	
25 END PGM LX1 MM	程序结束

将加工程序 LX1.H 传入五轴仿真加工中心仿真系统的具体操作如下：

（1）如图 3－33 所示，在操作面板上选择“程序编辑”模式（图注 1）。数控系统屏幕变更为文件管理界面后，单击“向左”键◁两次（图注 2），屏幕下方出现新的菜单项，如图 3－34 所示。

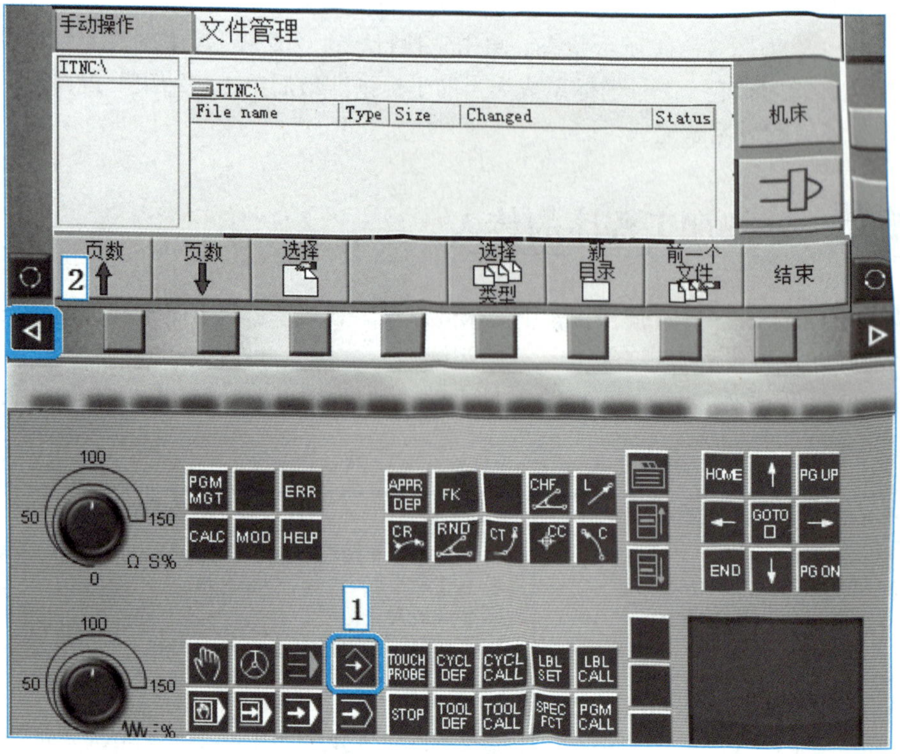

图 3－33　传入加工程序的操作步骤 1

笔记栏

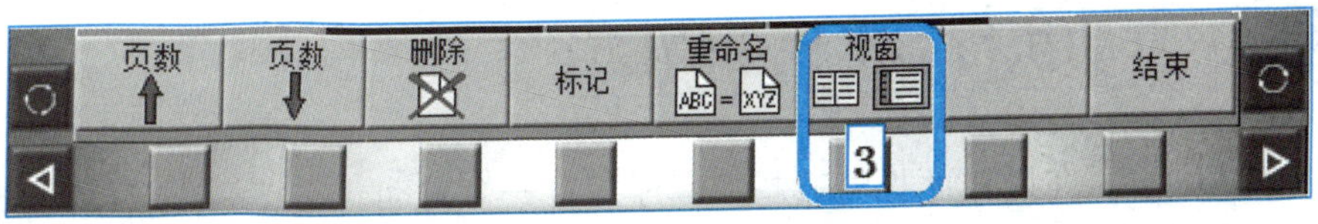

图 3－34　传入加工程序的操作步骤 2

（2）单击“视窗”键（图注 3），数控系统屏幕变更为两个窗口，如图 3－35 所示。

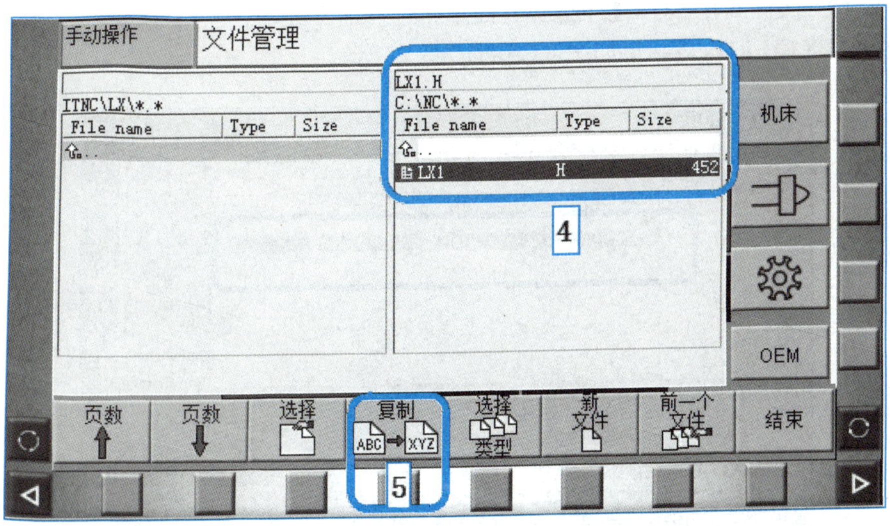

图 3－35　传入加工程序的操作步骤 3

（3）左边的窗口为数控系统的内部目录 ITNC\LX，右边的目录默认为 C:\，用“→”光标键将蓝色光标从左侧窗口切换到右侧窗口，用“↓”光标键找到 C:\NC\LX1.H（图注 4），单击“复制”键（图注 5），弹出“Copy”对话框，如图 3－36 所示。单击“OK”键（图注 6），LX1.H 就从右侧窗口复制到左侧窗口，表示加工程序传入仿真机床。在左侧窗口中选中该文件，按“ENTER”键打开后即可进行编辑等操作。

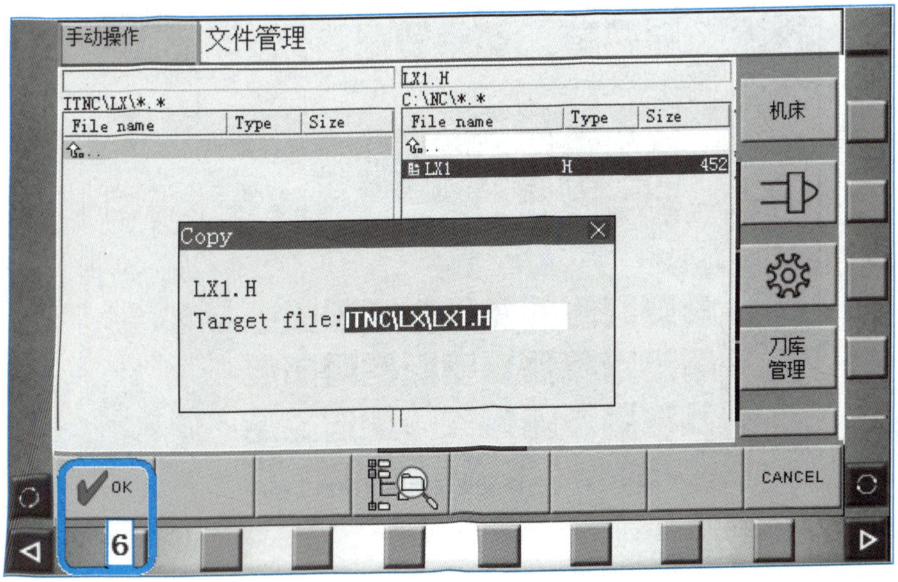

图 3－36　传入加工程序的操作步骤 4

笔记栏

3.3.14 自动执行加工程序的操作

如图 3－37 所示，在操作面板上选择“程序运行—全自动”模式（图注 1）。在数控系统屏幕中，用“↓”光标键（图注 2）选择需要自动执行的加工程序，如 LX1.H（图注 3），按“ENTER”键（图注 4）打开 LX1.H 文件，确认程序无误，就可以单击“程序启动”键（图注 5），机床将按照加工程序开始自动加工零件。如果加工程序选择错误，可以单击“PGM MGT（程序管理）”键（图注 6），返回程序选择界面重新选择加工程序。

加工程序 LX1.H 的执行结果如图 3－38 所示。

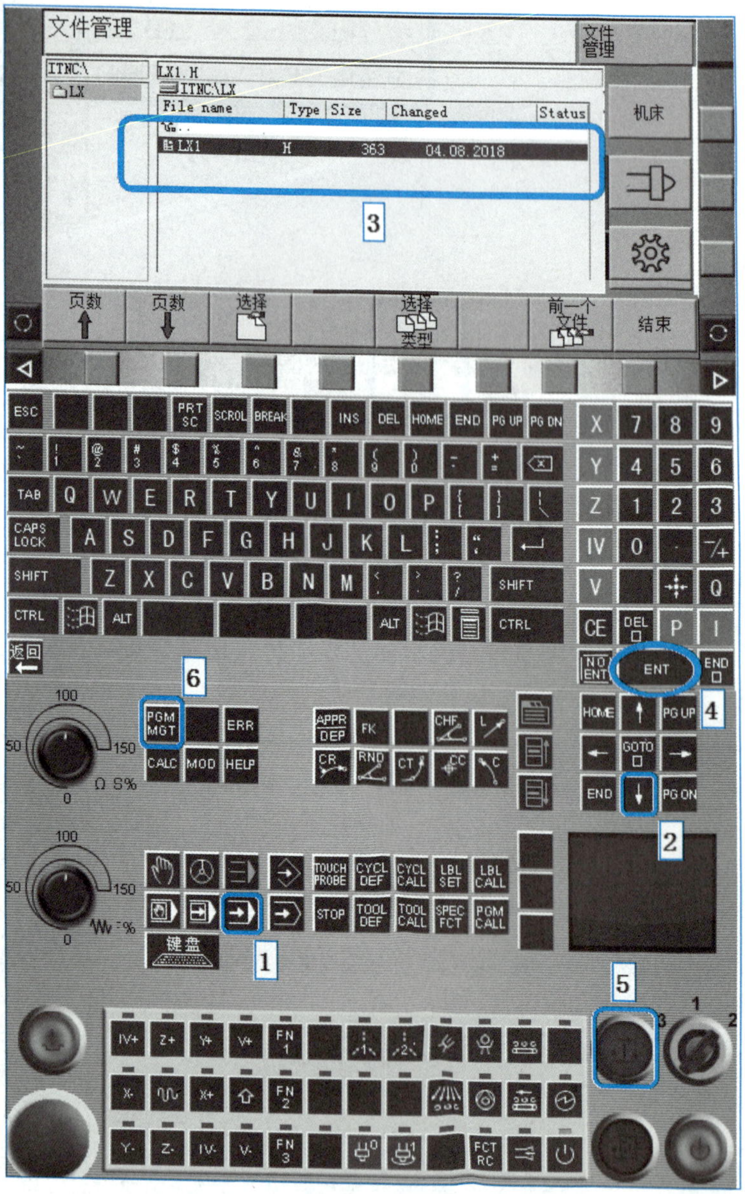

图 3－37　选择需要自动执行的加工程序

笔记栏

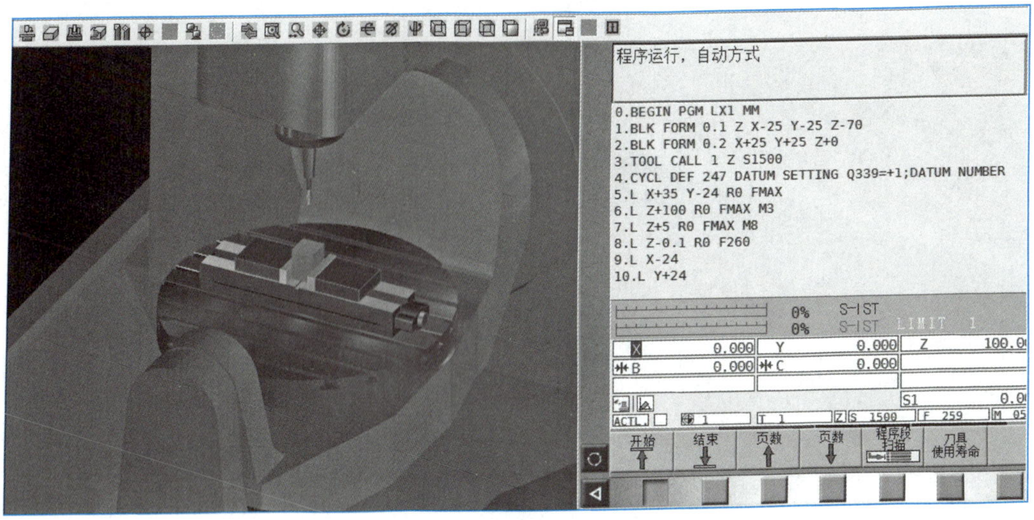

图 3－38 加工程序执行结果

笔记栏

单元 4

五轴加工中心的编程指令

学习目标

- 掌握海德汉 iTNC530 系统常用的编程指令。
- 掌握海德汉 iTNC530 系统常用的循环指令。

立德树人

强国梦，我的梦

强国梦的传承，就是中华民族自强不息精神的传承。尽管今天的我们生活在一个和平的时代，但弘扬民族精神、为祖国贡献力量的责任依然重大。让我们携手共进，响应时代的召唤，为了更美好的明天、更光荣的未来，勇往直前！

4.1 概　述

五轴加工中心的数控系统大多配置海德汉公司的 iTNC530 数控系统，这是面向车间使用的多功能数控系统。

该数控系统的特点是电机控制能力强，程序段处理速度快，控制方式特殊；配置全数字化设计和带变频器的内置数字驱动控制系统后，加工速度更快、轮廓精度更高，其动态碰撞监测（DCM）功能可定时监测机床加工区内的部件和夹具是否碰撞；数控系统能根据主轴功率和其他工艺参数自动调整进给速度，有助于减小机床磨损，使加工时间更合理。

配置该数控系统的机床有：万能铣床、高速铣床、使用倾斜主轴头和回转工作台的五轴加工中心、大型机床的五轴加工中心、镗铣加工中心等机床。

笔记栏

五轴仿真加工中心的机床是根据真实机床的加工特征设计的，其配置的虚拟数控系统是参考真实机床的数控系统设计的。需要注意的是，仿真系统只支持常用的编程指令和循环指令，不在教学范围内的指令可以在真实机床上练习。

笔记栏

4.2　常用的编程指令

4.2.1　了解 iTNC530 加工程序的结构

iTNC530 加工程序的结构如图 4－1 所示。

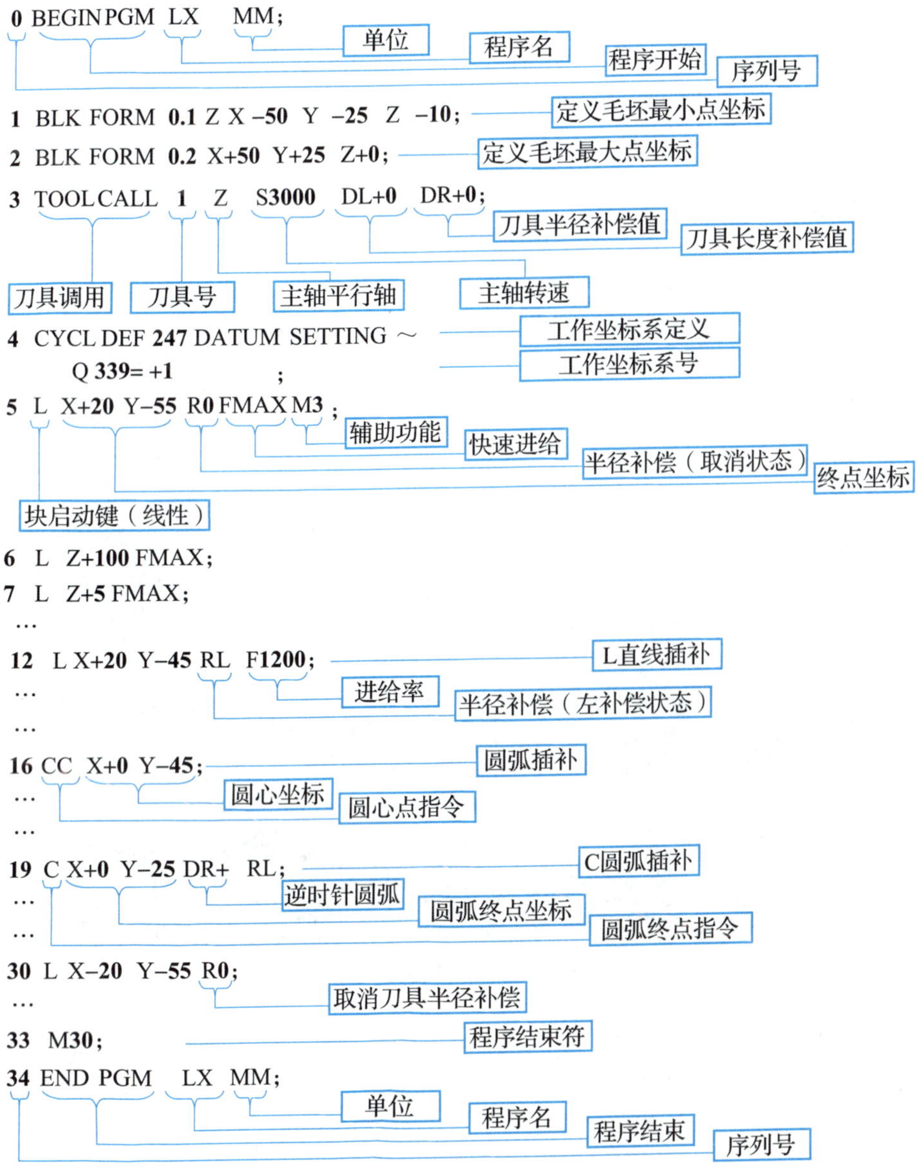

图 4－1　iTNC530 加工程序的结构

笔记栏

从加工程序的结构可知，常用的加工程序是按照以下布局生成的：

（1）调用刀具。

（2）定义用户坐标系。

（3）快速进刀至加工面上的轮廓起点附近。

（4）刀具沿刀具轴定位在零件上方或直接预定位至加工深度。

（5）按照进刀方式接近零件。

（6）加工零件轮廓；

（7）按照退刀方式离开零件。

（8）快速退刀。

（9）结束程序。

4.2.2 创建新的零件加工程序

要创建新的零件加工程序，必须在“程序编辑”模式中输入零件程序。

（1）在操作面板上单击“程序编辑”键（图注 1），再单击“ PGM MGT（程序管理）”键（图注 2）以调用文件管理器，此时数控系统界面变更为文件管理界面，如图 4－2 所示。

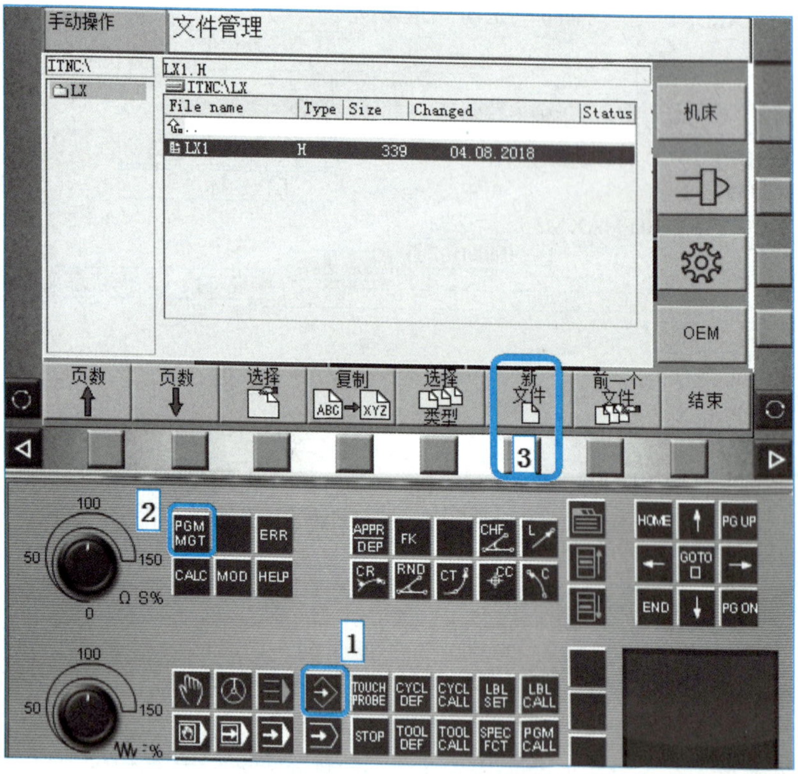

图 4－2　文件管理界面

（2）单击屏幕下方的“新文件”键（图注 3），弹出“New file”对话框，如图 4－3 所示。

（3）在“New file”对话框中输入新文件名“LX2.H”（图注 4）。注意文件名长度不能超过 25 个字符，否则数控系统无法显示完整文件名；文件名中不允许使用字符！“ ’ ( ) * + / ; < = > ? [ ] ^ ` { | } ~ 。

笔记栏

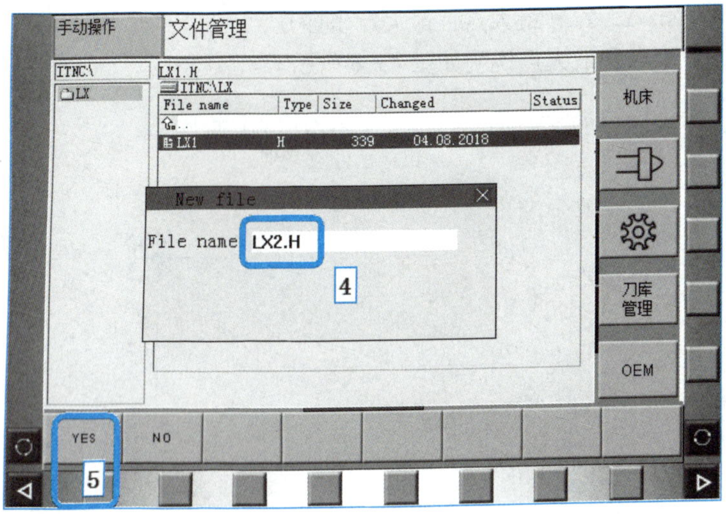

图 4-3 “New file”对话框

（4）单击屏幕下方的“YES”键（图注 5），新的加工程序文件建立完成。进入图 4-4 所示的程序编辑界面。

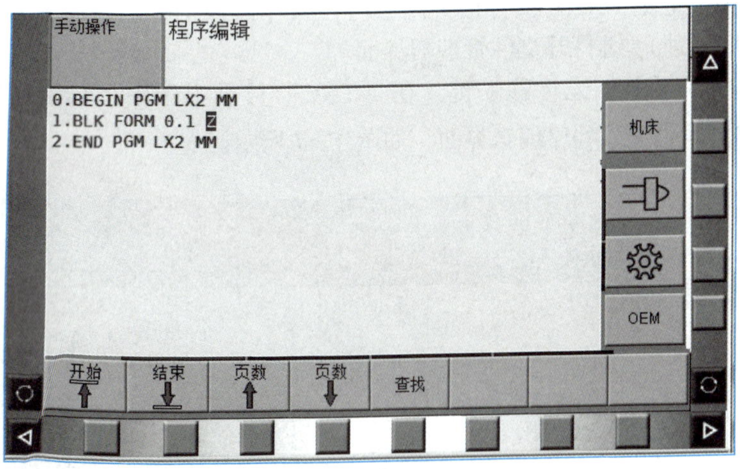

图 4-4 程序编辑界面

（5）在较新版本的 iTNC530 数控系统中，输入文件名后，会弹出单位选择对话框，如图 4-5 所示。这里单击“MM”键，完成加工程序单位的定义。

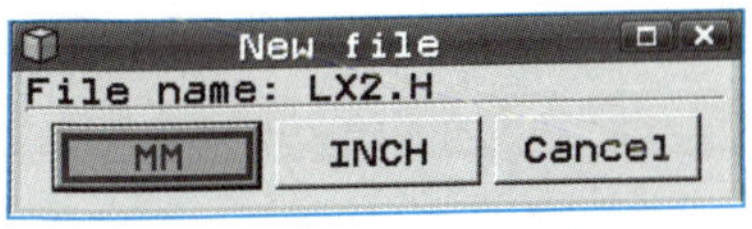

图 4-5 单位选择对话框

4.2.3 定义毛坯形状

1. 毛坯定义格式

BLK FORM 0.1 Z X... Y... Z...（最小点：最小点坐标）

BLK FORM 0.2 X... Y... Z...（最大点：最大点坐标）

上述格式中的最小点和最大点说明如图 4－6 所示。

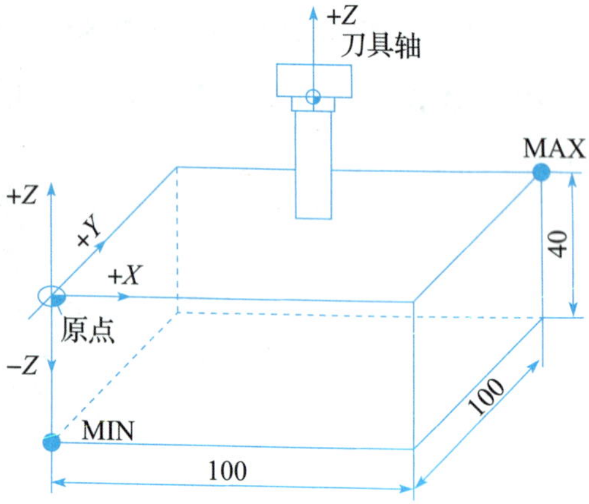

图 4－6　最小点与最大点说明

2. 毛坯定义过程

（1）如果前面建立的 LX2.H 文件被关闭，可在操作面板上单击“程序编辑”键，再单击“PGM MGT（程序管理）”键打开文件管理器界面。

（2）使用操作面板上的光标移动键，在“TNC”目录中选中“LX2.H”文件后，单击“ENTER”键 ENT 即可进入程序编辑界面，如图 4－7 所示。

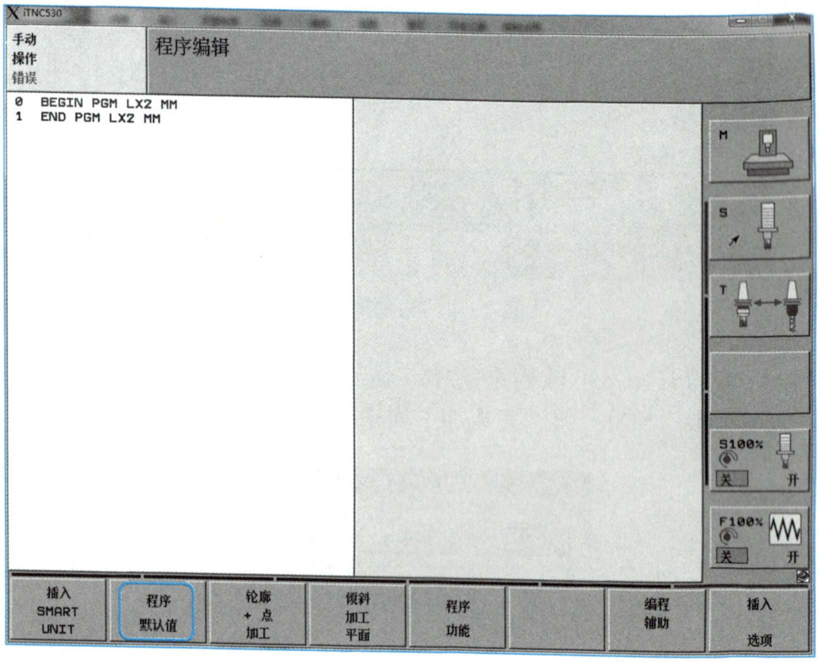

图 4－7　“LX2.H”编辑界面

（3）单击屏幕下方的“向右”键 ▷，直至出现“程序默认值”键。

（4）单击“程序默认值”键 程序默认值，屏幕下方的菜单变更为图 4－8 所示状态。

笔记栏

图 4－8　毛坯定义菜单

（5）单击“BLK FORM”键，打开毛坯定义界面，如图 4－9 所示。

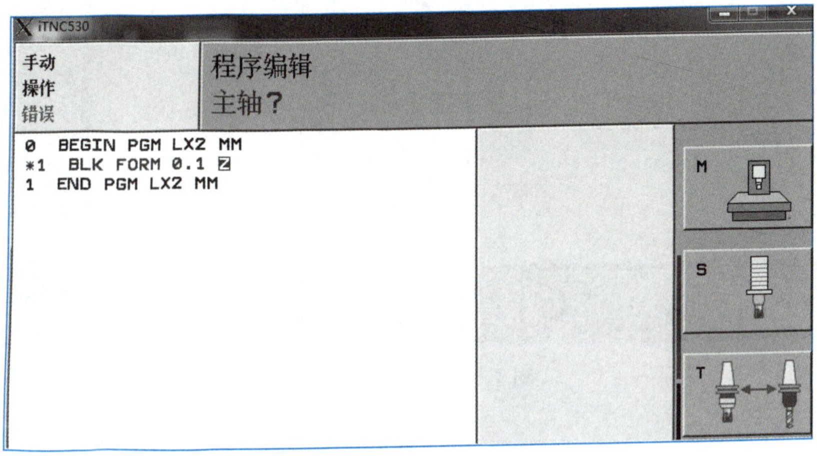

图 4－9　毛坯定义界面

（6）单击操作面板上的“ENTER”键 ENT，进入毛坯定义最小点编辑界面，如图 4－10 所示。

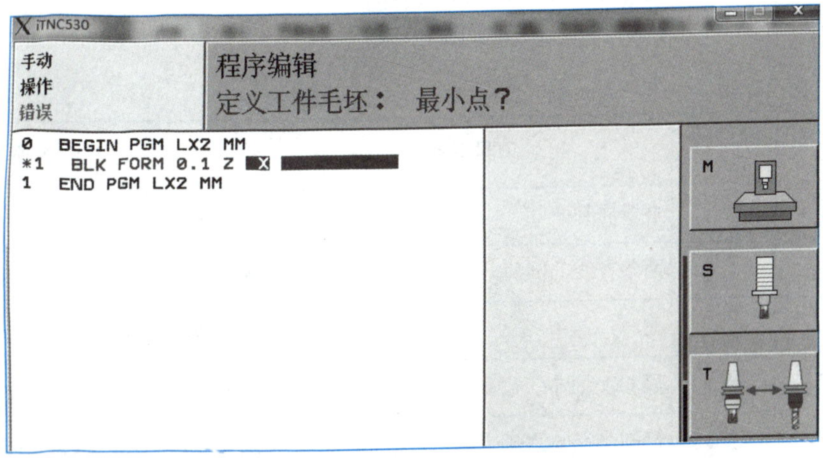

图 4－10　毛坯定义最小点编辑界面

（7）使用操作面板上的数字键，输入图 4－6 所示的最小点坐标值。输入过程如下：单击操作面板上的数字键“0”→“ENTER”键 ENT→数字键“0”→“ENTER”键 ENT→“正负号”键 −/+→数字键“4”“0”→“ENTER”键 ENT。

（8）图 4－6 所示的最大点坐标值的输入过程如下：单击操作面板上的数字键“1”“0”“0”→“ENTER”键 ENT→数字键“1”“0”“0”→“ENTER”键 ENT→数字键“0”→“ENTER”键 ENT。毛坯定义完成，结果如图 4－11 所示。

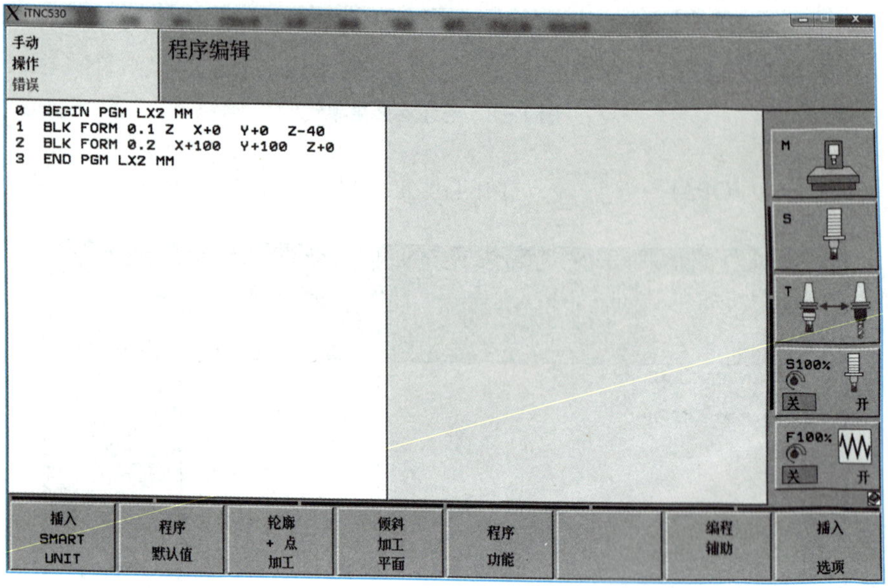

图 4-11 毛坯定义完成

4.2.4 iTNC530 系统路径功能

一般零件的轮廓通常由多个图形元素构成，如直线和圆弧等。使用 iTNC530 系统路径功能可对零件轮廓进行刀具轨迹的直线运动和圆弧运动编程。

iTNC530 系统路径功能键说明见表 4-1。

表 4-1 iTNC530 系统路径功能键说明

功能	路径功能键	刀具运动	必输入项
直线插补 L	L	直线插补	直线终点的坐标
倒角 CHF	CHF	两条直线的倒角	倒角边长
定义圆心 CC	CC	无	圆心或极点的坐标
圆弧路径 C	C	以 CC 为圆心至圆弧终点的圆弧	圆弧终点坐标，旋转方向
圆弧 CR	CR	已知半径的圆弧	圆弧终点坐标，圆弧半径和旋转方向
圆弧 CT	CT	用于生成相切圆弧，确保圆弧与前一条直线或圆弧在指定点处相切	圆弧终点坐标
倒圆角 RND	RND	用于处理轮廓拐点处的圆角过渡，能够自动计算切点坐标，简化编程	倒圆半径 R
FK 自由轮廓元素	FK	连接任意前一个轮廓元素的直线或圆弧路径	相应的轮廓坐标

在 iTNC530 数控系统中，手工编程一般是按图纸中的产品轮廓顺序，利用路径编程功能对各元素编程，从而创建零件程序。这种编程方法通常是按工件图纸要求输入各轮廓元素终点的坐标。数控系统可以根据刀具数据和半径补偿计算刀具的实际路径。

1. 沿平行机床轴运动

程序段中仅有一个坐标，数控系统将沿平行机床轴的方向移动刀具。根据机床结构不同，分为刀具移动而工件不动、刀具不动而工件移动两种情况。但对于路径编程而言，按照 ISO 的规定，永远假定刀具相对于静止的工件坐标系运动。

例如：L X+100 F200;，如图 4－12 所示。刀具保持 *Y* 和 *Z* 坐标不动，*X* 轴移至 X=100 位置。其中，L 表示直线路径功能；X+100 表示 *X* 轴坐标终点坐标值；F200 表示刀具进给速度。

2. 在主平面上运动

程序段中有两个坐标，数控系统将在编程平面上移动刀具。例如：L X+70 Y+50 F200;，如图 4－13 所示。刀具保持 *Z* 坐标不动，在 *XY* 平面上移动至 X=70、Y=50 的位置。具体实例请参考单元 5 的图 5－1 所示的加工程序。

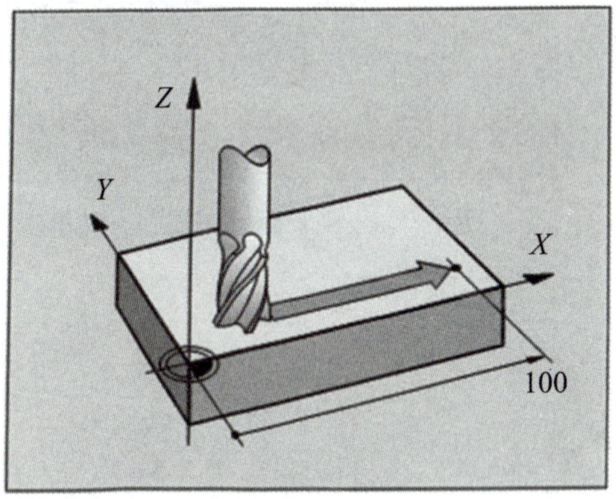

图 4－12　刀具沿平行机床 *X* 轴方向运动

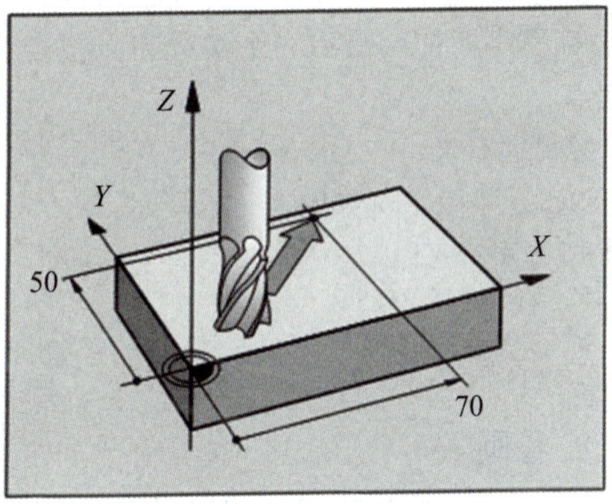

图 4－13　刀具在主平面上运动

3. 三维运动

程序段中有三个坐标，数控系统将在空间上移动刀具。例如：L X+70 Y+50 Z−10 F200;，如图 4－14 所示。刀具在空间上移动至 X=70、Y=50、Z=−10 的位置。

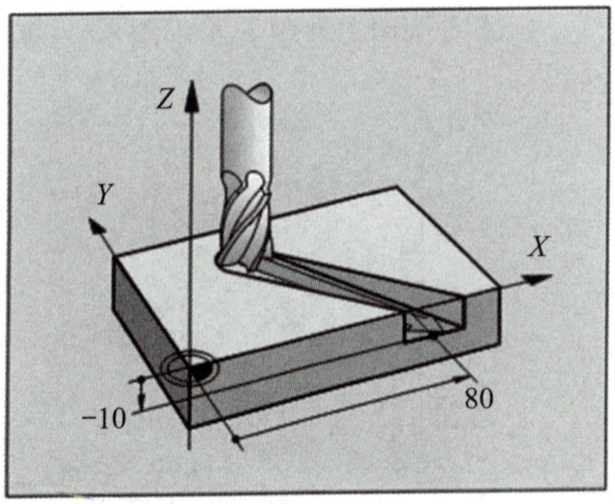

图 4－14　刀具在空间上运动

4. 输入 3 个以上坐标

iTNC530 数控系统可以实现五轴联动，即利用 5 个轴联动加工，如同时运动 3 个线性轴和 2 个旋转轴。这种程序十分复杂，很难在机床上编程，一般通过 CAM 软件系统创建。例如：L X+20 Y+10 Z+2 A+15 C+220 R0 F100 M03;。

5. 圆与圆弧运动

iTNC530 数控系统在加工工件圆弧时需要同时移动两个轴，通过输入圆心 CC 来定义圆弧运动，此时数控系统必须指定这两个轴在一个主平面中。输入 TOOL CALL（刀具调用）指令时，定义主轴是在哪个平面中。主平面的定义见表 4－2。

笔记栏

表 4-2　主平面的定义

主轴坐标轴	主平面
Z	*XY* 平面（相当于 FAUNC 系统的 G17 指令）
Y	*ZX* 平面（相当于 FAUNC 系统的 G18 指令）
X	*YZ* 平面（相当于 FAUNC 系统的 G19 指令）

6. 圆弧运动的旋转方向 DR

如果圆弧路径不是沿切线过渡到另一轮廓元素上的，则输入圆弧方向 DR。顺时针圆弧使用“DR−”，逆时针圆弧使用“DR+”，如图 4-15 所示。

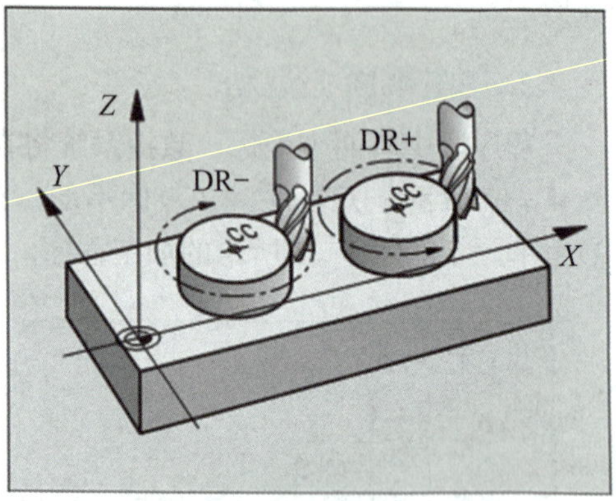

图 4-15　圆弧运动的旋转方向 DR

7. 以 CC 为圆心的圆弧路径 C

编写圆弧路径 C 程序之前，必须首先输入圆心 CC。C 程序段前的最后一个编程刀具位置将作为圆的起点。

格式：C X... Y...DR ±

NC 程序段举例如图 4-16 所示。

```
4　L X+45 Y+0 F200 M3
5　CC X+25 Y+25
6　C X+5 Y+25 DR+
7　L X+5 Y+0
```

8. 整圆

输入与起点相同的点作为终点。

NC 程序段举例如图 4-17 所示。

```
5　CC X+25 Y+25
6　C X+45 Y+25 DR+
```

具体实例请参考单元 5 中图 5-3 所示的加工程序。

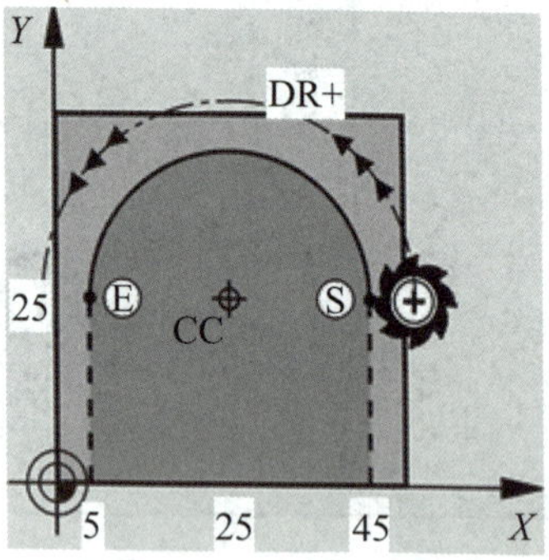

图 4-16　圆弧运动方向实例

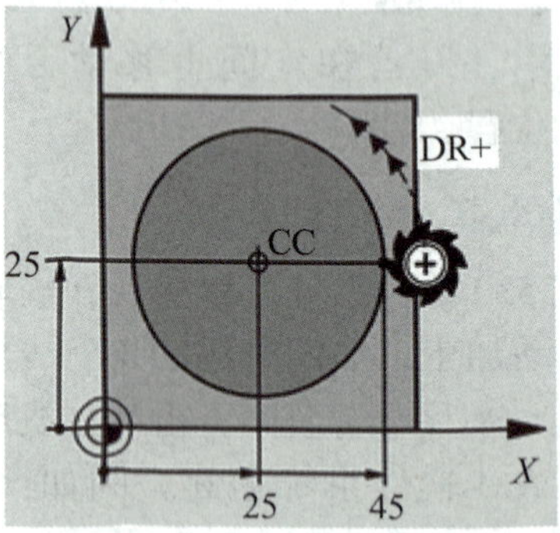

图 4-17　铣整圆实例

4.2.5　接近与离开轮廓的路径类型

程序中的接近路径与离开路径由“APPR/DEP”键（APPR DEP）设置。“APPR”为轮廓接近功能、

“DEP”为轮廓离开功能。在程序编辑状态下单击“APPR/DEP”键APPR DEP，屏幕下方将出现和接近与离开轮廓的路径类型相关的键，如图 4－18 所示。其中，相应键的路径功能说明见表 4－3 和表 4－4。

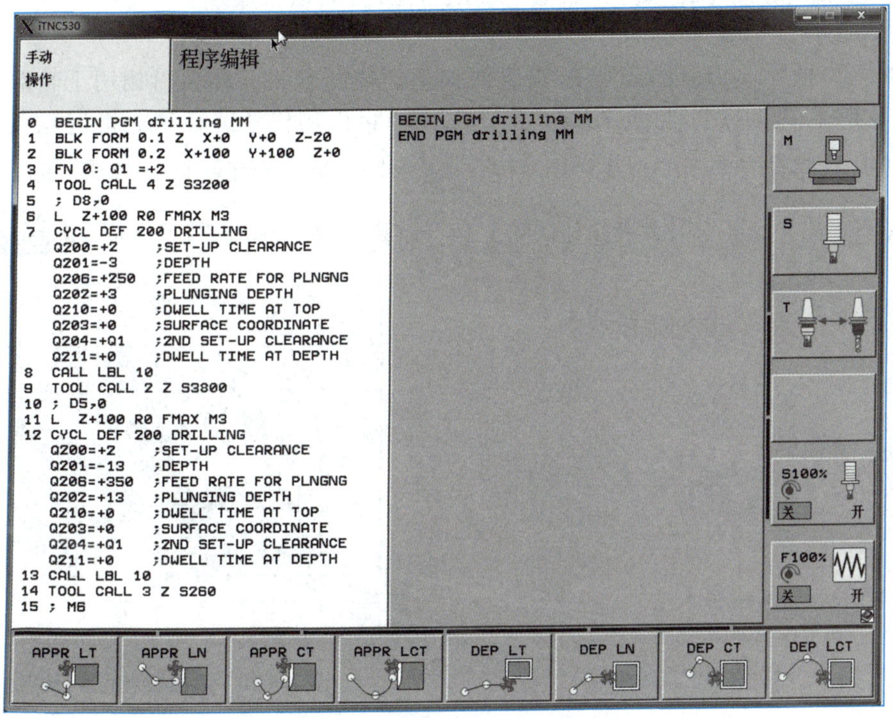

图 4－18 接近与离开轮廓的路径类型相关键

表 4－3 路径功能说明

功能	接近	离开
直线相切	APPR LT	DEP LT
垂直于轮廓点的直线	APPR LN	DEP LN
相切圆弧	APPR CT	DEP CT
相切轮廓的圆弧。沿切线接近和离开轮廓外的辅助点	APPR LCT	DEP LCT

表 4－4 英文缩写说明

缩写	含义	缩写	含义
APPR	接近	C	圆
DEP	离开	T	相切（平滑过渡）
L	线段	N	垂直

笔记栏

1. 沿相切直线接近：APPR LT

（1）格式如图 4 - 19 所示。

起点 1：L X–30 Y–20 R0 F.. M..

平滑接近第一轮廓点 2：APPR LT X0 Y0 LEN20 RL F.. M..

（2）举例说明。

如图 4 - 20 所示，刀具由起点 P_S 沿直线移动到辅助点 P_H，然后沿相切于轮廓的直线移动到第一轮廓点 P_A，点 P_H 与点 P_A 的距离为 LEN。可以用任意路径功能接近起点 P_S。单击“APPR/DEP”键→单击“直线相切”键→输入第一轮廓点 P_A 坐标值→输入 LEN（点 P_H 与点 P_A 的距离）→输入用于半径补偿的左右刀补 RL/RR→单击“ENTER”键。

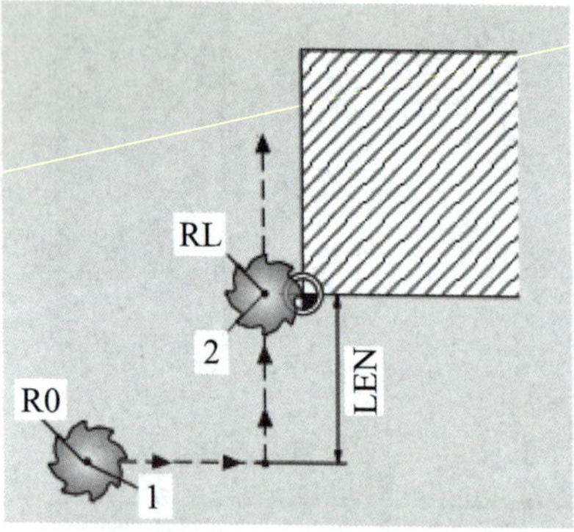

图 4 - 19　沿相切直线接近

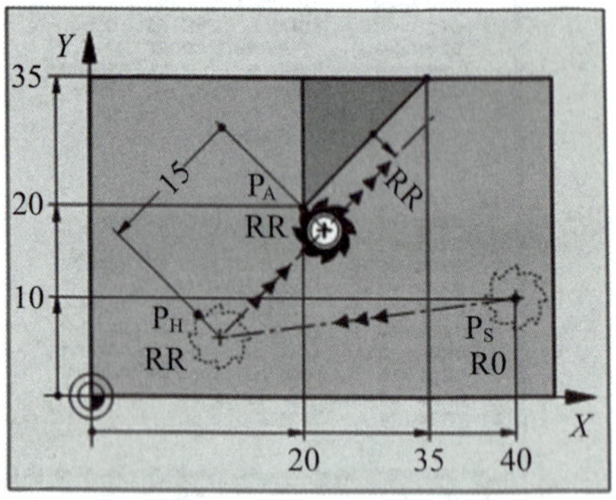

图 4 - 20　沿相切直线接近实例

NC 程序段举例：

L X+40 Y+10 R0 FMAX M03

APPR LT X+20 Y+20 Z–10 LEN15 RR F100

L X+35 Y+35

L ...

具体实例请参考单元 5 的图 5 - 1 所示的加工程序。

2. 沿相切圆弧接近：APPR CT

（1）格式如图 4 - 21 所示。

起点 1：L X–40 Y–20 R0 F.. M..

平滑接近第一轮廓点 2：APPR LCT X0 Y0 R10 RL F.. M..

（2）举例说明。

如图 4 - 22 所示，刀具由起点 P_S 沿直线移动到辅助点 P_H。然后沿相切于第一轮廓元素的圆移动到第一轮廓点 P_A。点 P_H 到点 P_A 的圆弧半径 R 与圆心角 CCA 确定。圆弧方向由第一轮廓元素的刀具路径自动计算得到。可以用任意路径功能接近起点 P_S。单击“APPR/DEP”键→单击“沿相切圆弧接近”键→输入第一轮廓点 P_A 坐标值→输入圆弧半径 R→输入用于半径补偿的左右刀补 RL/RR→单击“ENTER”键。

注意： CCA 只能为正值，最大输入值为 360°

笔记栏

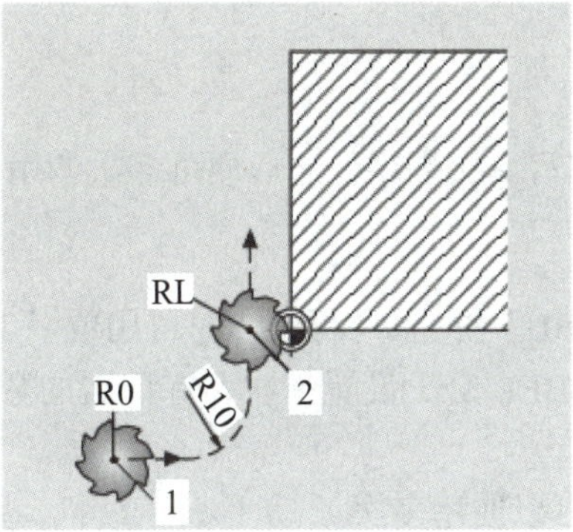

图 4－21　沿相切圆弧接近

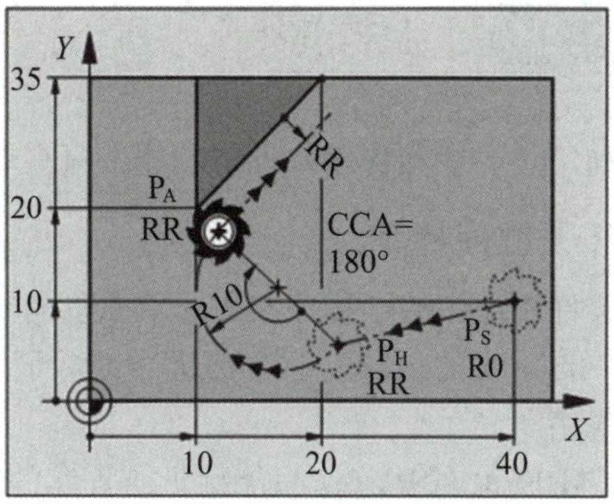

图 4－22　沿相切圆弧接近实例

NC 程序段举例：

L X+40 Y+10 R0 FMAX M03;（无半径补偿接近 P_S 点）

APPR CT X+10 Y+20 Z–10 CCA180 R+10 RR F100;（P_A 点及半径补偿 RR，半径 R=10）

L X+35 Y+35;（第一轮廓元素终点）

L ...;（下一轮廓元素）

3. 沿相切直线离开：DEP LT

（1）格式如图 4－23 所示。

最后一个轮廓点 1：L X+0 Y+0 RL F.. M..

平滑离开终点 2：DEP LT LEN15 F.. M..

（2）举例说明。

如图 4－24 所示，刀具沿直线由最后一个轮廓点 P_E 移至终点 P_N，然后停留在最后一个轮廓元素的延长线上。点 P_N 到点 P_E 的距离为 LEN。可以用轮廓点 P_E 和半径补偿编写最后一个轮廓元素的程序。单击“APPR/DEP”键

→单击“直线相切”键

→输入 LEN（点 P_N 到点 P_E 的距离）→单击“ENTER”

键。

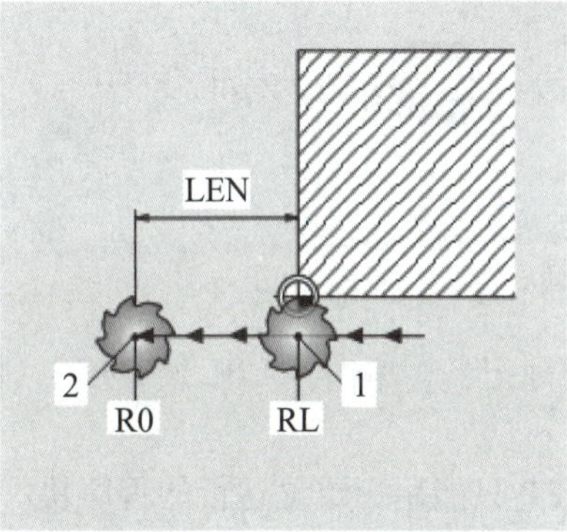

图 4－23　沿相切直线离开

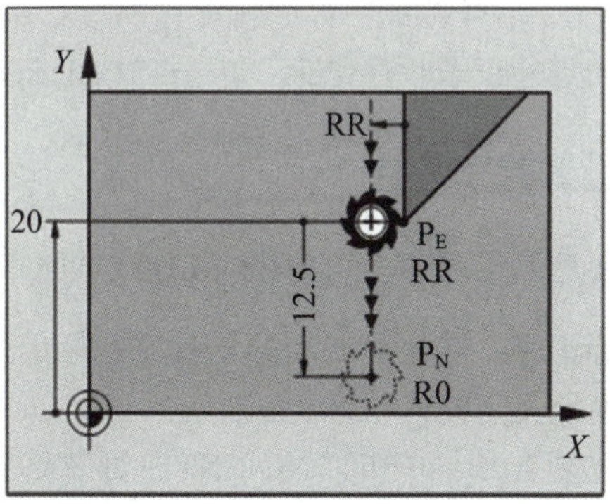

图 4－24　沿相切直线离开实例

NC 程序段举例：

L Y+20 RR F100;（最后一个轮廓元素：P_E 点及半径补偿）

DEP LT LEN12.5 F100;（用 LEN=12.5mm 离开轮廓）

L Z+100 FMAX M02;（沿 Z 轴退刀）

笔记栏

4.2.6 子程序

利用子程序和程序块重复功能，只需对加工过程编写一次程序，之后便可多次调用。

1. 子程序标记

零件程序中的子程序及程序块重复的开始处由“LBL”标记，“标记”时可用数字 1 ～ 999 或用户自定义的名称。每个标记号或标记名只能被 LABEL SET 设置一次，标记名的数量只受内存限制。

LABEL 0（LBL 0）只能标记子程序的结束，因此可以使用多次。

2. 子程序执行顺序

（1）数控系统顺序执行零件程序，直到用 CALL LBL 调用子程序的程序段为止。

（2）从子程序起点执行到子程序结束（CALL LBL n REP n），子程序结束的标志为 LBL 0。

（3）在 CALL LBL n REP n 程序段中，第 2 个 n 是子程序被重复执行的次数。

（4）最后一次重复运行结束后，数控系统恢复运行零件程序。

3. 编程注意事项

（1）一个主程序最多可以有 254 个子程序。

（2）调用子程序的顺序和次数均没有限制。

（3）不允许子程序调用自身。

（4）在主程序结束处编写子程序（在 M2 或 M30 的程序段之后），如果子程序位于 M2 或 M30 所在的程序段之前，那么即使没有被调用，也至少会被执行一次。

（5）程序块连续重复运行的次数不允许超过 65534 次。

4. 编程子程序

如需标记子程序开始，可单击“LBL SET”（标记设置）键

。

输入子程序号时，如要使用标记名，单击“LBL NAME”（标记名）键切换至文字输入状态。

如需标记子程序结束，单击“LBL SET”（标记设置）键

并输入标记号“0”。

5. 调用子程序

要调用子程序，可单击“LBL CALL”键

。

标记号：输入要调用的子程序的标记号。如要使用标记名，单击“LBL NAME”（标记名）键切换至文字输入状态。

重复 REP：单击“NO ENT”键忽略提示，重复 REP 只能用于重复运行的程序块。

6. 嵌套

（1）嵌套类型。

嵌套是指在一个子程序中嵌入子程序。

（2）嵌套深度。

嵌套深度是指程序段或子程序连续调用其他子程序的次数。

子程序最大嵌套深度是 8 层。

笔记栏

主程序调用的最大嵌套深度是 6 层。

7. NC 程序段举例

（1）子程序内的子程序。

执行主程序 SUBPGMS 至程序段 17。

调用子程序 SP1，执行到程序段 45。

调用子程序 2，执行到程序段 62，子程序 2 结束，从调用处返回子程序。

执行程序段 40 至 45 的子程序 1，子程序 1 结束，返回主程序 SUBPGMS。

执行程序段 18 至 35 的主程序 SUBPGMS，返回程序段 1 并结束程序。

0　BEGIN PGM SUBPGMS MM	
…	
17　CALL LBL SP1	调用标记为 LBL SP1 的子程序
…	
35　L Z+100 R0 FMAX M2	主程序的最后一个程序段（有 M2）
36　LBL SP1	子程序开始 SP1
…	
39　CALL LBL 2	调用 LBL 2 标记的子程序
…	
45　LBL 0	子程序 1 结束
46　LBL 2	子程序 2 开始
…	
62　LBL 0	子程序 2 结束
63　END PGM SUBPGMS MM	

（2）重复运行程序块。

执行主程序 REPS 至程序段 27。

程序段 20 和程序段 27 间的程序块重复运行两次。

执行程序段 28 至 35 的主程序 REPS。

程序段 15 和程序段 35 间的程序块重复一次（包括程序段 20 和程序段 27 之间的程序块）。

执行程序段 36 至 50 的主程序 REPS（程序结束）。

0　BEGIN PGM REPS MM	
…	
15　LBA 1	程序块重复 1 的开始
…	
20　LBA 2	程序块重复 2 的开始
…	
27　CALL LBL 2 REP 2	LBL 2 和该程序段（程序段 20）间的程序块重复运行 2 次
…	
35　CALL LBL 1 REP 1	LBL 1 和该程序段（程序段 15）间的程序块重复运行 1 次
…	
50　END PGM REPS MM	

（3）重复子程序。

主程序 UPGREP 执行到程序段 11。

调用并执行子程序 2。

程序段 10 和程序段 12 间的程序块重复运行两次。子程序 2 重复运行两次。

笔记栏

执行程序段 13 至 19 的主程序 SPGREP。程序结束。

```
0   BEGIN PGM SPGREP MM
...
10  LBA 1                      程序块重复 1 的开始
11  CALL LBL 2                 子程序调用
12  CALL LBL 1 REP 2           LBL 1 和该程序段（程序段 10）间的程序块重复运行两次
...
19  L Z+100 R0 FMAX M2         用 M2 结束主程序的最后一个程序段
20  LBA 2                      子程序开始
...
28  LBA 0                      子程序结束
50  END PGM SPGREP MM
```

子程序的具体实例请参考单元 5 中图 5－5 所示的加工程序。

笔记栏

4.3 常用的循环指令

对于由多个加工步骤组成的、经常重复使用的加工环节，可将其保存为标准循环存放在数控系统的存储器中。iTNC530 的循环指令很多，如坐标变换、特殊循环等指令。

在程序编辑状态下，单击“循环定义”键 CYCL DEF，屏幕下方出现与循环加工编程相关的键，涉及七大类循环加工，如图 4－25 所示。循环指令说明见表 4－5。

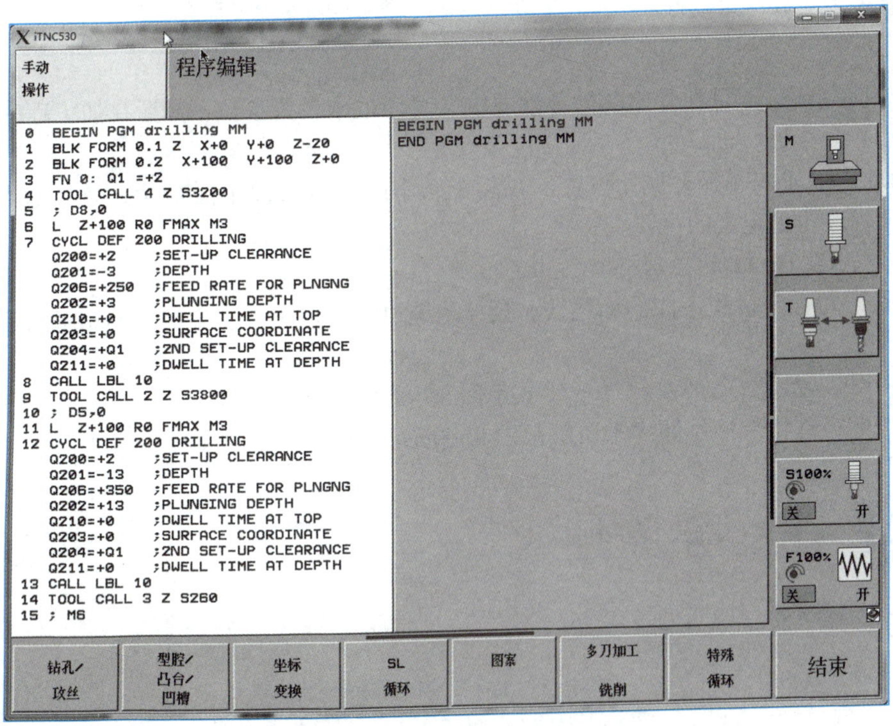

图 4－25　与循环加工编程相关的键

表 4－5　循环指令说明

键	循环指令说明
钻孔/攻丝	啄钻、铰孔、镗孔、锪孔、攻丝和铣螺纹循环
型腔/凸台/凹槽	铣型腔、凸台和凹槽的循环
坐标变换	坐标变换循环，用于各轮廓的原点平移、旋转、镜像、放大和缩小

笔记栏

续表

键	循环指令说明
SL 循环	子轮廓列表（SL）循环用于并列加工由多个子轮廓、圆柱面插补组成的较为复杂的轮廓
图案	阵列孔循环，如圆弧阵列或直线阵列
多刀加工 铣削	平面或曲面的多道铣循环
特殊 循环	特殊循环，如暂停时间、程序调用、定向主轴停转和轮廓公差控制
	切换行

选择相应循环后，可在弹出的循环参数定义对话框中设置参数，然后在加工程序中单独调用即可执行。

CYCL CALL POS（循环调用位置）功能用于调用最新定义的固定循环一次。起点为 CYCL CALL POS 程序段中定义的位置。

例如：CYCL CALL POS X+50 Y+50 Z+0

M99 通常写在定位程序段的结尾处。数控系统执行至该位置，会自动调用最新定义的固定循环。

注意：*M99 功能仅在其编程程序段中有效，不是续效指令。*

下面按照循环指令使用频率来讲解常用的循环指令。

4.3.1 坐标变换循环指令

坐标变换循环指令说明见表 4-6。

表 4-6 坐标变换循环指令说明

键	循环指令说明
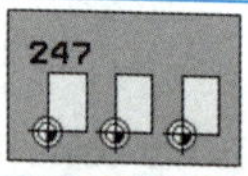	工件原点调用
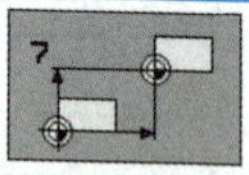	原点平移
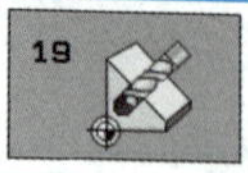	加工面旋转

1. 247 循环（工件原点调用）

247 循环非常重要，几乎每个程序都会用到这个循环。

在程序编辑状态下，单击“循环定义”键 CYCL DEF →单击“坐标变换”键 坐标变换 →单击“工件

笔记栏

原点调用”键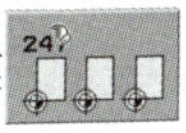，屏幕显示“循环 247”对话框，如图 4－26 所示。这里输入的数字必须和对刀完成后，在预设表里设定坐标的那一行的行号对应。因为对刀时设置和激活的坐标系是 1 号坐标系，所以这里也单击数字键“1”，然后单击“END”键，完成 247 循环设定。

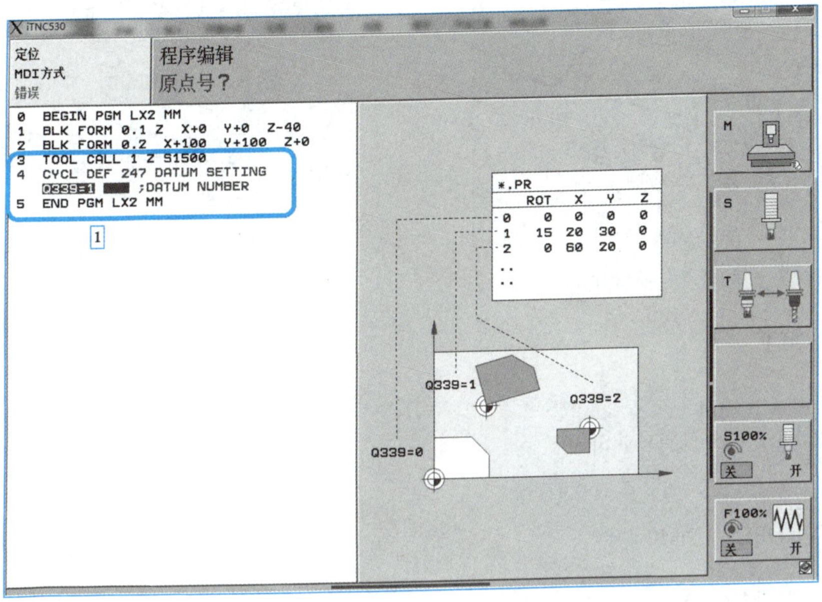

图 4－26　“循环 247”对话框

2. 循环 7（原点平移）

在程序编辑状态下，单击“循环定义”键 CYCL DEF →单击“坐标变换”键 坐标变换 →单击“原点平移”键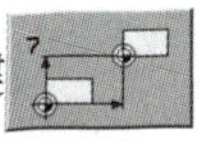，屏幕显示“循环 7”对话框，如图 4－27 所示。

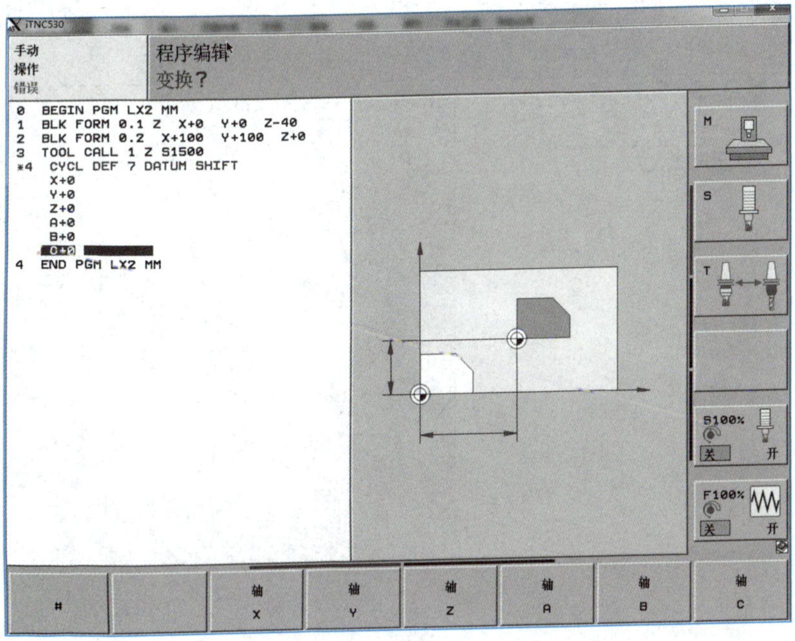

图 4－27　“循环 7”对话框

笔记栏

“循环 7”参数说明如图 4－28、图 4－29 所示。

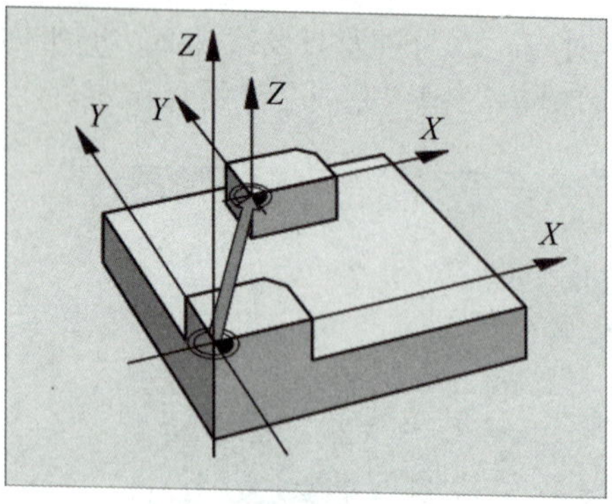

图 4－28 “循环 7”参数说明（1）

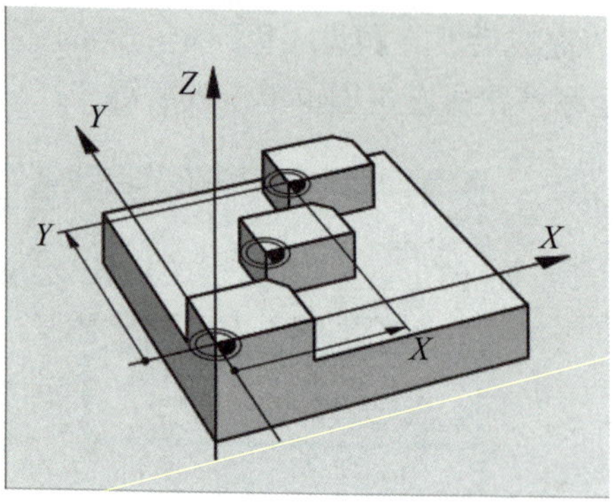

图 4－29 “循环 7”参数说明（2）

应用范例如下：

```
BEGIN PGM 1 MM
13  CYCL DEF 7.0 DATUM SHIFT
14  CYCL DEF 7.1 X+60
16  CYCL DEF 7.3 Z-5
15  CYCL DEF 7.2 Y+40
…
END PGM 1 MM
```

3. 循环 19（加工面旋转）

在程序编辑状态下，单击“循环定义”键 CYCL DEF →单击“坐标变换”键 坐标变换 →单击“加工面”键，屏幕显示“循环 19”对话框，如图 4－30 所示。

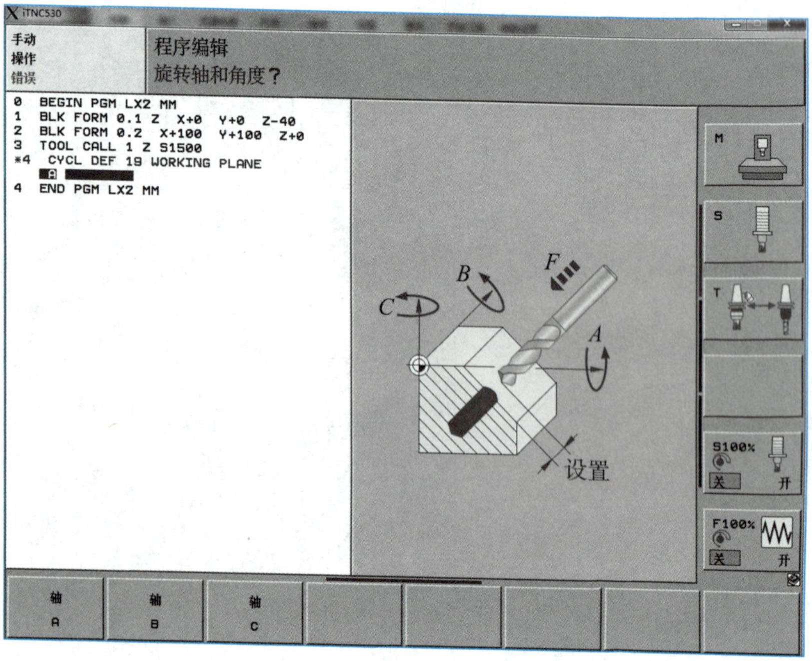

图 4－30 “循环 19”对话框

笔记栏

"循环 19"参数说明如图 4－31、图 4－32、图 4－33 所示。

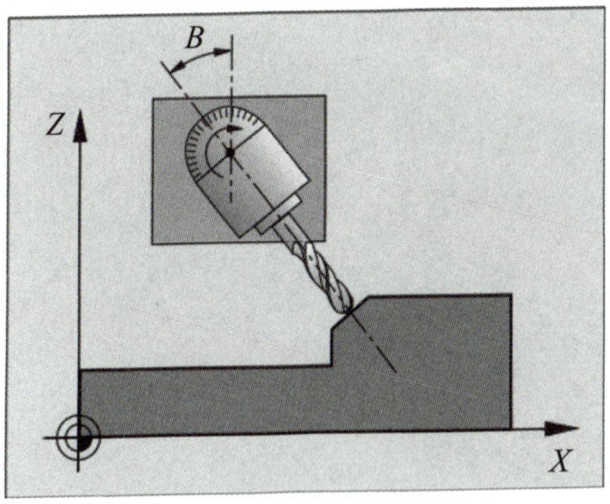

图 4－31　"循环 19"参数说明（1）

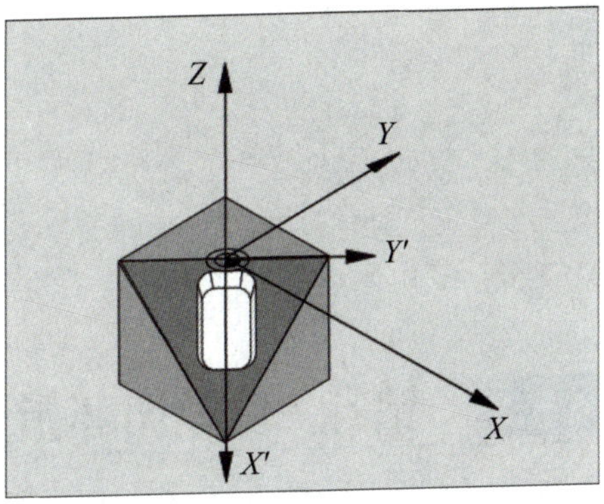

图 4－32　"循环 19"参数说明（2）

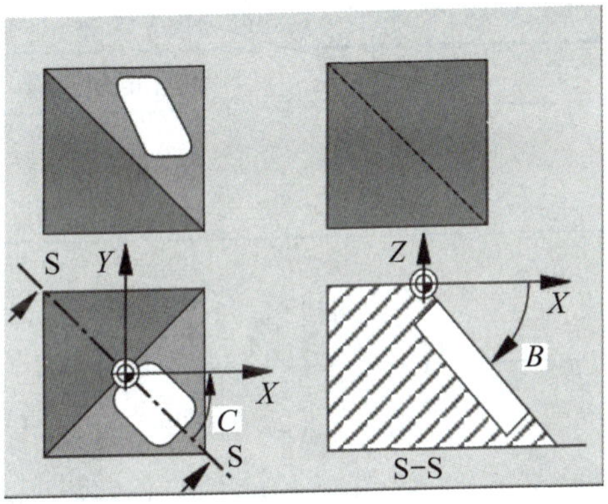

图 4－33　"循环 19"参数说明（3）

应用范例如下：

```
BEGIN PGM 1 MM
10  L Z+100 R0 FMAX
11  L X+25 Y+10 R0 FMAX
12  CYCL DEF 19.0 WORKING PLANE        定义补偿计算的空间角
13  CYCL DEF 19.1 A+0 B+45 C+0
14  L A+Q120 C+Q122 R0 F1000          用循环 19 的计算值定位旋转轴
15  L Z+80 R0 FMAX                    激活主轴坐标轴的补偿
16  L X-8.5 Y-10 R0 FMAX              激活加工面补偿
…
END PGM 1 MM
```

4. 坐标变换循环指令使用注意事项

当多个坐标变换循环组合使用时，必须确保加工面是围绕当前原点旋转的。激活循环 19 之前，可以编写一个原点平移程序，这样将会平移基于机床的坐标系统。

如果将原点平移程序编写在激活循环 19 之后，将会平移倾斜坐标系。

注意： 重新设置循环时，必须按定义循环时相反的顺序来取消。

举例如下：

第一步：激活原点平移

第二步：激活倾斜功能

笔记栏

第三步：激活旋转

……

加工

……

第一步：复位旋转

第二步：复位倾斜功能

第三步：复位原点平移

4.3.2 钻孔 / 攻丝循环指令

钻孔 / 攻丝循环指令说明见表 4－7。

表 4－7　钻孔 / 攻丝循环指令说明

键	循环指令说明
	钻孔
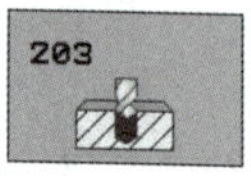	万能钻孔
	螺旋镗铣

1. 循环 200（钻孔）

在程序编辑状态下，单击“循环定义”键→单击“钻孔 / 攻丝”键→单击“钻孔”键，屏幕显示“循环 200”对话框，如图 4－34 所示。

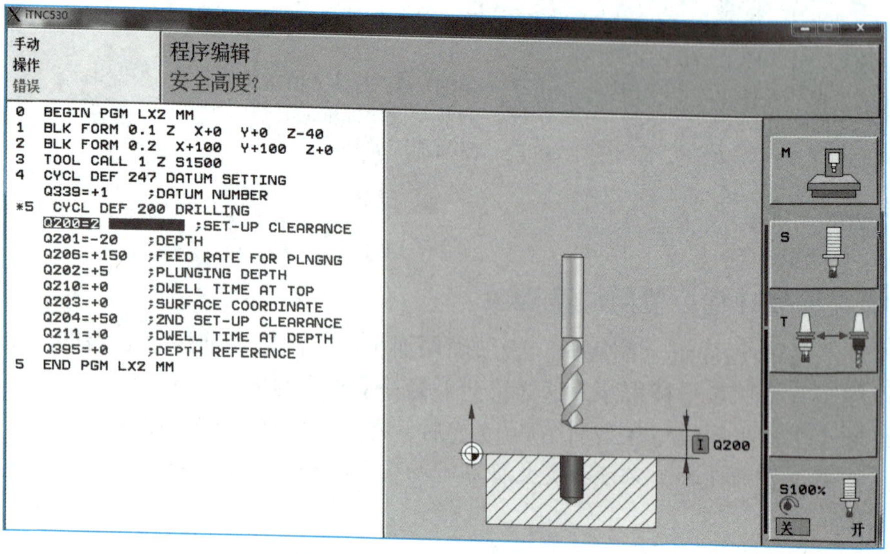

图 4－34　“循环 200”对话框

笔记栏

“循环 200”参数说明如图 4－35 所示。

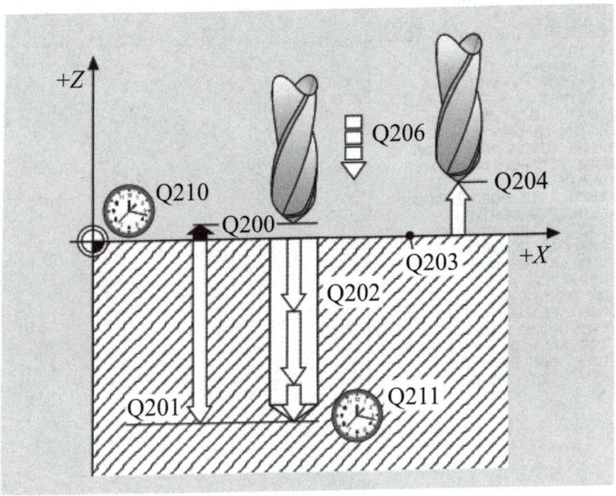

图 4－35 “循环 200”参数说明

使用时应注意以下两个方面：

（1）循环参数 Q201（深度）的代数符号决定加工方向（与 Q343 有关）。

（2）输入 Q203（工件表面坐标）的绝对坐标值。

应用范例如下：

```
BEGIN PGM 1 MM
CYCL DEF 200 DRILLING
Q200 = 2            安全高度
Q201 = -18          深度
Q206 = 200          切入进给速率
Q202 = 5            切入深度
Q210 = 0            在顶部停顿时间
Q203 = +0           表面坐标
Q204 = 50           第二安全高度
Q211 = 0            在孔底的停顿时间
...
END PGM 1 MM
```

2. 循环 203（万能钻孔）

在程序编辑状态下，单击“循环定义”键

→单击“钻孔 / 攻丝”键

→单击“万能钻孔”键

，屏幕显示“循环 203”对话框，如图 4－36 所示。

“循环 203”参数说明如图 4－37 所示。

使用时应注意以下两个方面：

（1）循环参数 Q201（深度）的代数符号决定加工方向。

（2）输入 Q203（工件表面坐标）的绝对坐标值。如果 Q208 的值为 0，则退刀速率等于 Q206 的钻孔进给速率。

应用范例如下：

笔记栏

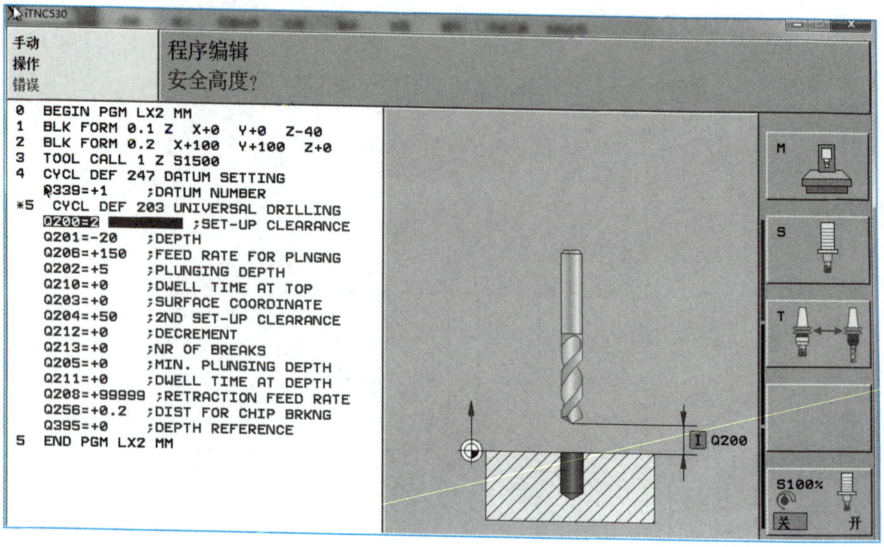

图 4－36 “循环 203”对话框

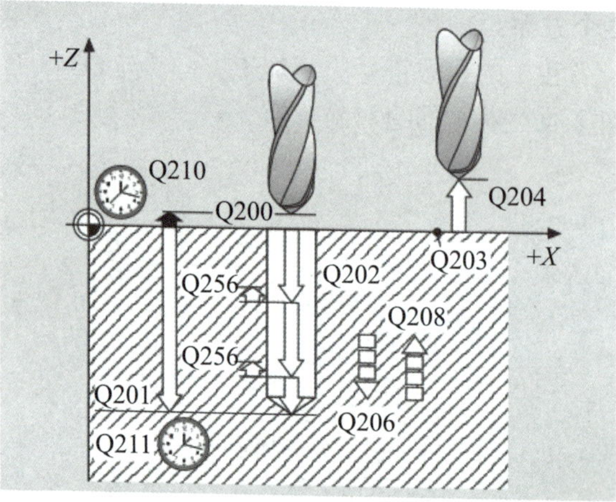

图 4－37 “循环 203”参数说明

BEGIN PGM 1 MM	
CYCL DEF 203 UNIVERSAL DRILLING	
Q200 = 2	安全高度
Q201 = –25	深度
Q206 = 200	切入进给速率
Q202 = 10	切入深度
Q210 = 0	在顶部停顿时间
Q203 = +0	表面坐标
Q204 = 50	第二安全高度
Q212 = 0	缩减量
Q213 = 1	退刀前的停顿次数
Q205 = 5	最小切入深度
Q211 = 0	在孔底的停顿时间
Q208 = 500	退刀速率
Q256 = 0.2	断屑距离
…	
END PGM 1 MM	

笔记栏

循环 200 和循环 203 的具体实例请参考单元 5 的图 5－7 所示的加工程序。

3. 循环 208（螺旋镗铣）

在程序编辑状态下，单击“循环定义”键 CYCL DEF →单击“钻孔 / 攻丝”键 钻孔/攻丝 →单击“螺旋镗铣”键 208，屏幕显示“循环 208”对话框，如图 4－38 所示。

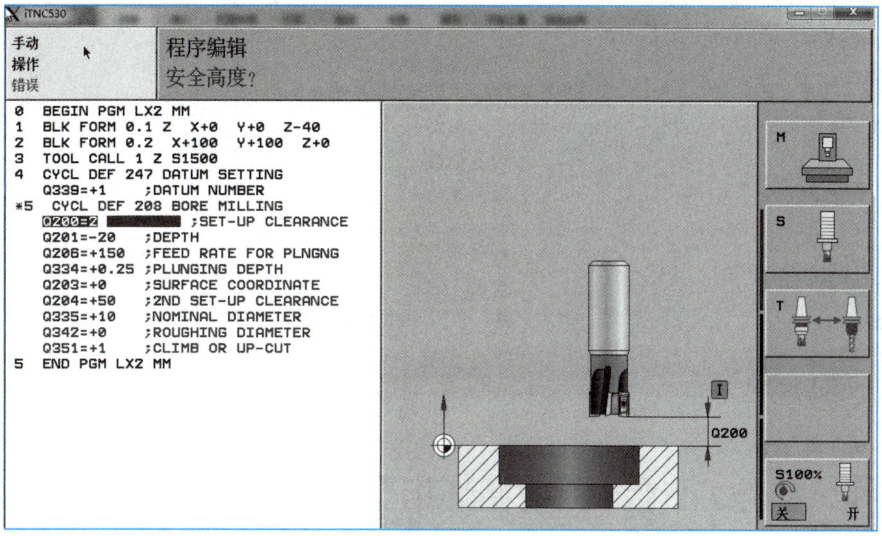

图 4－38 “循环 208”对话框

“循环 208”参数说明如图 4－39 所示。

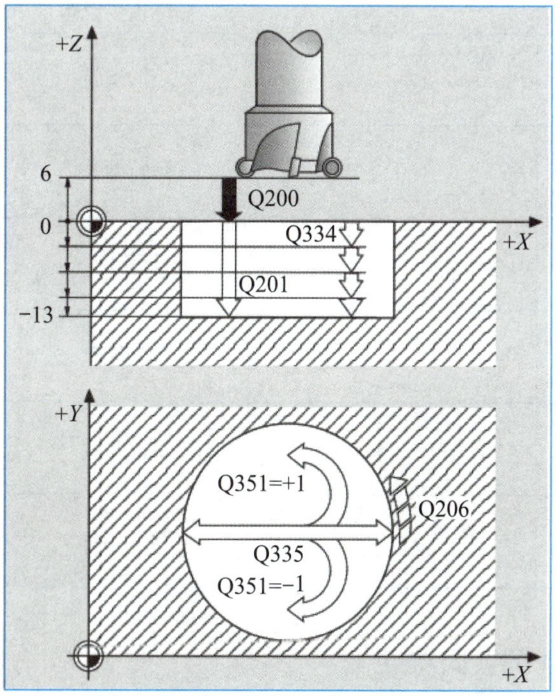

图 4－39 “循环 208”参数说明

笔记栏

使用时应注意以下两个方面：

（1）如果输入的名义直径 Q335 等于刀具直径，则数控系统直接钻孔到最终深度。

（2）根据需要在刀具表（TOOL.T）的 ANGLE（角度）列输入允许的最大刀具切入角。如果切入深度太大，数控系统将自动计算允许的最大切入深度。

应用范例如下：

```
BEGIN PGM 1 MM
CYCL DEF 208 BORE MILLING
Q200 = 6              安全高度
Q201 = –13            深度
Q206 = 150            切入进给速率
Q334 = 1.5            切入深度
Q203 = +100           表面坐标
Q204 = 50             第二安全高度
Q335 = 25             名义直径
Q342 = 0              粗加工直径
Q351 = +1             铣削类型（顺铣或逆铣）
...
END PGM 1 MM
```

4.3.3 型腔 / 凸台 / 凹槽循环指令

型腔 / 凸台 / 凹槽循环指令说明见表 4 – 8。

表 4 – 8　型腔 / 凸台 / 凹槽循环指令说明

键	循环指令说明
	矩形型腔
	圆弧型腔
	槽铣削
	扇形槽
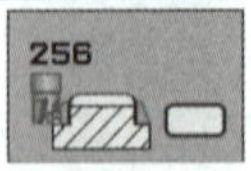	矩形凸台
	圆弧凸台

1. 循环 251 至 254 的共同特点

循环 251 至 254 可以完整加工型腔和凹槽。根据循环参数不同，有以下加工方式：

（1）完整加工：粗铣，底面精铣，侧面精铣。

（2）仅粗铣。

笔记栏

6. 循环 252（圆弧型腔）

在程序编辑状态下，单击“循环定义”键 CYCL DEF →单击“型腔 / 凸台 / 凹槽”键 型腔/凸台/凹槽 →单击“圆弧型腔”键 252，屏幕显示“循环 252”对话框，如图 4 - 44 所示。

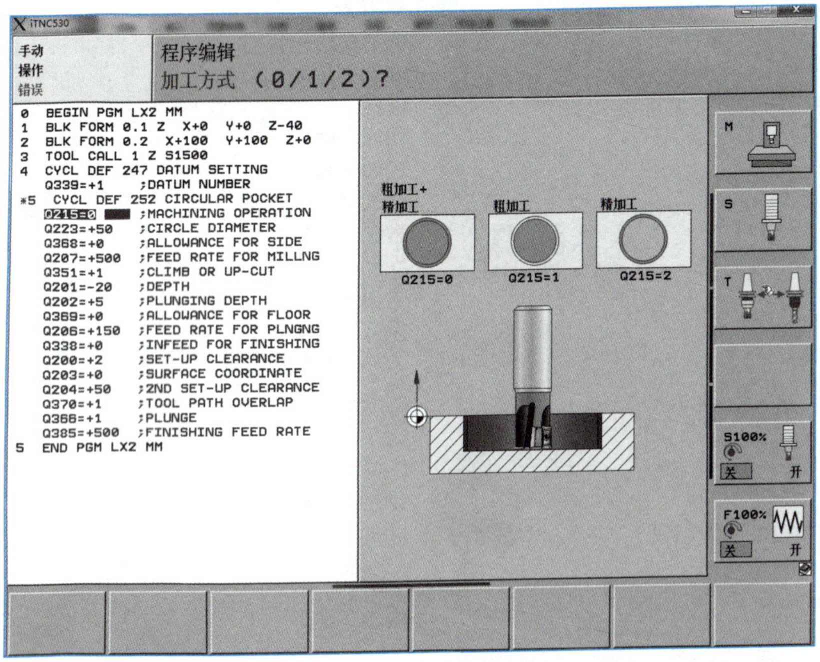

图 4 - 44　“循环 252”对话框

“循环 252”参数说明如图 4 - 45、图 4 - 46、图 4 - 47 所示。

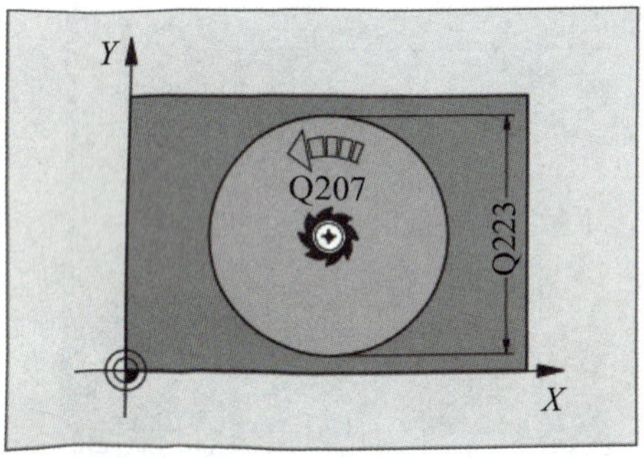

图 4 - 45　“循环 252”参数说明（1）

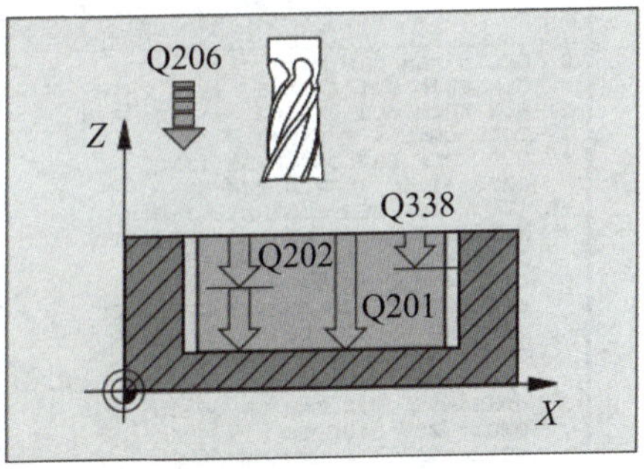

图 4 - 46　“循环 252”参数说明（2）

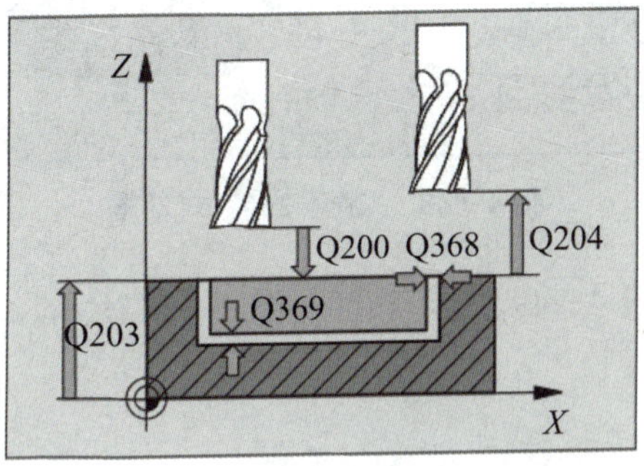

图 4 - 47　“循环 252”参数说明（3）

笔记栏

应用范例如下：

```
BEGIN PGM 1 MM
CYCL DEF 252 CIRCULAR POCKET
Q215 = 0        加工策略
Q223 = 60       圆直径
Q368 = 0.2      侧边余量
Q207 = 500      铣削进给速率
Q351 = +1       顺铣 / 逆铣
Q201 = -20      深度
Q202 = 5        切入深度
Q369 = 0.1      底面余量
Q206 = 150      切入进给速率
Q338 = 5        精铣进给量
Q200 = 2        安全高度
Q203 = +0       表面坐标
Q204 = 50       第二安全高度
Q370 = 1        刀具路径行距系数
Q366 = 1        切入方式
...
END PGM 1 MM
```

7. 循环 253（槽铣削）

在程序编辑状态下，单击“循环定义”键→单击“型腔 / 凸台 / 凹槽”键→单击“槽铣削”键，屏幕显示“循环 253”对话框，如图 4－48 所示。

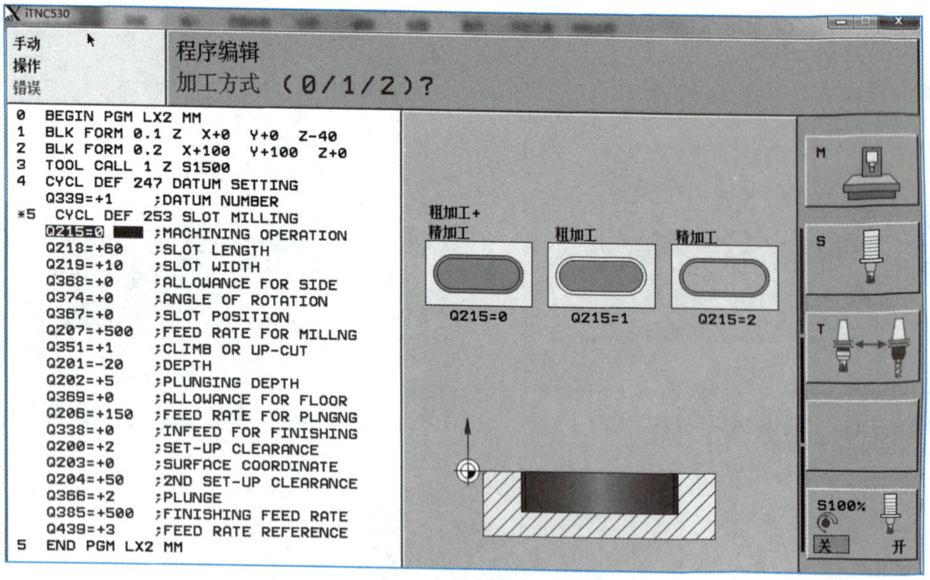

图 4－48 “循环 253”对话框

“循环 253”参数说明如图 4－49、图 4－50、图 4－51 所示。

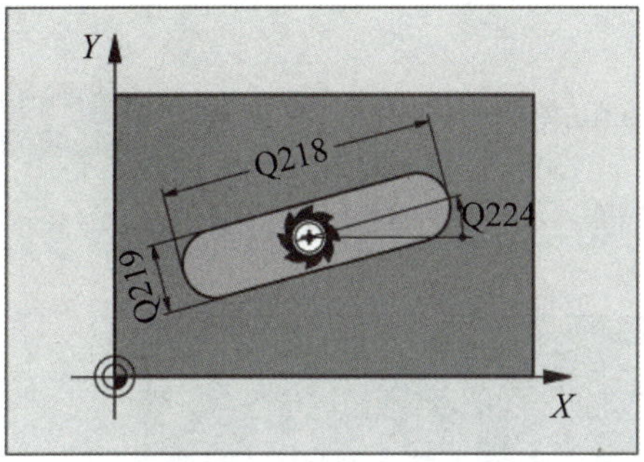

图 4－49　“循环 253”参数说明（1）

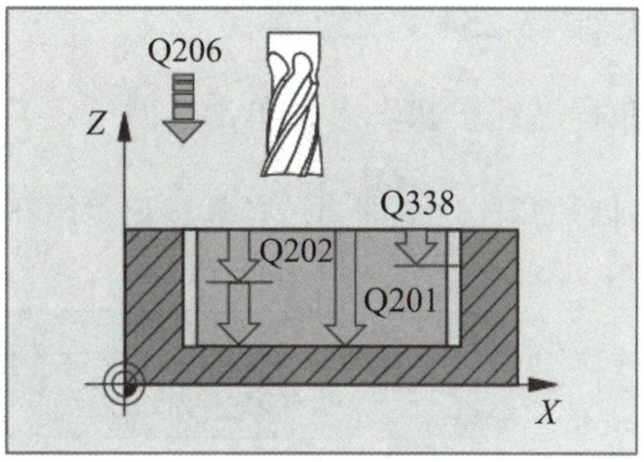

图 4－50　“循环 253”参数说明（2）

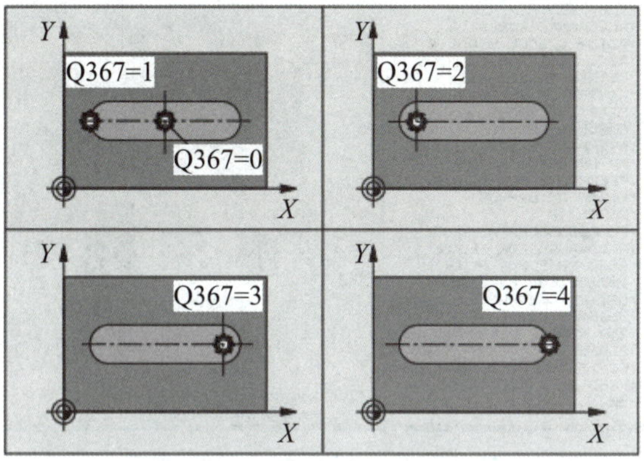

图 4－51　“循环 253”参数说明（3）

应用范例如下：

```
BEGIN PGM 1 MM
CYCL DEF 253 SLOT MILLING
Q215 = 0          加工策略
Q218 = 80         第一边长度（键槽长度）
Q219 = 12         第二边长度（键槽宽度）
Q368 = 0.2        侧边余量
Q374 = +0         旋转角度
Q367 = +0         槽位置
Q207 = +150       铣削进给速率
Q351 = +1         顺铣 / 逆铣
Q201 = -8         深度
Q202 = +2.5       切入深度
Q369 = +0         底面余量
Q206 = +100       切入进给速率
Q338 = +0         精铣进给量
Q200 = +2         安全高度
Q203 = +0         表面坐标
Q204 = +50        第二安全高度
Q366 = +1         切入方式
Q385 = +200       精铣进给速率
Q439 = +3
...
END PGM 1 MM
```

笔记栏

8. 循环 254（扇形槽）

在程序编辑状态下，单击“循环定义”键

→单击“型腔 / 凸台 / 凹槽”键

→单击“扇形槽”键

，屏幕显示“循环 254”对话框，如图 4－52 所示。

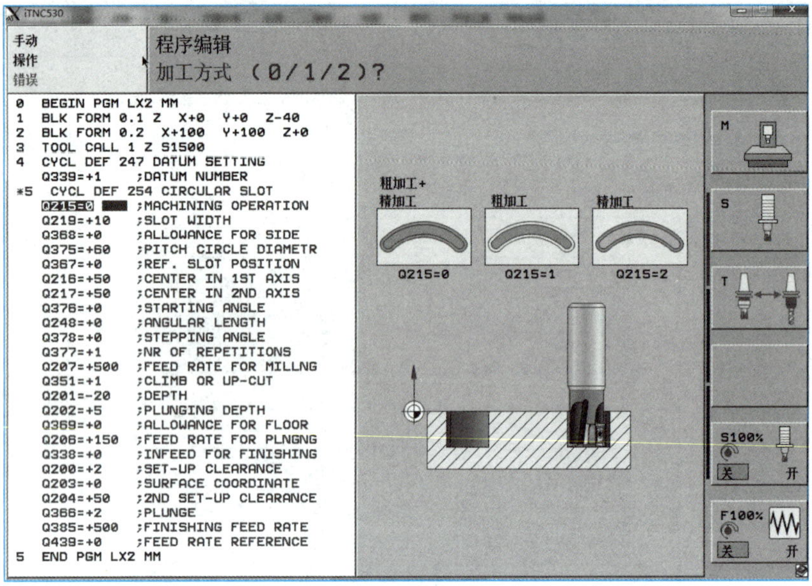

图 4－52 “循环 254”对话框

“循环 254”参数说明如图 4－53、图 4－54、图 4－55 所示。

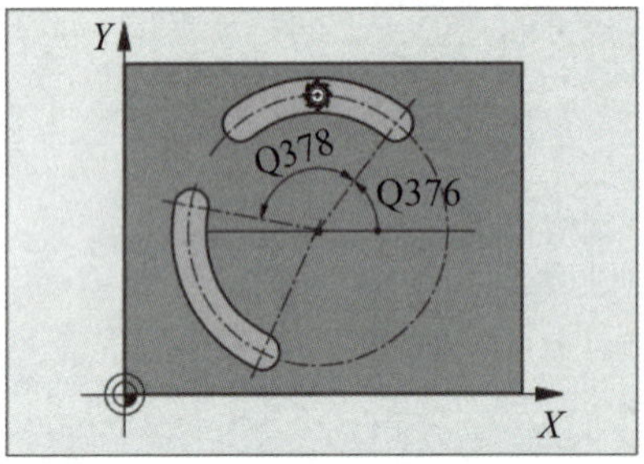

图 4－53 “循环 254”参数说明（1）

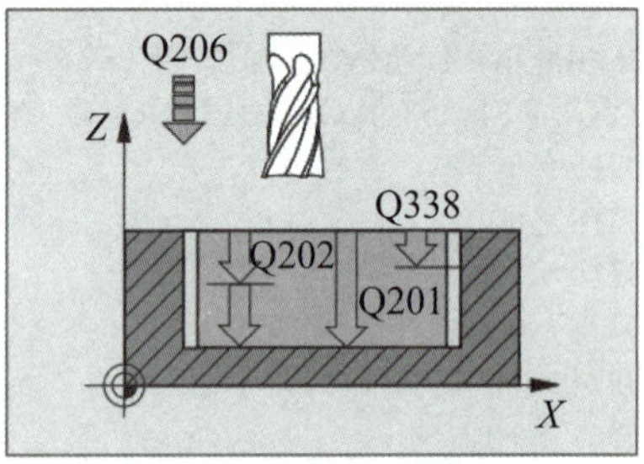

图 4－54 “循环 254”参数说明（2）

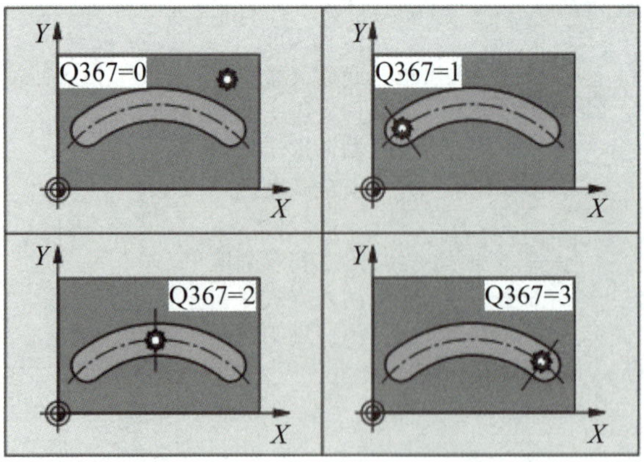

图 4－55 “循环 254”参数说明（3）

笔记栏

应用范例如下：

```
BEGIN PGM 1 MM
CYCL DEF 254 CIRCULAR SLOT
Q215 = 0          加工策略
Q219 = 12         槽宽
Q368 = 0.2        侧边余量
Q375 = 80         节圆直径
Q367 = 0          槽位置原点
Q216 = +50        第一轴中心
Q217 = +50        第二轴中心
Q376 = +45        起始角
Q248 = 90         角度
Q378 = 0          步进角
Q377 = 1          加工个数
Q207 = 500        铣削进给速率
Q351 = +1         顺铣 / 逆铣
Q201 = -20        深度
Q202 = 5          切入深度
Q369 = 0.1        底面余量
Q206 = 150        切入进给速率
Q338 = 5          精铣进给量
Q200 = 2          安全高度
Q203 = +0         表面坐标
Q204 = 50         第二安全高度
Q366 = 1          切入方式
Q385 = 500        精铣进给速率
...
END PGM 1 MM
```

9. 循环 256（矩形凸台）

在程序编辑状态下，单击“循环定义”键 CYCL DEF →单击“型腔 / 凸台 / 凹槽”键 型腔/凸台/凹槽 →单击“矩形凸台”键 256，屏幕显示“循环 256”对话框，如图 4 - 56 所示。

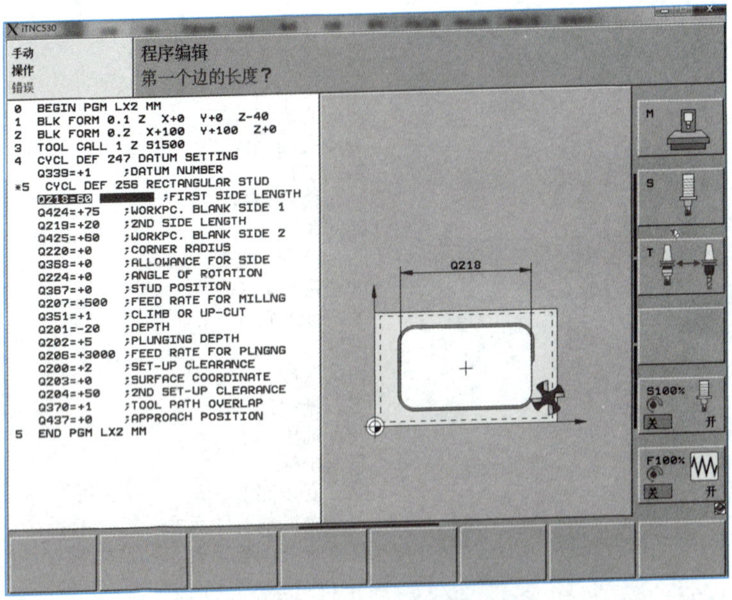

图 4 - 56 “循环 256”对话框

笔记栏

“循环 256”参数说明如图 4－57、图 4－58、图 4－59 所示。

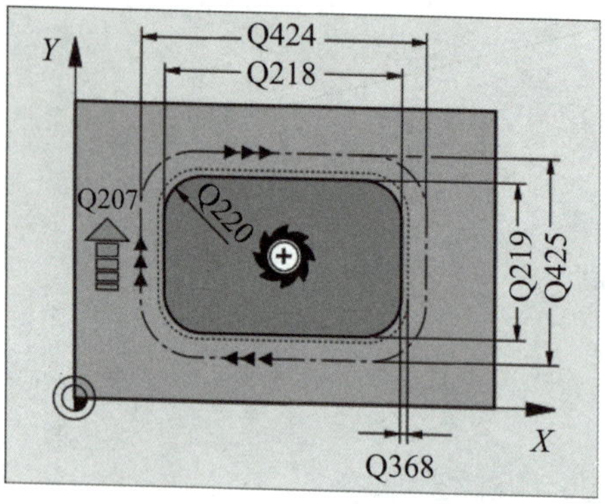

图 4－57 “循环 256”参数说明（1）

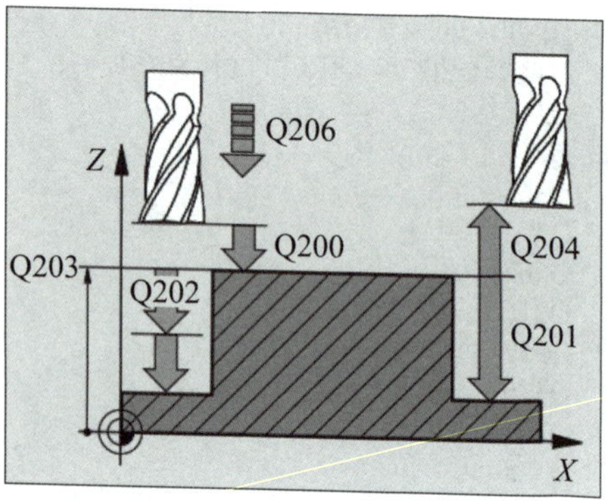

图 4－58 “循环 256”参数说明（2）

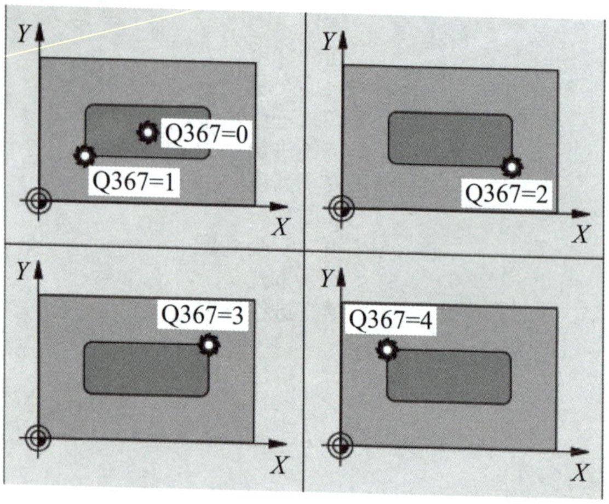

图 4－59 “循环 256”参数说明（3）

应用范例如下：

BEGIN PGM 1 MM	
CYCL DEF 256 RECTANGULAR STUD	加工策略
Q218 = 60	第一侧边长度
Q424 = 74	工件毛坯侧面 1
Q219 = 40	第二侧边长度
Q425 = 60	工件毛坯侧面 2
Q220 = 5	角点半径
Q368 = 0.2	侧面精铣余量
Q224 = +0	旋转角
Q367 = 0	凸台位置
Q207 = 500	铣削进给速率
Q351 = +1	顺铣或逆铣
Q201 = –20	深度
Q202 = 5	切入深度
Q206 = 150	切入进给速率
Q200 = 2	安全高度
Q203 = +0	表面坐标
Q204 = 50	第二安全高度
Q370 = 1	刀具路径的行距系数
Q437 = 0	接近位置（老版本 iTNC530 数控系统没有 Q437 参数）
...	
END PGM 1 MM	

10. 循环 257（圆弧凸台）

在程序编辑状态下，单击“循环定义”键→单击“型腔 / 凸台 / 凹槽”键→单击“圆弧凸台”键，屏幕显示“循环 257”对话框，如图 4－60 所示。

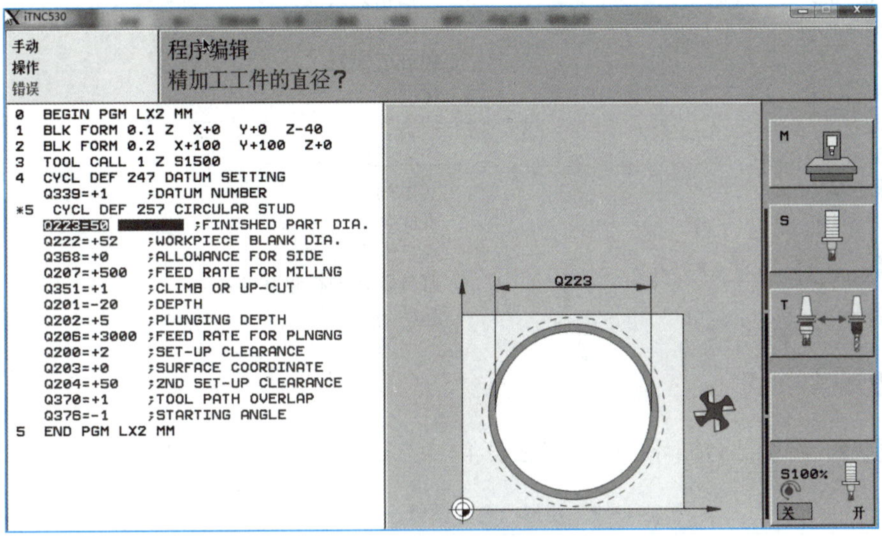

图 4－60　“循环 257”对话框

“循环 257”参数说明如图 4－61、图 4－62、图 4－63 所示。

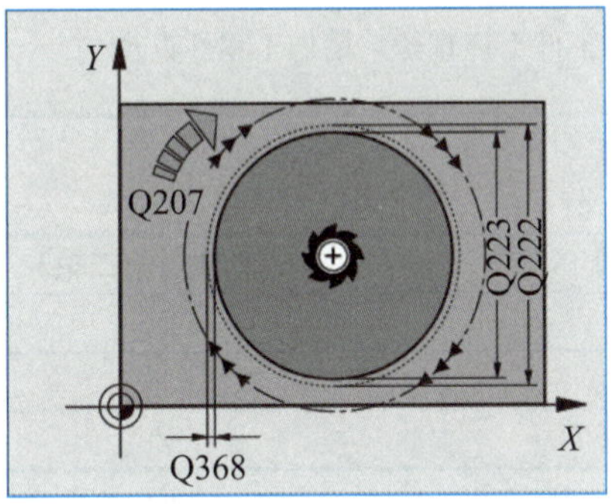

图 4－61　“循环 257”参数说明（1）

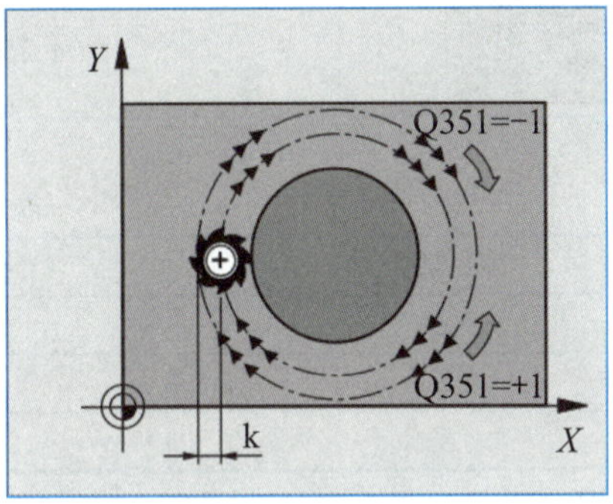

图 4－62　“循环 257”参数说明（2）

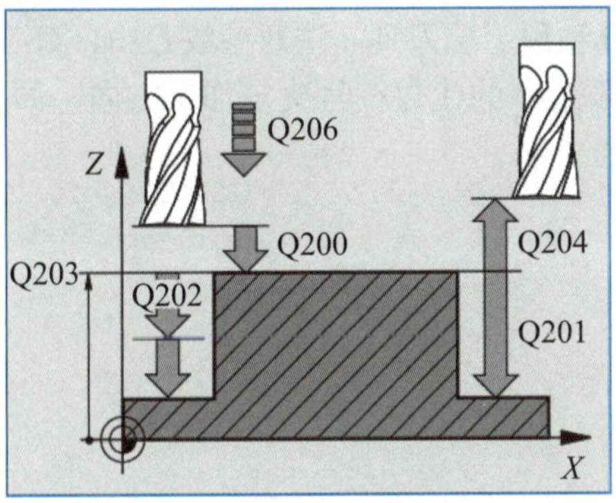

图 4－63　“循环 257”参数说明（3）

笔记栏

应用范例如下：

```
BEGIN PGM 1 MM
CYCL DEF 257 CIRCULAR STUD      加工策略
Q223 = 60                       最终零件直径
Q222 = 60                       工件毛坯直径
Q368 = 0.2                      侧面精铣余量
Q207 = 500                      铣削进给速率
Q351 = +1                       顺铣或逆铣
Q201 = –20                      深度
Q202 = 5                        切入深度
Q206 = 150                      切入进给速率
Q200 = 2                        安全高度
Q203 = +0                       表面坐标
Q204 = 50                       第二安全高度
Q370 = 1                        刀具路径的行距系数
Q376 = 0                        起始角
...
END PGM 1 MM
```

矩形凸台、圆弧凸台循环指令说明见表 4－9，刀轴定义见表 4－10。

表 4－9　矩形凸台、圆弧凸台循环指令说明

键	循环指令说明
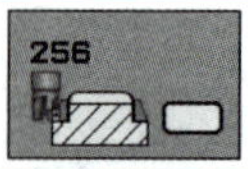	循环 256（矩形凸台）：必须基于参考轴定义第一轴或第一边长
	循环 257（圆弧凸台）：工件毛坯直径 > 精加工零件直径

表 4－10　刀轴定义

刀具轴	参考轴（第一轴）	辅助轴（第二轴）
Z	*X*	*Y*
Y	*Z*	*X*
X	*Y*	*Z*

矩形凸台、圆弧凸台编程应注意以下几项：

（1）用半径补偿 R0 在加工面上将刀具预定位至起点。注意参数 Q367（凸台位置）。

（2）数控系统自动沿刀具轴预定位刀具。注意参数 Q204（第二安全高度）。

（3）循环参数 DEPTH（深度）的代数符号决定加工方向。如果编程 DEPTH=0，则循环不被执行。

笔记栏

4.4 常用的 M 功能

机械加工仿真软件常用的 M 功能见表 4 - 11。

表 4 - 11　机械加工仿真软件常用的 M 功能

M 代码	功能
M00	加工程序无条件暂停
M01	加工程序可选择暂停
M02	程序停止运行 / 主轴停转 / 冷却液关闭
M03	主轴顺时针转动
M04	主轴逆时针转动
M05	主轴停转
M08	冷却液开启
M09	冷却液关闭
M10	第 4 轴锁定关闭
M11	第 4 轴释放打开
M13	主轴顺时针转动且冷却液开启（相当于 M3+M8）
M14	主轴逆时针转动且冷却液关闭（相当于 M4+M8）
M15	第 5 轴锁定关闭
M16	第 5 轴释放打开
M30	同 M02 功能
M91	在定位程序段内，相对机床原点的坐标
M99	程序段循环调用
M126	旋转轴以最短路径运动
M127	复位 M126
M128	定位倾斜轴时保持刀尖位置（TCPM）
M129	复位 M128

笔记栏

单元 5

手工编程实例

学习目标

- 掌握五轴加工中心手工编程的步骤。
- 掌握海德汉系统数控加工仿真操作方法。
- 能独立完成本单元实例。

立德树人

技能报国成为时代强音

大国工匠是中华民族大厦的基石、栋梁。全国总工会公布的“大国工匠年度人物”来自装备制造、水利、环境、人工智能、冶炼等行业，他们都是所在行业的顶尖技术技能人才，是劳模精神、劳动精神、工匠精神的优秀传承者。

5.1 二维零件基础编程实例一

1. 图纸识读

如图 5－1 所示为二维零件基础编程实例一的图纸。试分析该零件的加工工艺，并编制加工程序。

微课：五轴加工中心手工编程－海德汉系统数控加工仿真操作

笔记栏

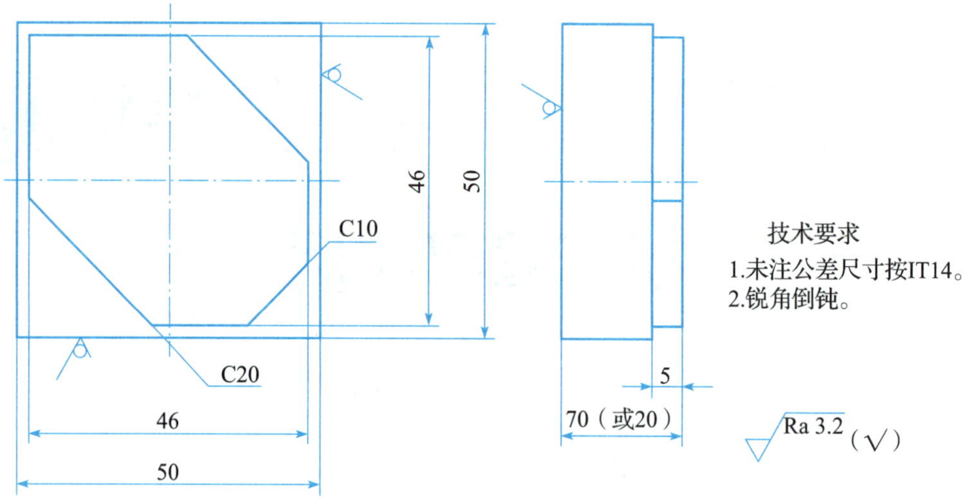

图 5－1　二维零件基础编程实例一

2. 加工任务分析

工件展示
（图 5－1）

分析图 5－1 可知，该零件下半部分无须加工，仅加工一个深度为 5mm 的外形轮廓即可。零件形状简单，可采用手工编程。编程时选择零件中心为编程原点，水平向右的方向为 *X* 的正向，垂直纸面向上的方向为 *Z* 的正向，工件的上表面定为 Z0。

根据工件的外形尺寸和加工特点可知，这类轮廓件采用平口钳及平行垫铁进行一次装夹即可完成加工。装夹时要注意工件的形位公差要求，确保加工质量。

3. 刀具参数

加工采用的刀具的参数见表 5－1。

表 5－1　刀具参数

刀具号码	刀具名称	刀具材料	刀具直径（mm）	零件材料：2A11			备注
				转速（r/min）	径向进给量（mm/min）	轴向进给量（mm/min）	
T1	端铣刀	高速钢	$\phi 10$	1600	240	100	粗精铣

4. 手工编程参考程序

程序内容	程序注释（加工时不需要输入）
0　BEGIN PGM LX5–1–2 MM	
1　BLK FORM 0.1 Z X–25 Y–25 Z–20	定义毛坯
2　BLK FORM 0.2 X+25 Y+25 Z0	
3　TOOL CALL 1 Z S1600	换 1 号刀，ϕ10mm 端铣刀
4　CYCL DEF 247 DATUM SETTING ~ Q339 = +1 ; DATUM NUMBER	用户坐标系为 1 号坐标系
5　L X+0 Y+0 R0 FMAX	将刀具移至工件中心
6　L Z+100 R0 FMAX M3	将刀具移至起始高度
7　L X–35 Y+35 R0 FMAX	将刀具移至加工起始点

笔记栏

续表

程序内容	程序注释（加工时不需要输入）
8 L Z+5 R0 FMAX	安全高度
9 L Z–5 R0 F100	加工深度
10 APPR LT X–23 Y+23 LEN6 RL F240	轮廓接近（四种方式之一），左刀补
11 L X+23	直线加工
12 CHF 20	倒角，长度为 20mm
13 L Y–23	直线加工
14 CHF 10	倒角，长度为 10mm
15 L X–23 Y–23	直线加工
16 CHF 20	倒角，长度为 20mm
17 L Y+23	直线加工
18 DEP LT LEN6 F100	轮廓离开（四种方式之一）
19 L Z+100 R0 FMAX	退刀
20 M5	主轴停止
21 M30	程序结束
22 END PGM LX5–1–2 MM	

5. 加工结果

加工结果如图 5－2 所示。

图 5－2　加工结果

笔记栏

5.2 二维零件基础编程实例二

1. 图纸识读

如图 5－3 所示为二维零件基础编程实例二的图纸。试分析该零件的加工工艺，并编制加工程序。

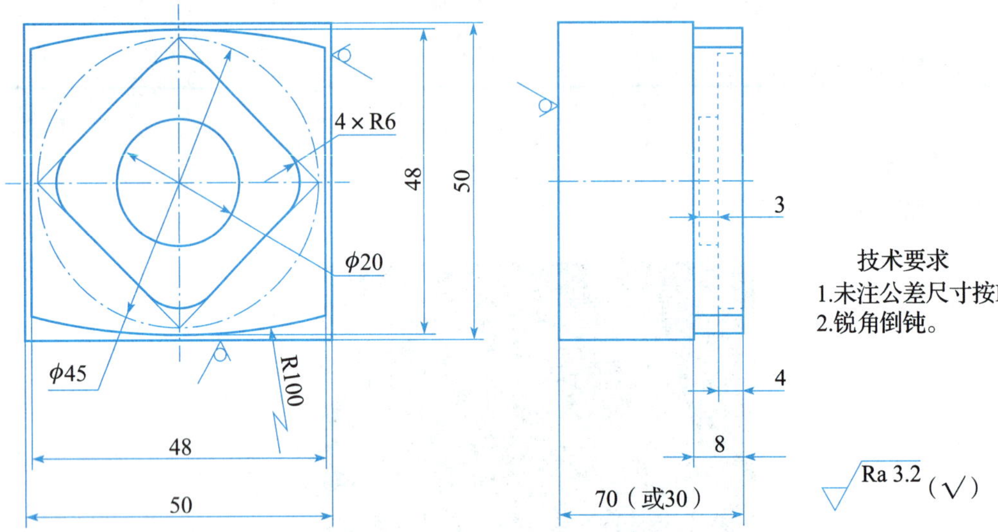

图 5－3　二维零件基础编程实例二

工件展示
（图 5－3）

2. 加工任务分析

该任务涉及平面、外形轮廓和型腔的加工。轮廓尺寸精度要求不高，表面粗糙度全部为 $Ra3.2$，没有形位公差要求，可直接用端铣刀精铣完成。

选择零件中心为编程原点，水平向右的方向为 X 的正向，垂直纸面向上的方向为 Z 的正向，工件的上表面定为 Z0。

具体工艺安排如下：

（1）用虎钳装夹零件，精铣零件上表面，将零件上表面的中心设为 1 号坐标系的原点。

（2）加工路线：铣削 Z0 平面→精铣宽为 48mm 的外形轮廓→精铣 ϕ20mm 的圆形型腔→精铣菱形型腔。

3. 刀具参数

加工采用的刀具的参数见表 5－1。

4. 手工编程参考程序

工步 1：铣平面（走同心圆轨迹）。

笔记栏

程序内容	程序注释（加工时不需要输入）
0 BEGIN PGM LX5–2–1 MM	
1 BLK FORM 0.1 Z X–25 Y–25 Z–70	定义毛坯
2 BLK FORM 0.2 X+25 Y+25 Z0	
3 TOOL CALL 1 Z S1600	换 1 号刀，ϕ10mm 端铣刀
4 CYCL DEF 247 DATUM SETTING ~	
Q339 = +1 ; DATUM NUMBER	用户坐标系为 1 号坐标系
5 L X+0 Y+0 R0 FMAX	
6 L Z+100 R0 FMAX M3	
7 L X+35 Y+0 R0 FMAX	加工起始点（X35，Y0，Z100）
8 L Z+5 R0 FMAX	安全高度
9 L Z0 R0 F240	深度（实际加工深度通过坐标系调节）
10 CC X+0 Y+0	同心圆轨迹
11 C X+35 Y+0 DR–	
12 L X+25	刀具横向移动距离
13 CC X+0 Y+0	定义圆心
14 C X+25 Y+0 DR–	顺时针圆弧
15 L X+15	
16 CC X+0 Y+0	
17 C X+15 Y+0 DR–	
18 L X+5	
19 CC X+0 Y+0	
20 C X+5 Y+0 DR–	
21 L Z+100 R0 FMAX M5	回到初始平面，主轴转动停止
22 M30	程序结束
23 END PGM LX5–2–1 MM	

工步 2：铣外形轮廓。

程序内容	程序注释（加工时不需要输入）
0 BEGIN PGM LX5–2–2 MM	
1 BLK FORM 0.1 Z X–25 Y–25 Z–70	定义毛坯
2 BLK FORM 0.2 X+25 Y+25 Z0	
3 TOOL CALL 1 Z S1600	换 1 号刀，ϕ10mm 端铣刀
4 CYCL DEF 247 DATUM SETTING ~	
Q339 = +1 ; DATUM NUMBER	用户坐标系为 1 号坐标系
5 L X+0 Y+0 R0 FMAX	将刀具移至工件中心
6 L Z+100 R0 FMAX M3	将刀具移至起始高度
7 L X–32 Y+32 R0 FMAX	将刀具移至加工起始点
8 L Z+5 R0 FMAX	安全高度
9 L Z–8 R0 F100	加工深度
10 L Y+21.077 RL F240	左刀补
11 L X–24	直线加工
12 CR X+24 Y+21.077 R+100 DR–	圆弧加工方式之一
13 L Y–21.077	
14 CR X–24 Y–21.077 R+100 DR–	
15 L Y+32	
16 L X–32 R0	
17 L Z+100 R0 FMAX M5	退刀，主轴停止
18 M30	程序结束
19 END PGM LX5–2–2 MM	

笔记栏

工步 3：铣型腔。

程序内容	程序注释（加工时不需要输入）
0 BEGIN PGM LX5-2-3 MM	
1 BLK FORM 0.1 Z X-25 Y-25 Z-70	定义毛坯
2 BLK FORM 0.2 X+25 Y+25 Z0	
3 TOOL CALL 1 Z S1600	换 1 号刀，ϕ10mm 端铣刀
4 CYCL DEF 247 DATUM SETTING ~	
Q339 = +1 ; DATUM NUMBER	用户坐标系为 1 号坐标系
5 L X+0 Y+0 R0 FMAX	将刀具移至工件中心
6 L Z+100 R0 FMAX M3	将刀具移至起始高度
7 L Z+5 R0 FMAX	将刀具移至加工起始点
8 L Z-4 R0 F50	第 1 次下切，加工深度到 4mm
9 L X+10 Y+0 RL F200	左刀补
10 CC X+0 Y+0	圆形型腔起始点（加工圆形型腔）
11 C X+10 Y+0 DR+	逆时针圆弧
12 L X+0 Y+0 R0	
13 L X+11.25 Y+11.25 RL F200	菱形型腔起始点（加工菱形型腔）
14 L X+0 Y+22.5	
15 RND R6	
16 L X-22.5 Y+0	
17 RND R6	
18 L X+0 Y-22.5	
19 RND R6	
20 L X+22.5 Y+0	
21 RND R6	
22 L X+11.25 Y+11.25	
23 L X+0 Y+0 R0	
24 L Z-7 R0 F50	第 2 次下切，加工深度到 7mm
25 L X+10 Y+0 RL F200	再次加工圆形型腔
26 CC X+0 Y+0	
27 C X+10 Y+0 DR+	
28 L X+0 Y+0 R0	
29 L Z+100 R0 FMAX M5	退刀，主轴停止
30 M30	程序结束
31 END PGM LX5-2-3 MM	

5. 加工结果

加工结果如图 5-4 所示。

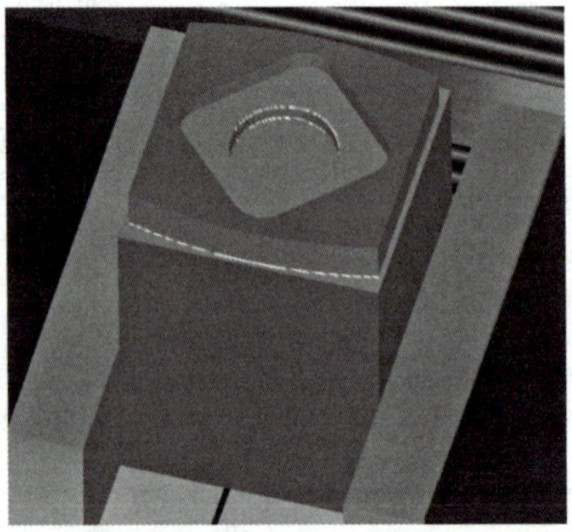

图 5-4　加工结果

笔记栏

5.3 二维零件基础编程实例三

1. 图纸识读

如图 5－5 所示为二维零件基础编程实例三的图纸。试分析该零件的加工工艺，并编制加工程序。

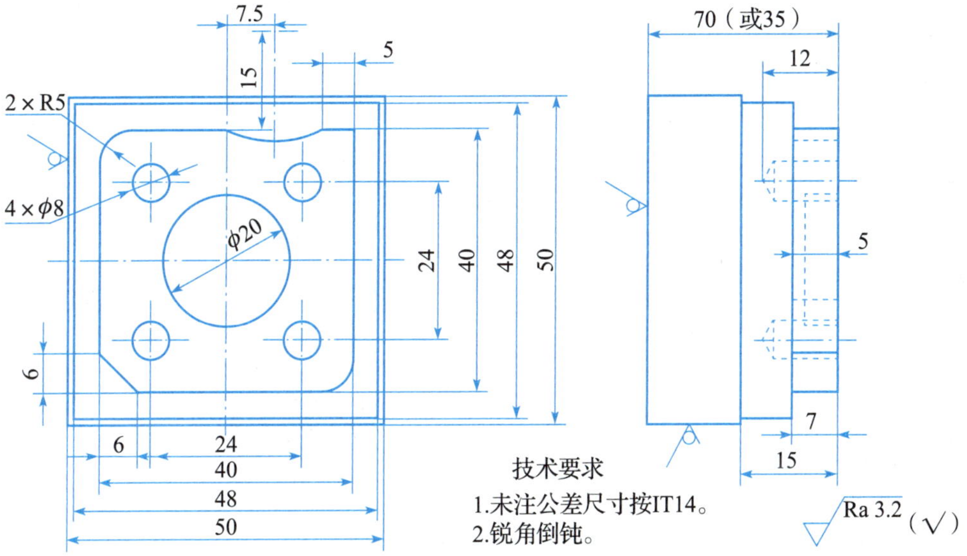

图 5－5 二维零件基础编程实例三

2. 加工任务分析

该任务涉及外形轮廓、型腔和孔的加工。孔可用 ϕ8mm 钻头加工。其他轮廓表面的尺寸精度要求不高，表面粗糙度全部为 *Ra*3.2，没有形位公差的要求，可直接用端铣刀精铣完成。

选择零件中心为编程原点，水平向右的方向为 *X* 的正向，垂直纸面向上的方向为 *Z* 的正向，工件的上表面定为 Z0。

工件展示（图 5－5）

3. 刀具参数

加工采用的刀具的参数见表 5－2。

表 5－2 刀具参数

刀具号码	刀具名称	刀具材料	刀具直径（mm）	零件材料：2A11			备注
				转速（r/min）	径向进给量（mm/min）	轴向进给量（mm/min）	
T1	端铣刀	高速钢	ϕ10	1600	240	100	粗精铣
T2	钻头	高速钢	ϕ8	1000		100	钻孔

笔记栏

4. 手工编程参考程序

程序内容	程序注释（加工时不需要输入）
0 BEGIN PGM LX5-3 MM	
1 BLK FORM 0.1 Z X–25 Y–25 Z–70	毛坯最小点坐标
2 BLK FORM 0.2 X+25 Y+25 Z+0	毛坯最大点坐标
3 TOOL CALL 1 Z S1600	换 1 号刀，定义转速 1600r/min
4 CYCL DEF 247 DATUM SETTING ~ Q339 = +1 ; DATUM NUMBER	用户坐标系为 1 号坐标系
5 L X+32 Y+32 R0 FMAX M3	加工起始点
6 L Z+100 R0 FMAX	
7 L Z+5 R0 FMAX	
8 L Z+0 R0 F100	
9 LBL 1	子程序 1 开始
10 L IZ–3.5 R0 F100	
11 L X+20 RL F260	
12 L Y–20	
13 RND R5	
14 L X–20	
15 CHF 6	
16 L Y+20	
17 RND R5	
18 L X+0	
19 CR X+15 Y+20 R+17 DR+	
20 L X+32	
21 L Y+32 R0 FMAX	
22 LBL 0	子程序结束
23 CALL LBL 1 REP 1	调用子程序 1 一次
24 LBL 2	子程序 2 开始
25 L IZ–4 R0 F100	
26 L X+24 RL F150	
27 L Y–24	
28 L X–24	
29 L Y+24	
30 L X+32	
31 L Y+32 R0	
32 LBL 0	子程序结束
33 CALL LBL 2 REP1	调用子程序 2 一次
34 L Z+5 R0 FMAX	
35 L X+0 Y+0 R0 FMAX	
36 LBL 3	子程序 3 开始
37 L IZ–10 R0 F100	
38 L X+10 RL F150	
39 CC X+0 Y+0	
40 C X+10 Y+0 DR+	
41 L X+0 Y+0 R0	
42 LBL 0	子程序结束
43 L Z+100 R0 FMAX M5	
44 TOOL CALL 2 Z S2000	换 2 号刀，定义转速 2000r/min
45 CYCL DEF 247 DATUM SETTING ~ Q339 = +1 ; DATUM NUMBER	用户坐标系为 1 号坐标系
46 L X–12 Y+12 R0 FMAX M3	
47 L Z+100 R0 FMAX	
48 L Z+3 R0 FMAX	

笔记栏

续表

程序内容	程序注释（加工时不需要输入）
49 CALL LBL 4	调用子程序 4
50 L X+12 Y+12 R0 FMAX	
51 CALL LBL 4	调用子程序 4
52 L X+12 Y−12 R0 FMAX	
53 CALL LBL 4	调用子程序 4
54 L X−12 Y−12 R0 FMAX	
55 CALL LBL 4	调用子程序 4
56 L Z+100 R0 FMAX	
57 M30	
58 LBL 4	子程序 4 开始
59 L IZ−4 R0 F80	
60 L Z+3 R0 FMAX	
61 L IZ−8 R0 F80	
62 L Z+3 R0 FMAX	
63 L IZ−12 R0 F80	
64 L Z+3 R0 FMAX	
65 LBL 0	子程序结束
66 END PGM LX5−3 MM	

5. 加工结果

加工结果如图 5－6 所示。

图 5－6　加工结果

微课：仿真加工（图 5-6 零件）

笔记栏

5.4 二维零件综合编程实例

1. 图纸识读

如图 5-7 所示为二维零件综合编程实例的零件图纸。试分析该零件的加工工艺，并编制加工程序。

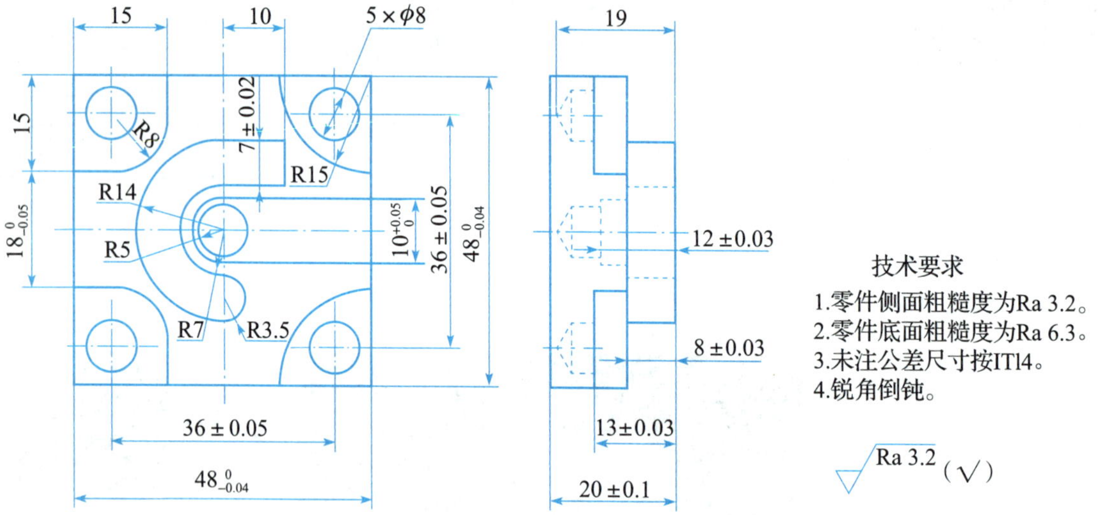

图 5-7　二维零件综合编程实例

工件展示
（图 5-7）

2. 加工任务分析

该任务涉及孔、外形轮廓和半开放型腔的加工，有尺寸精度和表面粗糙度的要求。可用 T1 端铣刀粗铣后，再用 T2 端铣刀精铣。

选择零件中心为编程原点，水平向右的方向为 X 的正向，垂直纸面向上的方向为 Z 的正向，工件的上表面定为 Z0。

具体工艺安排如下：

（1）用虎钳装夹零件，零件上表面的中心设为 1 号坐标系的原点。

（2）加工路线：钻 5 个孔→粗铣 C 形外轮廓的余量→粗铣 C 形轮廓→粗铣 48mm×48mm 方形外轮廓→粗铣 4 个角的半开放型腔→粗精铣 10mm 开口槽→精铣 C 形轮廓→精铣 48mm×48mm 方形外轮廓→精铣 4 个角的半开放型腔。

3. 刀具参数

加工采用的刀具的参数见表 5-3。

笔记栏

表 5-3　刀具参数

刀具号码	刀具名称	刀具材料	刀具直径（mm）	零件材料：2A11			零件材料：45			备注
				转速（r/min）	径向进给量（mm/min）	轴向进给量（mm/min）	转速（r/min）	径向进给量（mm/min）	轴向进给量（mm/min）	
T1	端铣刀	高速钢	$\phi12$	1300	260	100	500	80	50	粗铣
T2	端铣刀	高速钢	$\phi8$	2000	200	100	800	100	50	精铣
T3	钻头	高速钢	$\phi8$	1000		100	600		60	钻孔

4. 手工编程参考程序

工步 1：钻 5 个孔。

程序内容	程序注释（加工时不需要输入）
0　BEGIN PGM LX5-4-1 MM	
1　BLK FORM 0.1 Z X-25 Y-25 Z-70	毛坯最小点坐标
2　BLK FORM 0.2 X+25 Y+25 Z+0	毛坯最大点坐标
3　TOOL CALL 3 Z S1000	换 3 号刀（钻头），定义转速 1000r/min
4　CYCL DEF 247 DATUM SETTING ~	用户坐标系为 1 号坐标系
Q339 = +1 ; DATUM NUMBER	
5　L X+0 Y+0 R0 FMAX M3	
6　L Z+100 R0 FMAX	
7　CYCL DEF 200 DRILLING ~	定义钻孔循环 200 的相关参数
Q200 = +2 ; SET-UP CLEARANCE ~	安全高度
Q201 = -19 ; DEPTH ~	深度
Q206 = +100 ; FEED RATE FOR PLNGNG ~	切入进给速率
Q202 = +5 ; PLUNGING DEPTH ~	切入深度
Q210 = +0 ; DWELL TIME AT TOP ~	在顶部停顿时间
Q203 = +0 ; SURFACE COORDINATE ~	表面坐标
Q204 = +50 ; 2ND SET-UP CLEARANCE ~	第二安全高度
Q211 = +0 ; DWELL TIME AT DEPTH	在孔底停顿时间
8　CYCL CALL POS X-18 Y+18 Z+0 FMAX	在坐标点（-18，18，0）处调用循环
9　CYCL CALL POS X+18 Y+18 Z+0 FMAX	在坐标点（18，18，0）处调用循环
10 CYCL CALL POS X+18 Y-18 Z+0 FMAX	在坐标点（18，-18，0）处调用循环
11 CYCL CALL POS X-18 Y-18 Z+0 FMAX	在坐标点（-18，-18，0）处调用循环
12 CYCL CALL POS X+0 Y+0 Z+0 FMAX	在坐标点（0，0，0）处调用循环
13 L Z+100 R0 FMAX M05	退刀，主轴停止
14 M30	程序结束
15 END PGM LX5-4-1 MM	

工步 2：粗铣 C 形外轮廓的余量。

程序内容
0　BEGIN PGM LX5-4-2 MM
1　BLK FORM 0.1 Z X-25 Y-25 Z-70
2　BLK FORM 0.2 X+25 Y+25 Z+0
3　TOOL CALL 1 Z S1300 DR+8
4　CYCL DEF 247 DATUM SETTING ~
Q339 = +1 ; DATUM NUMBER
5　L X+0 Y+0 R0 FMAX M3
6　L Z+100 R0 FMAX
7　L X+32 Y+32 R0 FMAX
8　L Z+5 R0 FMAX

程序内容
9　L Z-8 R0 F100
10 L X+11 RL F260
11 L Y-15
12 L X-15
13 L Y+15
14 L X+32
15 L Y+32 R0 FMAX
16 L Z+100 R0 FMAX M05
17 M30
18 END PGM LX5-4-2 MM

笔记栏

说明：刀具为 ϕ12mm 端铣刀，铣削 1 个矩形。本程序需要执行 2 次，第 1 次执行时 DR+8，第 2 次执行时，将 DR+8 修改为 DR+0。通过修改半径磨耗（DR）的方式调整刀补值，从而达到去除余量的目的。

工步 3：粗铣 C 形外轮廓。

程序内容
0 BEGIN PGM LX5-4-3 MM
1 BLK FORM 0.1 Z X-25 Y-25 Z-70
2 BLK FORM 0.2 X+25 Y+25 Z+0
3 TOOL CALL 1 Z S1300 DR+0.2
4 CYCL DEF 247 DATUM SETTING ~
Q339 = +1 ; DATUM NUMBER
5 L X+0 Y+0 R0 FMAX M3
6 L Z+100 R0 FMAX
7 L X+32 Y+32 R0 FMAX
8 L Z+5 R0 FMAX
9 L Z-8 R0 F100
10 L X+10 RL F260
11 L Y+7
12 L X+0
13 CR X+0 Y-7 R+7 DR+
14 CR X+0 Y-14 R+3.5 DR-
15 CR X+0 Y+14 R+14 DR-
16 L X+32
17 L Y+32 R0 FMAX
18 L Z+100 R0 FMAX M05
19 M30
20 END PGM LX5-4-3 MM

工步 4：粗铣 48mm × 48mm 方形外轮廓。

程序内容
0 BEGIN PGM LX5-4-4 MM
1 BLK FORM 0.1 Z X-25 Y-25 Z-70
2 BLK FORM 0.2 X+25 Y+25 Z+0
3 TOOL CALL 1 Z S1300 DR+0.2
4 CYCL DEF 247 DATUM SETTING ~
Q339 = +1 ; DATUM NUMBER
5 L X+0 Y+0 R0 FMAX M3
6 L Z+100 R0 FMAX
7 L X+32 Y+32 R0 FMAX
8 L Z+5 R0 FMAX
9 L Z-20 R0 F100
10 L X+24 RL F260
11 L Y-24
12 L X-24
13 L Y+24
14 L X+32
15 L Y+32 R0 FMAX
16 L Z+100 R0 FMAX M05
17 M30
18 END PGM LX5-4-4 MM

工步 5：粗铣 4 个角的半开放型腔。

程序内容
0 BEGIN PGM LX5-4-5 MM
1 BLK FORM 0.1 Z X-25 Y-25 Z-70
2 BLK FORM 0.2 X+25 Y+25 Z+0
3 TOOL CALL 1 Z S1300 DR+4
4 CYCL DEF 247 DATUM SETTING ~
Q339 = +1 ; DATUM NUMBER
5 L X+0 Y+0 R0 FMAX M3
6 L Z+100 R0 FMAX
7 L X+32 Y+32 R0 FMAX
8 L Z+5 R0 FMAX
9 L Z-13 R0 F100
10 L X+24 RL F260
11 L Y-9
12 CR X+9 Y-24 R+15 DR+
13 L X-9
14 L Y-9
15 RND R10
16 L X-24
17 L Y+9
18 L X-9
19 RND R10
20 L Y+24
21 L X+9
22 CR X+24 Y+9 R+15 DR+
23 L X+32
24 L Y+32 R0 FMAX
25 L Z+100 R0 FMAX M05
26 M30
27 END PGM LX5-4-5 MM

笔记栏

说明：程序执行时 DR+4。通过修改半径磨耗（DR）的方式调整刀补值，从而达到去除余量的目的。

工步 6：粗精铣 10mm 开口槽。

程序内容	程序注释（加工时不需要输入）
0 BEGIN PGM LX5–4–6 MM	
1 BLK FORM 0.1 Z X–25 Y–25 Z–70	定义毛坯
2 BLK FORM 0.2 X+25 Y+25 Z+0	
3 TOOL CALL 2 Z S2000 DR–0.01	换 ϕ8mm 端铣刀，刀具磨耗 –0.01
4 CYCL DEF 247 DATUM SETTING ~	
Q339 = +1 ; DATUM NUMBER	用户坐标系为 1 号坐标系
5 L X+0 Y+0 R0 FMAX M3	将刀具移至工件中心
6 L Z+100 R0 FMAX	将刀具移至起始高度
7 CYCL DEF 253 SLOT MILLING ~	定义固定循环 253 指令，铣键槽
Q215 = +0 ; MACHINING OPERATION ~	加工策略
Q218 = +40 ; SLOT LENGTH ~	第一边长度（键槽长度）
Q219 = +10 ; SLOT WIDTH ~	第二边长度（键槽宽度）
Q368 = +0 ; ALLOWANCE FOR SIDE ~	侧边余量
Q374 = +0 ; ANGLE OF ROTATION ~	旋转角度
Q367 = +0 ; SLOT POSITION ~	槽位置
Q207 = +150 ; FEED RATE FOR MILLNG ~	铣削进给速率
Q351 = +1 ; CLIMB OR UP–CUT ~	顺铣
Q201 = –12 ; DEPTH ~	深度
Q202 = +11 ; PLUNGING DEPTH ~	切入深度
Q369 = +0 ; ALLOWANCE FOR FLOOR ~	底面余量
Q206 = +100 ; FEED RATE FOR PLNGNG ~	切入进给速率
Q338 = +0 ; INFEED FOR FINISHING ~	精铣进给量
Q200 = +2 ; SET–UP CLEARANCE ~	安全高度
Q203 = +0 ; SURFACE COORDINATE ~	表面坐标
Q204 = +50 ; 2ND SET–UP CLEARANCE ~	第二安全高度
Q366 = +1 ; PLUNGE ~	切入方式
Q385 = +200 ; FINISHING FEED RATE	精铣进给速率
8 CYCL CALL POS X+15 Y+0 Z+0 FMAX	在坐标点（15，0，0）处调用循环
9 M30	程序结束
10 END PGM LX5–4–6 MM	

工步 7：精铣 C 形外轮廓。

程序内容
0 BEGIN PGM LX5–4–7 MM
1 BLK FORM 0.1 Z X–25 Y–25 Z–70
2 BLK FORM 0.2 X+25 Y+25 Z+0
3 TOOL CALL 2 Z S2000 DR+0
4 CYCL DEF 247 DATUM SETTING ~
Q339 = +1 ; DATUM NUMBER
5 L X+0 Y+0 R0 FMAX M3
6 L Z+150 R0 FMAX
7 L X+32 Y+32 R0 FMAX
8 L Z+5 R0 FMAX
9 L Z–8 R0 F100

程序内容
10 L X+10 RL F200
11 L Y+7
12 L X+0
13 CR X+0 Y–7 R+7 DR+
14 CR X+0 Y–14 R+3.5 DR–
15 CR X+0 Y+14 R+14 DR–
16 L X+32
17 L Y+32 R0 FMAX
18 L Z+100 R0 FMAX M05
19 M30
20 END PGM LX5–4–7 MM

笔记栏

工步 8：精铣 48mm × 48mm 的方形外轮廓。

程序内容
0　BEGIN PGM LX5–4–8 MM
1　BLK FORM 0.1 Z X–25 Y–25 Z–70
2　BLK FORM 0.2 X+25 Y+25 Z+0
3　TOOL CALL 2 Z S2000 DR–0.01
4　CYCL DEF 247 DATUM SETTING ~ Q339 = +1 ; DATUM NUMBER
5　L X+0 Y+0 R0 FMAX M3
6　L Z+100 R0 FMAX
7　L X+32 Y+32 R0 FMAX
8　L Z+5 R0 FMAX
9　L Z–20 R0 F100
10　L X+24 RL F200
11　L Y–24
12　L X–24
13　L Y+24
14　L X+32
15　L Y+32 R0 FMAX
16　L Z+100 R0 FMAX M05
17　M30
18　END PGM LX5–4–4 MM

工步 9：精铣 4 个角的半开放型腔。

程序内容
0　BEGIN PGM LX5–4–9 MM
1　BLK FORM 0.1 Z X–25 Y–25 Z–70
2　BLK FORM 0.2 X+25 Y+25 Z+0
3　TOOL CALL 2 Z S2000 DR–0.01
4　CYCL DEF 247 DATUM SETTING ~ Q339 = +1 ; DATUM NUMBER
5　L X+0 Y+0 R0 FMAX M3
6　L Z+100 R0 FMAX
7　L X+32 Y+32 R0 FMAX
8　L Z+5 R0 FMAX
9　L Z–13 R0 F100
10　L X+24 RL F200
11　L Y–9
12　CR X+9 Y–24 R+15 DR+
13　L X–9
14　L Y–9
15　RND R8
16　L X–24
17　L Y+9
18　L X–9
19　RND R8
20　L Y+24
21　L X+9
22　CR X+24 Y+9 R+15 DR+
23　L X+32
24　L Y+32 R0 FMAX
25　L Z+100 R0 FMAX M05
26　M30
27　END PGM LX5–4–9 MM

5. 加工结果

加工结果如图 5 – 8 所示。

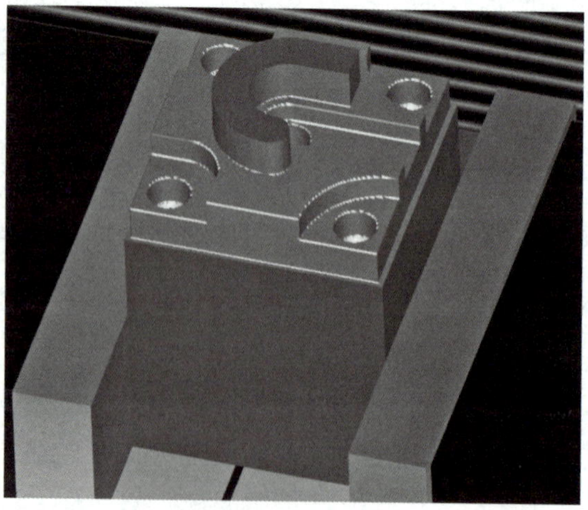

图 5 – 8　加工结果

笔记栏

5.5　3+2 轴零件手工编程实例一

1. 图纸识读

如图 5－9 所示为 3+2 轴零件手工编程实例一的零件图纸。试分析该零件的加工工艺，并编制加工程序。

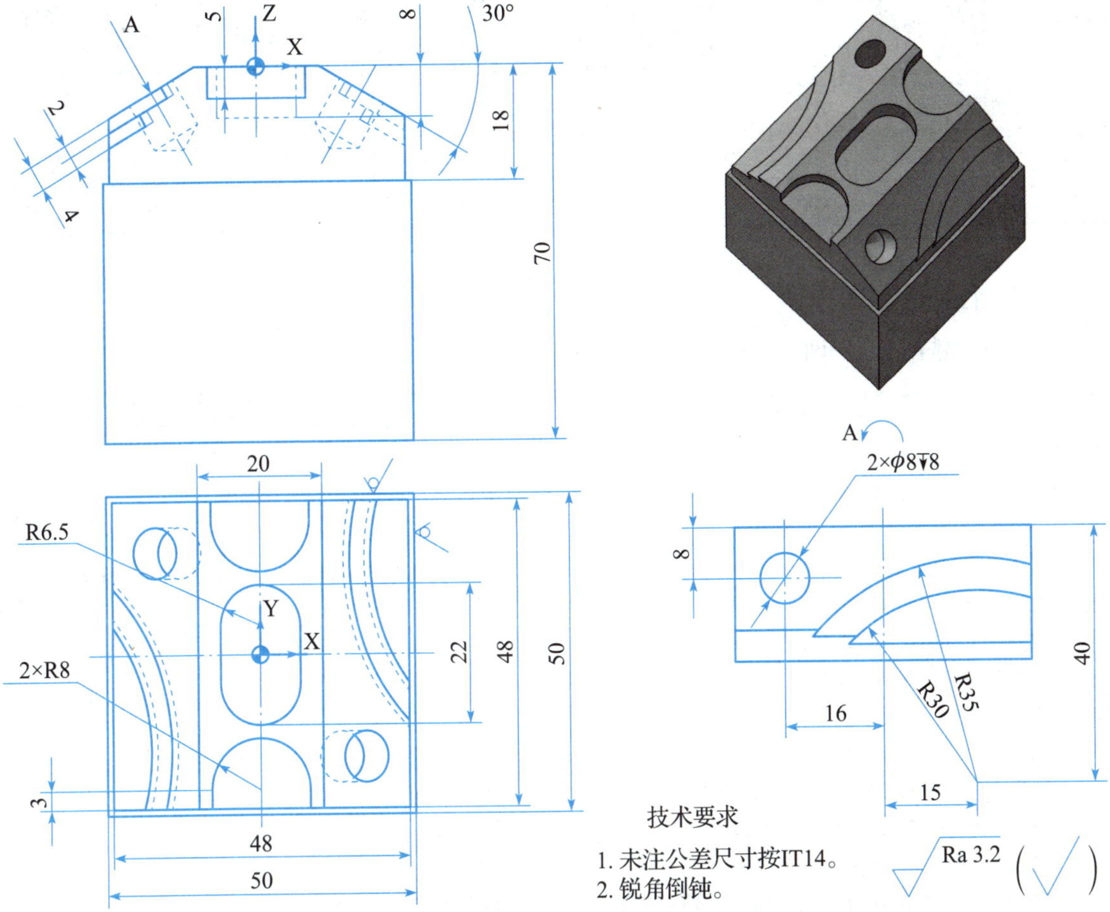

图 5－9　3+2 轴零件手工编程实例一

2. 加工任务分析

该任务涉及孔、外形轮廓、封闭型腔和半开放型腔的加工，表面粗糙度均为 *Ra*3.2。与前面的实例相比较，最大的区别是部分加工平面出现了角度倾斜，加工时需要对平面进行旋转。

该任务主要利用刀具的底刃进行加工，加工深度必须是可以手工计算的。如果计算过程复杂，建议用 CAM 软件进行自动编程。

工件展示
（图 5－9）

笔记栏

选择零件中心为编程原点，水平向右的方向为 X 的正向，垂直纸面向上的方向为 Z 的正向，工件的上表面定为 Z0。

具体工艺安排如下：

（1）用虎钳装夹零件，零件上表面的中心设为 1 号坐标系的原点。

（2）加工路线：铣削 Z0 平面→加工 48mm × 48mm 外形轮廓→加工中间键槽及两边半槽→加工 X 轴正半轴斜面及槽→加工 X 轴负半轴斜面及槽→钻两侧斜孔。

3. 刀具参数

加工采用的刀具的参数见表 5－4。

表 5－4　刀具参数

刀具号码	刀具名称	刀具材料	刀具直径（mm）	零件材料：2A11			零件材料：45			备注
				转速（r/min）	径向进给量（mm/min）	轴向进给量（mm/min）	转速（r/min）	径向进给量（mm/min）	轴向进给量（mm/min）	
T2	端铣刀	高速钢	$\phi8$	1500	200	100	700	100	50	粗铣
T2	端铣刀	高速钢	$\phi8$	2000	200	100	800	100	50	精铣
T3	钻头	高速钢	$\phi8$	1000		100	600		60	钻孔

4. 手工编程参考程序

工步 1：铣削 Z0 平面。

程序内容	程序注释（加工时不需要输入）
0　BEGIN PGM LX5–5–1 MM	
1　BLK FORM 0.1 Z X–25 Y–25 Z–70	毛坯最小点坐标
2　BLK FORM 0.2 X+25 Y+25 Z+0	毛坯最大点坐标
3　TOOL CALL 2 Z S2000	换 2 号刀（ϕ8mm 端铣刀），转速 2000r/min
4　CYCL DEF 247 DATUM SETTING ~	
Q339 = +1 ; DATUM NUMBER	用户坐标系为 1 号坐标系
5　L X+0 Y+0 R0 FMAX M3	
6　L Z+150 R0 FMAX	
7　CYCL DEF 251 RECTANGULAR POCKET ~	定义矩形型腔循环 251 的相关参数
Q215 = +0 ; MACHINING OPERATION ~	加工策略
Q218 = +53 ; FIRST SIDE LENGTH ~	第一边长
Q219 = +53 ; 2ND SIDE LENGTH ~	第二边长
Q220 = +0 ; CORNER RADIUS ~	角点半径
Q368 = +0 ; ALLOWANCE FOR SIDE ~	侧边余量
Q224 = +0 ; ANGLE OF ROTATION ~	旋转角度
Q367 = +0 ; POCKET POSITION ~	型腔定位位置
Q207 = +200 ; FEED RATE FOR MILLNG ~	铣削进给速率
Q351 = +1 ; CLIMB OR UP–CUT ~	顺铣
Q201 = –0.2 ; DEPTH ~	深度
Q202 = +5 ; PLUNGING DEPTH ~	切入深度
Q369 = +0 ; ALLOWANCE FOR FLOOR ~	底面余量

笔记栏

续表

程序内容	程序注释（加工时不需要输入）
Q206 = +150 ; FEED RATE FOR PLNGNG ~	切入进给速率
Q338 = +0 ; INFEED FOR FINISHING ~	精铣进给量
Q200 = +2 ; SET-UP CLEARANCE ~	安全高度
Q203 = +0 ; SURFACE COORDINATE ~	表面坐标
Q204 = +50 ; 2ND SET-UP CLEARANCE ~	第二安全高度
Q370 = +1.2 ; TOOL PATH OVERLAP ~	刀具路径行距系数
Q366 = +1 ; PLUNGE ~	切入方式
Q385 = +500 ; FINISHING FEED RATE	精铣进给速率
8 CYCL CALL POS X+0 Y+0 Z+0 FMAX	在坐标点（0，0，0）处调用循环
9 L Z+150 R0 FMAX	退刀
10 M30	程序结束
11 END PGM LX5-5-1 MM	

工步 2：加工 48mm × 48mm 轮廓。

程序内容	程序注释（加工时不需要输入）
0 BEGIN PGM LX5-6-2 MM	
1 BLK FORM 0.1 Z X-25 Y-25 Z-70	毛坯最小点坐标
2 BLK FORM 0.2 X+25 Y+25 Z+0	毛坯最大点坐标
3 TOOL CALL 2 Z S1500	换 2 号刀（ϕ8mm 端铣刀），转速 1500r/min
4 CYCL DEF 247 DATUM SETTING ~	
Q339 = +1 ; DATUM NUMBER	用户坐标系为 1 号坐标系
5 L X+0 Y+0 R0 FMAX M3	
6 L Z+150 R0 FMAX	
7 CYCL DEF 256 RECTANGULAR STUD ~	定义矩形凸台循环 256 的相关参数
Q218 = +48 ; FIRST SIDE LENGTH ~	第一侧边长度
Q424 = +50 ; WORKPC. BLANK SIDE 1 ~	工件毛坯侧面 1
Q219 = +48 ; 2ND SIDE LENGTH ~	第二侧边长度
Q425 = +50 ; WORKPC. BLANK SIDE 2 ~	工件毛坯侧面 2
Q220 = +0.1 ; CORNER RADIUS ~	角点半径
Q368 = +0 ; ALLOWANCE FOR SIDE ~	侧面精铣余量
Q224 = +0 ; ANGLE OF ROTATION ~	旋转角
Q367 = +0 ; STUD POSITION ~	凸台位置
Q207 = +150 ; FEED RATE FOR MILLNG ~	铣削进给速率
Q351 = +1 ; CLIMB OR UP-CUT ~	顺铣
Q201 = -18 ; DEPTH ~	深度
Q202 = +4 ; PLUNGING DEPTH ~	切入深度
Q206 = +150 ; FEED RATE FOR PLNGNG ~	切入进给速率
Q200 = +2 ; SET-UP CLEARANCE ~	安全高度
Q203 = +0 ; SURFACE COORDINATE ~	表面坐标
Q204 = +50 ; 2ND SET-UP CLEARANCE ~	第二安全高度
Q370 = +1 ; TOOL PATH OVERLAP ~	刀具路径的行距系数
Q437 = +2 ; APPROACH POSITION ~	接近位置（老版本 iTNC530 数控系统没有 Q437 参数）
8 CYCL CALL POS X+0 Y+0 Z+0 FMAX	在坐标点（0，0，0）处调用循环
9 L Z+150 R0 FMAX	退刀
10 M30	程序结束
11 END PGM LX5-5-2 MM	

笔记栏

工步 3：加工键槽及两边半槽。

程序内容
0 BEGIN PGM LX5-5-3 MM
1 BLK FORM 0.1 Z X-25 Y-25 Z-70
2 BLK FORM 0.2 X+25 Y+25 Z+0
3 TOOL CALL 2 Z S1500
4 CYCL DEF 247 DATUM SETTING ~
Q339 = +1 ; DATUM NUMBER
5 L X+0 Y+0 R0 FMAX M3
6 L Z+150 R0 FMAX
7 CYCL DEF 253 SLOT MILLING ~
Q215 = +0 ; MACHINING OPERATION ~
Q218 = +22 ; SLOT LENGTH ~
Q219 = +13 ; SLOT WIDTH ~
Q368 = +0 ; ALLOWANCE FOR SIDE ~
Q374 = +90 ; ANGLE OF ROTATION ~
Q367 = +0 ; SLOT POSITION ~
Q207 = +150 ; FEED RATE FOR MILLNG ~
Q351 = +1 ; CLIMB OR UP-CUT ~
Q201 = -8 ; DEPTH ~
Q202 = +4 ; PLUNGING DEPTH ~
Q369 = +0 ; ALLOWANCE FOR FLOOR ~
Q206 = +150 ; FEED RATE FOR PLNGNG ~
Q338 = +0 ; INFEED FOR FINISHING ~
Q200 = +2 ; SET-UP CLEARANCE ~
Q203 = +0 ; SURFACE COORDINATE ~
Q204 = +50 ; 2ND SET-UP CLEARANCE ~
Q366 = +1 ; PLUNGE ~

程序内容
Q385 = +500 ; FINISHING FEED RATE
8 CYCL CALL POS X+0 Y+0 Z+0 FMAX
9 CYCL DEF 253 SLOT MILLING ~
Q215 = +0 ; MACHINING OPERATION ~
Q218 = +22 ; SLOT LENGTH ~
Q219 = +16 ; SLOT WIDTH ~
Q368 = +0 ; ALLOWANCE FOR SIDE ~
Q374 = +90 ; ANGLE OF ROTATION ~
Q367 = +0 ; SLOT POSITION ~
Q207 = +150 ; FEED RATE FOR MILLNG ~
Q351 = +1 ; CLIMB OR UP-CUT ~
Q201 = -5 ; DEPTH ~
Q202 = +2 ; PLUNGING DEPTH ~
Q369 = +0 ; ALLOWANCE FOR FLOOR ~
Q206 = +150 ; FEED RATE FOR PLNGNG ~
Q338 = +0 ; INFEED FOR FINISHING ~
Q200 = +2 ; SET-UP CLEARANCE ~
Q203 = +0 ; SURFACE COORDINATE ~
Q204 = +50 ; 2ND SET-UP CLEARANCE ~
Q366 = +1 ; PLUNGE ~
Q385 = +500 ; FINISHING FEED RATE
10 CYCL CALL POS X+0 Y+24 Z+0 FMAX
11 CYCL CALL POS X+0 Y-24 Z+0 FMAX
12 L Z+150 R0 FMAX
13 M30
14 END PGM LX5-5-3 MM

工步 4：加工 *X* 轴负半轴斜面及槽。

程序内容	程序注释（加工时不需要输入）
0 BEGIN PGM LX5-5-4 MM	
1 BLK FORM 0.1 Z X-25 Y-25 Z-70	毛坯最小点坐标
2 BLK FORM 0.2 X+25 Y+25 Z+0	毛坯最大点坐标
3 TOOL CALL 2 Z S1500	换 2 号刀（ϕ8mm 端铣刀），转速 1500r/min
4 CYCL DEF 247 DATUM SETTING ~	
Q339 = +1 ; DATUM NUMBER	用户坐标系为 1 号坐标系
5 L X+0 Y+0 R0 FMAX M3	
6 L Z+150 R0 FMAX	
7 CYCL DEF 7.0 DATUM SHIFT	复位平移及 3+2 定位加工状态
8 CYCL DEF 7.1 X+0	
9 CYCL DEF 7.2 Y+0	
10 CYCL DEF 7.3 Z+0	
11 PLANE RESET TURN F2000	
12 CYCL DEF 7.0 DATUM SHIFT	坐标系平移
13 CYCL DEF 7.1 IX-10	
14 CYCL DEF 7.2 IY+0	
15 CYCL DEF 7.3 IZ+0	
16 PLANE SPATIAL SPA+0 SPB-30 SPC+0 TURN F2000 SEQ+ TABLE ROT	坐标系旋转
17 CYCL DEF 251 RECTANGULAR POCKET ~	斜面加工

笔记栏

续表

程序内容	程序注释（加工时不需要输入）
Q215 = +0 ; MACHINING OPERATION ~ Q218 = +20 ; FIRST SIDE LENGTH ~ Q219 = +50 ; 2ND SIDE LENGTH ~ Q220 = +0 ; CORNER RADIUS ~ Q368 = +0 ; ALLOWANCE FOR SIDE ~ Q224 = +0 ; ANGLE OF ROTATION ~ Q367 = +0 ; POCKET POSITION ~ Q207 = +150 ; FEED RATE FOR MILLNG ~ Q351 = +1 ; CLIMB OR UP–CUT ~ Q201 = –5 ; DEPTH ~ Q202 = +5 ; PLUNGING DEPTH ~ Q369 = +0 ; ALLOWANCE FOR FLOOR ~ Q206 = +150 ; FEED RATE FOR PLNGNG ~ Q338 = +0 ; INFEED FOR FINISHING ~ Q200 = +2 ; SET–UP CLEARANCE ~ Q203 = +5 ; SURFACE COORDINATE ~ Q204 = +50 ; 2ND SET–UP CLEARANCE ~ Q370 = +1.2 ; TOOL PATH OVERLAP ~ Q366 = +1 ; PLUNGE ~ Q385 = +500 ; FINISHING FEED RATE	
18 CYCL CALL POS X–8 Y+0 Z+0 FMAX	*R*35 弧形槽加工
19 CYCL DEF 254 CIRCULAR SLOT ~ Q215 = +0 ; MACHINING OPERATION ~ Q219 = +14 ; SLOT WIDTH ~ Q368 = +0 ; ALLOWANCE FOR SIDE ~ Q375 = +56 ; PITCH CIRCLE DIAMETR ~ Q367 = +0 ; REF. SLOT POSITION ~ Q216 = –40 ; CENTER IN 1ST AXIS ~ Q217 = –15 ; CENTER IN 2ND AXIS ~ Q376 = –90 ; STARTING ANGLE ~ Q248 = +180 ; ANGULAR LENGTH ~ Q378 = +0 ; STEPPING ANGLE ~ Q377 = +1 ; NR OF REPETITIONS ~ Q207 = +150 ; FEED RATE FOR MILLNG ~ Q351 = +1 ; CLIMB OR UP–CUT ~ Q201 = –2 ; DEPTH ~ Q202 = +5 ; PLUNGING DEPTH ~ Q369 = +0 ; ALLOWANCE FOR FLOOR ~ Q206 = +150 ; FEED RATE FOR PLNGNG ~ Q338 = +0 ; INFEED FOR FINISHING ~ Q200 = +2 ; SET–UP CLEARANCE ~ Q203 = +0 ; SURFACE COORDINATE ~ Q204 = +50 ; 2ND SET–UP CLEARANCE ~ Q366 = +1 ; PLUNGE ~ Q385 = +500 ; FINISHING FEED RATE	
20 CYCL CALL POS X+0 Y+0 Z+0 FMAX	*R*30 弧形槽加工
21 CYCL DEF 254 CIRCULAR SLOT ~ Q215 = +0 ; MACHINING OPERATION ~ Q219 = +14 ; SLOT WIDTH ~ Q368 = +0 ; ALLOWANCE FOR SIDE ~ Q375 = +46 ; PITCH CIRCLE DIAMETR ~ Q367 = +0 ; REF. SLOT POSITION ~	

笔记栏

续表

程序内容	程序注释（加工时不需要输入）
Q216 = –40 ; CENTER IN 1ST AXIS ~ Q217 = –15 ; CENTER IN 2ND AXIS ~ Q376 = –90 ; STARTING ANGLE ~ Q248 = +180 ; ANGULAR LENGTH ~ Q378 = +0 ; STEPPING ANGLE ~ Q377 = +1 ; NR OF REPETITIONS ~ Q207 = +150 ; FEED RATE FOR MILLNG ~ Q351 = +1 ; CLIMB OR UP–CUT ~ Q201 = –4 ; DEPTH ~ Q202 = +5 ; PLUNGING DEPTH ~ Q369 = +0 ; ALLOWANCE FOR FLOOR ~ Q206 = +150 ; FEED RATE FOR PLNGNG ~ Q338 = +0 ; INFEED FOR FINISHING ~ Q200 = +2 ; SET–UP CLEARANCE ~ Q203 = +0 ; SURFACE COORDINATE ~ Q204 = +50 ; 2ND SET–UP CLEARANCE ~ Q366 = +1 ; PLUNGE ~ Q385 = +500 ; FINISHING FEED RATE	
22 CYCL CALL POS X+0 Y+0 Z+0 FMAX	
23 L Z+150 R0 FMAX	
24 CYCL DEF 7.0 DATUM SHIFT	复位平移及 3+2 定位加工状态
25 CYCL DEF 7.1 X+0	
26 CYCL DEF 7.2 Y+0	
27 CYCL DEF 7.3 Z+0	
28 PLANE RESET TURN F2000	
29 M30	
30 END PGM LX5–5–4 MM	

工步 5：加工 X 轴正半轴斜面及槽。

程序内容	程序注释（加工时不需要输入）
0 BEGIN PGM LX5–5–5 MM	
1 BLK FORM 0.1 Z X–25 Y–25 Z–70	毛坯最小点坐标
2 BLK FORM 0.2 X+25 Y+25 Z+0	毛坯最大点坐标
3 TOOL CALL 2 Z S1500	换 2 号刀（ϕ8mm 端铣刀），转速 1500r/min
4 CYCL DEF 247 DATUM SETTING ~ Q339 = +1 ; DATUM NUMBER	用户坐标系为 1 号坐标系
5 L X+0 Y+0 R0 FMAX M3	
6 L Z+150 R0 FMAX	
7 CYCL DEF 7.0 DATUM SHIFT	复位平移及 3+2 定位加工状态
8 CYCL DEF 7.1 X+0	
9 CYCL DEF 7.2 Y+0	
10 CYCL DEF 7.3 Z+0	
11 PLANE RESET TURN F2000	
12 CYCL DEF 7.0 DATUM SHIFT	坐标系平移
13 CYCL DEF 7.1 IX+10	
14 CYCL DEF 7.2 IY+0	
15 CYCL DEF 7.3 IZ+0	
16 PLANE SPATIAL SPA+0 SPB+30 SPC+0 TURN F2000 SEQ+ TABLE ROT	坐标系旋转
17 CYCL DEF 251 RECTANGULAR POCKET ~ Q215 = +0 ; MACHINING OPERATION ~	斜面加工

笔记栏

续表

程序内容	程序注释（加工时不需要输入）
Q218 = +20 ; FIRST SIDE LENGTH ~	
Q219 = +50 ; 2ND SIDE LENGTH ~	
Q220 = +0 ; CORNER RADIUS ~	
Q368 = +0 ; ALLOWANCE FOR SIDE ~	
Q224 = +0 ; ANGLE OF ROTATION ~	
Q367 = +0 ; POCKET POSITION ~	
Q207 = +150 ; FEED RATE FOR MILLNG ~	
Q351 = +1 ; CLIMB OR UP–CUT ~	
Q201 = –5 ; DEPTH ~	
Q202 = +5 ; PLUNGING DEPTH ~	
Q369 = +0 ; ALLOWANCE FOR FLOOR ~	
Q206 = +150 ; FEED RATE FOR PLNGNG ~	
Q338 = +0 ; INFEED FOR FINISHING ~	
Q200 = +2 ; SET–UP CLEARANCE ~	
Q203 = +5 ; SURFACE COORDINATE ~	
Q204 = +50 ; 2ND SET–UP CLEARANCE ~	
Q370 = +1.2 ; TOOL PATH OVERLAP ~	
Q366 = +1 ; PLUNGE ~	
Q385 = +500 ; FINISHING FEED RATE	
18 CYCL CALL POS X+8 Y+0 Z+0 FMAX	
19 CYCL DEF 254 CIRCULAR SLOT ~	*R*35 弧形槽加工
Q215 = +0 ; MACHINING OPERATION ~	
Q219 = +14 ; SLOT WIDTH ~	
Q368 = +0 ; ALLOWANCE FOR SIDE ~	
Q375 = +56 ; PITCH CIRCLE DIAMETR ~	
Q367 = +0 ; REF. SLOT POSITION ~	
Q216 = +40 ; CENTER IN 1ST AXIS ~	
Q217 = +15 ; CENTER IN 2ND AXIS ~	
Q376 = +90 ; STARTING ANGLE ~	
Q248 = +180 ; ANGULAR LENGTH ~	
Q378 = +0 ; STEPPING ANGLE ~	
Q377 = +1 ; NR OF REPETITIONS ~	
Q207 = +150 ; FEED RATE FOR MILLNG ~	
Q351 = +1 ; CLIMB OR UP–CUT ~	
Q201 = –2 ; DEPTH ~	
Q202 = +5 ; PLUNGING DEPTH ~	
Q369 = +0 ; ALLOWANCE FOR FLOOR ~	
Q206 = +150 ; FEED RATE FOR PLNGNG ~	
Q338 = +0 ; INFEED FOR FINISHING ~	
Q200 = +2 ; SET–UP CLEARANCE ~	
Q203 = +0 ; SURFACE COORDINATE ~	
Q204 = +50 ; 2ND SET–UP CLEARANCE ~	
Q366 = +1 ; PLUNGE ~	
Q385 = +500 ; FINISHING FEED RATE	
20 CYCL CALL POS X+0 Y+0 Z+0 FMAX	
21 CYCL DEF 254 CIRCULAR SLOT ~	*R*30 弧形槽加工
Q215 = +0 ; MACHINING OPERATION ~	
Q219 = +14 ; SLOT WIDTH ~	
Q368 = +0 ; ALLOWANCE FOR SIDE ~	
Q375 = +46 ; PITCH CIRCLE DIAMETR ~	
Q367 = +0 ; REF. SLOT POSITION ~	
Q216 = +40 ; CENTER IN 1ST AXIS ~	

笔记栏

续表

程序内容	程序注释（加工时不需要输入）
Q217 = +15 ; CENTER IN 2ND AXIS ~	
Q376 = +90 ; STARTING ANGLE ~	
Q248 = +180 ; ANGULAR LENGTH ~	
Q378 = +0 ; STEPPING ANGLE ~	
Q377 = +1 ; NR OF REPETITIONS ~	
Q207 = +150 ; FEED RATE FOR MILLNG ~	
Q351 = +1 ; CLIMB OR UP–CUT ~	
Q201 = –4 ; DEPTH ~	
Q202 = +5 ; PLUNGING DEPTH ~	
Q369 = +0 ; ALLOWANCE FOR FLOOR ~	
Q206 = +150 ; FEED RATE FOR PLNGNG ~	
Q338 = +0 ; INFEED FOR FINISHING ~	
Q200 = +2 ; SET–UP CLEARANCE ~	
Q203 = +0 ; SURFACE COORDINATE ~	
Q204 = +50 ; 2ND SET–UP CLEARANCE ~	
Q366 = +1 ; PLUNGE ~	
Q385 = +500 ; FINISHING FEED RATE	
22 CYCL CALL POS X+0 Y+0 Z+0 FMAX	
23 L Z+150 R0 FMAX	
24 CYCL DEF 7.0 DATUM SHIFT	复位平移及 3+2 定位加工状态
25 CYCL DEF 7.1 X+0	
26 CYCL DEF 7.2 Y+0	
27 CYCL DEF 7.3 Z+0	
28 PLANE RESET TURN F2000	
29 M30	
30 END PGM LX5–5–5 MM	

工步 6：钻两侧斜孔。

程序内容	程序注释（加工时不需要输入）
0 BEGIN PGM LX5–5–6 MM	
1 BLK FORM 0.1 Z X–25 Y–25 Z–30	毛坯最小点坐标
2 BLK FORM 0.2 X+25 Y+25 Z+0	毛坯最大点坐标
3 TOOL CALL 3 Z S1000	换 3 号刀（ϕ8mm 钻头），转速 1000r/min
4 CYCL DEF 247 DATUM SETTING ~	
Q339 = +1 ; DATUM NUMBER	用户坐标系为 1 号坐标系
5 L X+0 Y+0 R0 FMAX M3	
6 L Z+150 R0 FMAX	
7 CYCL DEF 7.0 DATUM SHIFT	复位平移及 3+2 定位加工状态
8 CYCL DEF 7.1 X+0	
9 CYCL DEF 7.2 Y+0	
10 CYCL DEF 7.3 Z+0	
11 PLANE RESET TURN F2000	
12 CYCL DEF 7.0 DATUM SHIFT	坐标系平移
13 CYCL DEF 7.1 IX–10	
14 CYCL DEF 7.2 IY+0	
15 CYCL DEF 7.3 IZ+0	
16 PLANE SPATIAL SPA+0 SPB–30 SPC+0 TURN F2000 SEQ+ TABLE ROT	坐标系旋转
17 CYCL DEF 200 DRILLING ~	设置钻孔参数
Q200 = +2 ; SET–UP CLEARANCE ~	
Q201 = –8 ; DEPTH ~	

笔记栏

续表

程序内容	程序注释（加工时不需要输入）
Q206 = +80 ; FEED RATE FOR PLNGNG ~	
Q202 = +3 ; PLUNGING DEPTH ~	
Q210 = +0 ; DWELL TIME AT TOP ~	
Q203 = +0 ; SURFACE COORDINATE ~	
Q204 = +50 ; 2ND SET–UP CLEARANCE ~	
Q211 = +0 ; DWELL TIME AT DEPTH	
18 CYCL CALL POS X–8 Y+16 Z+0 FMAX	钻第 1 个斜孔
19 L Z+150 R0 FMAX	
20 CYCL DEF 7.0 DATUM SHIFT	复位平移及 3+2 定位加工状态
21 CYCL DEF 7.1 X+0	
22 CYCL DEF 7.2 Y+0	
23 CYCL DEF 7.3 Z+0	
24 PLANE RESET TURN F2000	
25 CYCL DEF 7.0 DATUM SHIFT	坐标系平移
26 CYCL DEF 7.1 IX+10	
27 CYCL DEF 7.2 IY+0	
28 CYCL DEF 7.3 IZ+0	
29 PLANE SPATIAL SPA+0 SPB+30 SPC+0 TURN F2000 SEQ+ TABLE ROT	坐标系旋转
30 CYCL DEF 200 DRILLING ~	设置钻孔参数
Q200 = +2 ; SET–UP CLEARANCE ~	
Q201 = –8 ; DEPTH ~	
Q206 = +80 ; FEED RATE FOR PLNGNG ~	
Q202 = +3 ; PLUNGING DEPTH ~	
Q210 = +0 ; DWELL TIME AT TOP ~	
Q203 = +0 ; SURFACE COORDINATE ~	
Q204 = +50 ; 2ND SET–UP CLEARANCE ~	
Q211 = +0 ; DWELL TIME AT DEPTH	
31 CYCL CALL POS X+8 Y–16 Z+0 FMAX	钻第 2 个斜孔
32 L Z+150 R0 FMAX	
33 CYCL DEF 7.0 DATUM SHIFT	复位平移及 3+2 定位加工状态
34 CYCL DEF 7.1 X+0	
35 CYCL DEF 7.2 Y+0	
36 CYCL DEF 7.3 Z+0	
37 PLANE RESET TURN F2000	
38 M30	
39 END PGM LX5–5–6 MM	

5. 加工结果

加工结果如图 5 - 10 所示。

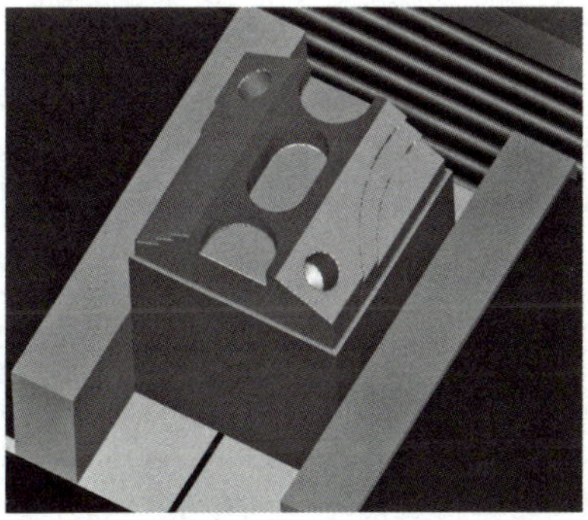

图 5 - 10　加工结果

微课：仿真加工（图 5 - 10 零件）

笔记栏

5.6 3+2 轴零件手工编程实例二

1. 图纸识读

如图 5-11 所示为 3+2 轴零件手工编程实例二的零件图纸。试分析该零件的加工工艺，并编制加工程序。

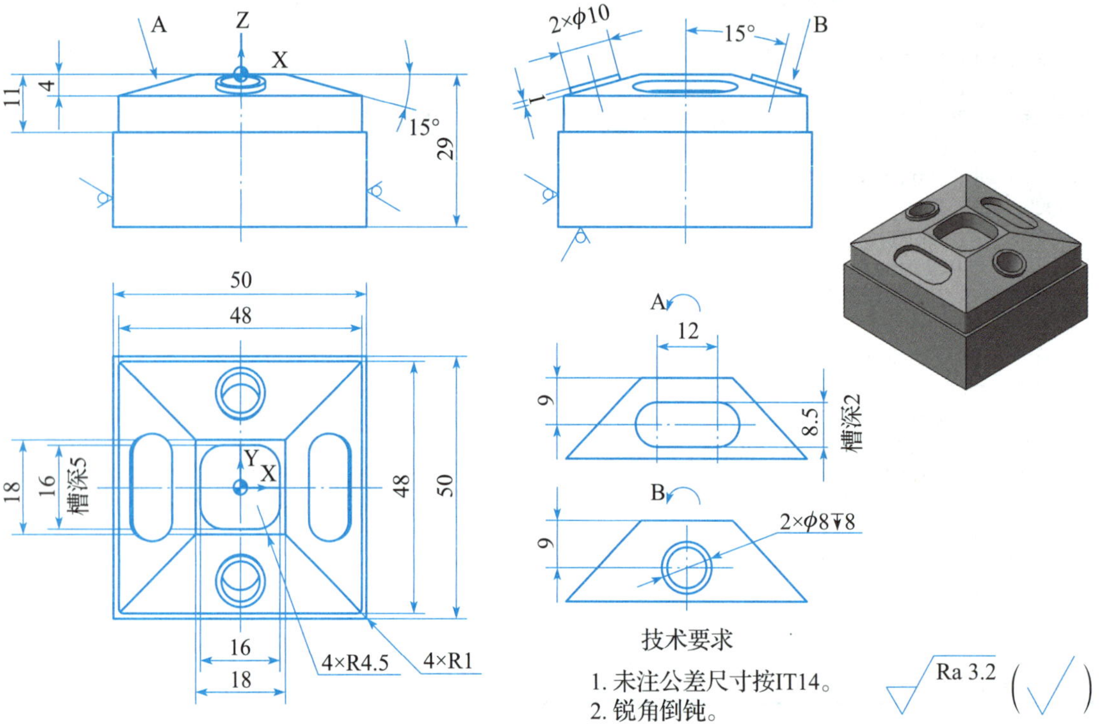

图 5-11　3+2 轴零件手工编程实例二

工件展示
（图 5-11）

2. 加工任务分析

选择零件中心为编程原点，水平向右的方向为 *X* 的正向，垂直纸面向上的方向为 *Z* 的正向，工件的上表面定为 Z0。

具体工艺安排如下：

（1）用虎钳装夹零件，零件上表面的中心设为 1 号坐标系的原点。

（2）加工路线：铣削 Z0 平面→加工 48mm×48mm 轮廓→加工 16mm×16mm 槽→加工 *X* 轴负方向斜面和凹槽→加工 *X* 轴正方向斜面和凹槽→加工 *Y* 轴正方向凸台和斜面→加工 *Y* 轴负方向凸台和斜面→加工 2 个斜孔。

3. 刀具参数

加工采用的刀具的参数见表 5-4。

笔记栏

4. 手工编程参考程序

工步 1：铣削 Z0 平面。

程序内容	程序注释（加工时不需要输入）
0　BEGIN PGM LX5–6–1 MM	
1　BLK FORM 0.1 Z X–25 Y–25 Z–70	毛坯最小点坐标
2　BLK FORM 0.2 X+25 Y+25 Z+0	毛坯最大点坐标
3　TOOL CALL 2 Z S2000	换 2 号刀（ϕ8mm 端铣刀），转速 2000r/min
4　CYCL DEF 247 DATUM SETTING ~	
Q339 = +1 ; DATUM NUMBER	用户坐标系为 1 号坐标系
5　L X+0 Y+0 R0 FMAX M3	
6　L Z+150 R0 FMAX	
7　CYCL DEF 251 RECTANGULAR POCKET ~	定义矩形型腔循环 251 的相关参数
Q215 = +0 ; MACHINING OPERATION ~	加工策略
Q218 = +53 ; FIRST SIDE LENGTH ~	第一边长
Q219 = +53 ; 2ND SIDE LENGTH ~	第二边长
Q220 = +0 ; CORNER RADIUS ~	角点半径
Q368 = +0 ; ALLOWANCE FOR SIDE ~	侧边余量
Q224 = +0 ; ANGLE OF ROTATION ~	旋转角度
Q367 = +0 ; POCKET POSITION ~	型腔定位位置
Q207 = +200 ; FEED RATE FOR MILLNG ~	铣削进给速率
Q351 = +1 ; CLIMB OR UP–CUT ~	顺铣
Q201 = –0.1 ; DEPTH ~	深度
Q202 = +5 ; PLUNGING DEPTH ~	切入深度
Q369 = +0 ; ALLOWANCE FOR FLOOR ~	底面余量
Q206 = +150 ; FEED RATE FOR PLNGNG ~	切入进给速率
Q338 = +0 ; INFEED FOR FINISHING ~	精铣进给量
Q200 = +2 ; SET–UP CLEARANCE ~	安全高度
Q203 = +0 ; SURFACE COORDINATE ~	表面坐标
Q204 = +50 ; 2ND SET–UP CLEARANCE ~	第二安全高度
Q370 = +1.2 ; TOOL PATH OVERLAP ~	刀具路径行距系数
Q366 = +1 ; PLUNGE ~	切入方式
Q385 = +500 ; FINISHING FEED RATE	精铣进给速率
8　CYCL CALL POS X+0 Y+0 Z+0 FMAX	在坐标点（0，0，0）处调用循环
9　L Z+150 R0 FMAX	退刀
10　M30	程序结束
11　END PGM LX5–6–1 MM	

工步 2：加工 48mm × 48mm 轮廓。

程序内容	程序注释（加工时不需要输入）
0　BEGIN PGM LX5–6–2 MM	
1　BLK FORM 0.1 Z X–25 Y–25 Z–70	毛坯最小点坐标
2　BLK FORM 0.2 X+25 Y+25 Z+0	毛坯最大点坐标
3　TOOL CALL 2 Z S1500	换 2 号刀（ϕ8mm 端铣刀），转速 1500r/min
4　CYCL DEF 247 DATUM SETTING ~	
Q339 = +1 ; DATUM NUMBER	用户坐标系为 1 号坐标系
5　L X+0 Y+0 R0 FMAX M3	
6　L Z+150 R0 FMAX	
7　CYCL DEF 256 RECTANGULAR STUD ~	定义矩形凸台循环 256 的相关参数
Q218 = +48 ; FIRST SIDE LENGTH ~	第一侧边长度
Q424 = +50 ; WORKPC. BLANK SIDE 1 ~	工件毛坯侧面 1

笔记栏

续表

程序内容	程序注释（加工时不需要输入）
Q219 = +48 ; 2ND SIDE LENGTH ~	第二侧边长度
Q425 = +50 ; WORKPC. BLANK SIDE 2 ~	工件毛坯侧面 2
Q220 = +1 ; CORNER RADIUS ~	角点半径
Q368 = +0 ; ALLOWANCE FOR SIDE ~	侧面精铣余量
Q224 = +0 ; ANGLE OF ROTATION ~	旋转角
Q367 = +0 ; STUD POSITION ~	凸台位置
Q207 = +150 ; FEED RATE FOR MILLNG ~	铣削进给速率
Q351 = +1 ; CLIMB OR UP-CUT ~	顺铣
Q201 = –18 ; DEPTH ~	深度
Q202 = +4 ; PLUNGING DEPTH ~	切入深度
Q206 = +150 ; FEED RATE FOR PLNGNG ~	切入进给速率
Q200 = +2 ; SET-UP CLEARANCE ~	安全高度
Q203 = +0 ; SURFACE COORDINATE ~	表面坐标
Q204 = +50 ; 2ND SET-UP CLEARANCE ~	第二安全高度
Q370 = +1 ; TOOL PATH OVERLAP ~	刀具路径的行距系数
Q437 = +2 ; APPROACH POSITION ~	接近位置（老版本 iTNC530 数控系统没有 Q437 参数）
8 CYCL CALL POS X+0 Y+0 Z+0 FMAX	在坐标点（0，0，0）处调用循环
9 L Z+150 R0 FMAX	退刀
10 M30	程序结束
11 END PGM LX5-6-2 MM	

工步 3：加工 16mm × 16mm 槽。

程序内容	程序注释（加工时不需要输入）
0 BEGIN PGM LX5-6-3 MM	
1 BLK FORM 0.1 Z X-25 Y-25 Z-70	毛坯最小点坐标
2 BLK FORM 0.2 X+25 Y+25 Z+0	毛坯最大点坐标
3 TOOL CALL 2 Z S1500	换 2 号刀（ϕ8mm 端铣刀），转速 1500r/min
4 CYCL DEF 247 DATUM SETTING ~	
Q339 = +1 ; DATUM NUMBER	用户坐标系为 1 号坐标系
5 L X+0 Y+0 R0 FMAX M3	
6 L Z+150 R0 FMAX	
7 CYCL DEF 251 RECTANGULAR POCKET ~	定义矩形型腔循环 251 的相关参数
Q215 = +0 ; MACHINING OPERATION ~	加工策略
Q218 = +16 ; FIRST SIDE LENGTH ~	第一边长
Q219 = +16 ; 2ND SIDE LENGTH ~	第二边长
Q220 = +4.5 ; CORNER RADIUS ~	角点半径
Q368 = +0 ; ALLOWANCE FOR SIDE ~	侧边余量
Q224 = +0 ; ANGLE OF ROTATION ~	旋转角度
Q367 = +0 ; POCKET POSITION ~	型腔定位位置
Q207 = +200 ; FEED RATE FOR MILLNG ~	铣削进给速率
Q351 = +1 ; CLIMB OR UP-CUT ~	顺铣
Q201 = –5 ; DEPTH ~	深度
Q202 = +2 ; PLUNGING DEPTH ~	切入深度
Q369 = +0 ; ALLOWANCE FOR FLOOR ~	底面余量
Q206 = +150 ; FEED RATE FOR PLNGNG ~	切入进给速率
Q338 = +0 ; INFEED FOR FINISHING ~	精铣进给量
Q200 = +2 ; SET-UP CLEARANCE ~	安全高度
Q203 = +0 ; SURFACE COORDINATE ~	表面坐标
Q204 = +50 ; 2ND SET-UP CLEARANCE ~	第二安全高度
Q370 = +1.2 ; TOOL PATH OVERLAP ~	刀具路径行距系数
Q366 = +1 ; PLUNGE ~	切入方式

笔记栏

续表

程序内容	程序注释（加工时不需要输入）
Q385 = +500 ; FINISHING FEED RATE	精铣进给速率
8 CYCL CALL POS X+0 Y+0 Z+0 FMAX	在坐标点（0，0，0）处调用循环
9 L Z+150 R0 FMAX	退刀
10 M30	程序结束
11 END PGM LX5–6–3 MM	

工步 4：加工 X 轴负方向斜面和凹槽。

程序内容	程序注释（加工时不需要输入）
0 BEGIN PGM LX5–6–4 MM	
1 BLK FORM 0.1 Z X–25 Y–25 Z–70	毛坯最小点坐标
2 BLK FORM 0.2 X+25 Y+25 Z+0	毛坯最大点坐标
3 TOOL CALL 2 Z S1500	换 2 号刀（ϕ8mm 端铣刀），转速 1500r/min
4 CYCL DEF 247 DATUM SETTING ~	
Q339 = +1 ; DATUM NUMBER	用户坐标系为 1 号坐标系
5 L X+0 Y+0 R0 FMAX M3	
6 L Z+100 R0 FMAX	
7 CYCL DEF 7.0 DATUM SHIFT	复位平移及 3+2 定位加工状态
8 CYCL DEF 7.1 X+0	
9 CYCL DEF 7.2 Y+0	
10 CYCL DEF 7.3 Z+0	
11 PLANE RESET TURN F2000	
12 CYCL DEF 7.0 DATUM SHIFT	
13 CYCL DEF 7.1 IX–9	坐标系平移
14 CYCL DEF 7.2 IY+0	
15 CYCL DEF 7.3 IZ+0	
16 PLANE SPATIAL SPA+0 SPB–15 SPC+0 TURN F2000 SEQ+ TABLE ROT	坐标系旋转
17 CYCL DEF 251 RECTANGULAR POCKET ~	斜面加工
Q215 = +0 ; MACHINING OPERATION ~	
Q218 = +20 ; FIRST SIDE LENGTH ~	
Q219 = +50 ; 2ND SIDE LENGTH ~	
Q220 = +0 ; CORNER RADIUS ~	
Q368 = +0 ; ALLOWANCE FOR SIDE ~	
Q224 = +0 ; ANGLE OF ROTATION ~	
Q367 = +0 ; POCKET POSITION ~	
Q207 = +150 ; FEED RATE FOR MILLNG ~	
Q351 = +1 ; CLIMB OR UP–CUT ~	
Q201 = –5 ; DEPTH ~	
Q202 = +5 ; PLUNGING DEPTH ~	
Q369 = +0 ; ALLOWANCE FOR FLOOR ~	
Q206 = +150 ; FEED RATE FOR PLNGNG ~	
Q338 = +0 ; INFEED FOR FINISHING ~	
Q200 = +2 ; SET–UP CLEARANCE ~	
Q203 = +5 ; SURFACE COORDINATE ~	
Q204 = +50 ; 2ND SET–UP CLEARANCE ~	
Q370 = +1.2 ; TOOL PATH OVERLAP ~	
Q366 = +1 ; PLUNGE ~	
Q385 = +500 ; FINISHING FEED RATE	
18 CYCL CALL POS X–9 Y+0 Z+0 FMAX	
19 CYCL DEF 253 SLOT MILLING ~	加工斜面上的键槽
Q215 = +0 ; MACHINING OPERATION ~	

笔记栏

续表

程序内容	程序注释（加工时不需要输入）
Q218 = +22.5 ; SLOT LENGTH ~	
Q219 = +8.5 ; SLOT WIDTH ~	
Q368 = +0 ; ALLOWANCE FOR SIDE ~	
Q374 = +90 ; ANGLE OF ROTATION ~	
Q367 = +0 ; SLOT POSITION ~	
Q207 = +200 ; FEED RATE FOR MILLNG ~	
Q351 = +1 ; CLIMB OR UP–CUT ~	
Q201 = –2 ; DEPTH ~	
Q202 = +5 ; PLUNGING DEPTH ~	
Q369 = +0 ; ALLOWANCE FOR FLOOR ~	
Q206 = +150 ; FEED RATE FOR PLNGNG ~	
Q338 = +0 ; INFEED FOR FINISHING ~	
Q200 = +2 ; SET–UP CLEARANCE ~	
Q203 = +0 ; SURFACE COORDINATE ~	
Q204 = +50 ; 2ND SET–UP CLEARANCE ~	
Q366 = +1 ; PLUNGE ~	
Q385 = +500 ; FINISHING FEED RATE	
20 CYCL CALL POS X–9 Y+0 Z+0 FMAX	
21 L Z+100 R0 FMAX	
22 CYCL DEF 7.0 DATUM SHIFT	复位平移及 3+2 定位加工状态
23 CYCL DEF 7.1 X+0	
24 CYCL DEF 7.2 Y+0	
25 CYCL DEF 7.3 Z+0	
26 PLANE RESET TURN F2000	
27 M30	
28 END PGM LX5–6–4 MM	

工步 5：加工 *X* 轴正方向斜面和凹槽。

程序内容	程序注释（加工时不需要输入）
0 BEGIN PGM LX5–6–5 MM	
1 BLK FORM 0.1 Z X–25 Y–25 Z–70	毛坯最小点坐标
2 BLK FORM 0.2 X+25 Y+25 Z+0	毛坯最大点坐标
3 TOOL CALL 2 Z S1500	换 2 号刀（ϕ8mm 端铣刀），转速 1500r/min
4 CYCL DEF 247 DATUM SETTING ~	
Q339 = +1 ; DATUM NUMBER	用户坐标系为 1 号坐标系
5 L X+0 Y+0 R0 FMAX M3	
6 L Z+100 R0 FMAX	
7 CYCL DEF 7.0 DATUM SHIFT	复位平移及 3+2 定位加工状态
8 CYCL DEF 7.1 X+0	
9 CYCL DEF 7.2 Y+0	
10 CYCL DEF 7.3 Z+0	
11 PLANE RESET TURN F2000	
12 CYCL DEF 7.0 DATUM SHIFT	
13 CYCL DEF 7.1 IX+9	坐标系平移
14 CYCL DEF 7.2 IY+0	
15 CYCL DEF 7.3 IZ+0	
16 PLANE SPATIAL SPA+0 SPB+15 SPC+0 TURN F2000 SEQ+ TABLE ROT	坐标系旋转
17 CYCL DEF 251 RECTANGULAR POCKET ~	斜面加工
Q215 = +0 ; MACHINING OPERATION ~	

笔记栏

续表

程序内容	程序注释（加工时不需要输入）
Q218 = +20 ; FIRST SIDE LENGTH ~	
Q219 = +50 ; 2ND SIDE LENGTH ~	
Q220 = +0 ; CORNER RADIUS ~	
Q368 = +0 ; ALLOWANCE FOR SIDE ~	
Q224 = +0 ; ANGLE OF ROTATION ~	
Q367 = +0 ; POCKET POSITION ~	
Q207 = +150 ; FEED RATE FOR MILLNG ~	
Q351 = +1 ; CLIMB OR UP–CUT ~	
Q201 = –5 ; DEPTH ~	
Q202 = +5 ; PLUNGING DEPTH ~	
Q369 = +0 ; ALLOWANCE FOR FLOOR ~	
Q206 = +150 ; FEED RATE FOR PLNGNG ~	
Q338 = +0 ; INFEED FOR FINISHING ~	
Q200 = +2 ; SET–UP CLEARANCE ~	
Q203 = +5 ; SURFACE COORDINATE ~	
Q204 = +50 ; 2ND SET–UP CLEARANCE ~	
Q370 = +1.2 ; TOOL PATH OVERLAP ~	
Q366 = +1 ; PLUNGE ~	
Q385 = +500 ; FINISHING FEED RATE	
18 CYCL CALL POS X+9 Y+0 Z+0 FMAX	
19 CYCL DEF 253 SLOT MILLING ~	加工斜面上的键槽
Q215 = +0 ; MACHINING OPERATION ~	
Q218 = +22.5 ; SLOT LENGTH ~	
Q219 = +8.5 ; SLOT WIDTH ~	
Q368 = +0 ; ALLOWANCE FOR SIDE ~	
Q374 = +90 ; ANGLE OF ROTATION ~	
Q367 = +0 ; SLOT POSITION ~	
Q207 = +200 ; FEED RATE FOR MILLNG ~	
Q351 = +1 ; CLIMB OR UP–CUT ~	
Q201 = –2 ; DEPTH ~	
Q202 = +5 ; PLUNGING DEPTH ~	
Q369 = +0 ; ALLOWANCE FOR FLOOR ~	
Q206 = +150 ; FEED RATE FOR PLNGNG ~	
Q338 = +0 ; INFEED FOR FINISHING ~	
Q200 = +2 ; SET–UP CLEARANCE ~	
Q203 = +0 ; SURFACE COORDINATE ~	
Q204 = +50 ; 2ND SET–UP CLEARANCE ~	
Q366 = +1 ; PLUNGE ~	
Q385 = +500 ; FINISHING FEED RATE	
20 CYCL CALL POS X+9 Y+0 Z+0 FMAX	
21 L Z+100 R0 FMAX	
22 CYCL DEF 7.0 DATUM SHIFT	复位平移及 3+2 定位加工状态
23 CYCL DEF 7.1 X+0	
24 CYCL DEF 7.2 Y+0	
25 CYCL DEF 7.3 Z+0	
26 PLANE RESET TURN F2000	
27 M30	
28 END PGM LX5–6–5 MM	

笔记栏

工步 6：加工 *Y* 轴正方向凸台和斜面。

程序内容	程序注释（加工时不需要输入）
0 BEGIN PGM LX5-6-6 MM	
1 BLK FORM 0.1 Z X-25 Y-25 Z-70	毛坯最小点坐标
2 BLK FORM 0.2 X+25 Y+25 Z+0	毛坯最大点坐标
3 TOOL CALL 2 Z S1500	换 2 号刀（ϕ8mm 端铣刀），转速 1500r/min
4 CYCL DEF 247 DATUM SETTING ~	
Q339 = +1 ; DATUM NUMBER	用户坐标系为 1 号坐标系
5 L X+0 Y+0 R0 FMAX M3	
6 L Z+100 R0 FMAX	
7 CYCL DEF 7.0 DATUM SHIFT	复位平移及 3+2 定位加工状态
8 CYCL DEF 7.1 X+0	
9 CYCL DEF 7.2 Y+0	
10 CYCL DEF 7.3 Z+0	
11 PLANE RESET TURN F2000	
12 CYCL DEF 7.0 DATUM SHIFT	坐标系平移
13 CYCL DEF 7.1 IX+0	
14 CYCL DEF 7.2 IY+9	
15 CYCL DEF 7.3 IZ+0	
16 PLANE SPATIAL SPA-15 SPB+0 SPC+0 TURN F2000 SEQ+ TABLE ROT	坐标系旋转
17 CYCL DEF 252 CIRCULAR POCKET ~	斜面加工
Q215 = +0 ; MACHINING OPERATION ~	
Q223 = +12 ; CIRCLE DIAMETER ~	
Q368 = +0 ; ALLOWANCE FOR SIDE ~	
Q207 = +200 ; FEED RATE FOR MILLNG ~	
Q351 = +1 ; CLIMB OR UP-CUT ~	
Q201 = -5 ; DEPTH ~	
Q202 = +5 ; PLUNGING DEPTH ~	
Q369 = +0 ; ALLOWANCE FOR FLOOR ~	
Q206 = +150 ; FEED RATE FOR PLNGNG ~	
Q338 = +0 ; INFEED FOR FINISHING ~	
Q200 = +2 ; SET-UP CLEARANCE ~	
Q203 = +6 ; SURFACE COORDINATE ~	
Q204 = +50 ; 2ND SET-UP CLEARANCE ~	
Q370 = +1.2 ; TOOL PATH OVERLAP ~	
Q366 = +1 ; PLUNGE ~	
Q385 = +500 ; FINISHING FEED RATE	
18 CYCL CALL POS X+0 Y+9 Z+0 FMAX	
19 CYCL DEF 257 CIRCULAR STUD ~	圆柱轮廓加工
Q223 = +10 ; FINISHED PART DIA. ~	
Q222 = +48 ; WORKPIECE BLANK DIA. ~	
Q368 = +0 ; ALLOWANCE FOR SIDE ~	
Q207 = +200 ; FEED RATE FOR MILLNG ~	
Q351 = +1 ; CLIMB OR UP-CUT ~	
Q201 = -5 ; DEPTH ~	
Q202 = +5 ; PLUNGING DEPTH ~	
Q206 = +150 ; FEED RATE FOR PLNGNG ~	
Q200 = +2 ; SET-UP CLEARANCE ~	
Q203 = +5 ; SURFACE COORDINATE ~	
Q204 = +50 ; 2ND SET-UP CLEARANCE ~	
Q370 = +1.2 ; TOOL PATH OVERLAP ~	
20 CYCL CALL POS X+0 Y+9 Z+0 FMAX	
21 L Z+100 R0 FMAX	

笔记栏

续表

程序内容	程序注释（加工时不需要输入）
22 CYCL DEF 7.0 DATUM SHIFT 23 CYCL DEF 7.1 X+0 24 CYCL DEF 7.2 Y+0 25 CYCL DEF 7.3 Z+0 26 PLANE RESET TURN F2000 27 M30 28 END PGM LX5-6-6 MM	复位平移及 3+2 定位加工状态

工步 7：加工 *Y* 轴负方向凸台和斜面。

程序内容	程序注释（加工时不需要输入）
0 BEGIN PGM LX5-6-7 MM	
1 BLK FORM 0.1 Z X-25 Y-25 Z-70	毛坯最小点坐标
2 BLK FORM 0.2 X+25 Y+25 Z+0	毛坯最大点坐标
3 TOOL CALL 2 Z S1500	换 2 号刀（ϕ8mm 端铣刀），转速 1500r/min
4 CYCL DEF 247 DATUM SETTING ~ Q339 = +1 ; DATUM NUMBER	用户坐标系为 1 号坐标系
5 L X+0 Y+0 R0 FMAX M3	
6 L Z+100 R0 FMAX	
7 CYCL DEF 7.0 DATUM SHIFT 8 CYCL DEF 7.1 X+0 9 CYCL DEF 7.2 Y+0 10 CYCL DEF 7.3 Z+0 11 PLANE RESET TURN F2000	复位平移及 3+2 定位加工状态
12 CYCL DEF 7.0 DATUM SHIFT 13 CYCL DEF 7.1 IX+0 14 CYCL DEF 7.2 IY-9 15 CYCL DEF 7.3 IZ+0	坐标系平移
16 PLANE SPATIAL SPA+15 SPB+0 SPC+0 TURN F2000 SEQ+ TABLE ROT	坐标系旋转
17 CYCL DEF 252 CIRCULAR POCKET ~ Q215 = +0 ; MACHINING OPERATION ~ Q223 = +12 ; CIRCLE DIAMETER ~ Q368 = +0 ; ALLOWANCE FOR SIDE ~ Q207 = +200 ; FEED RATE FOR MILLNG ~ Q351 = +1 ; CLIMB OR UP-CUT ~ Q201 = -5 ; DEPTH ~ Q202 = +5 ; PLUNGING DEPTH ~ Q369 = +0 ; ALLOWANCE FOR FLOOR ~ Q206 = +150 ; FEED RATE FOR PLNGNG ~ Q338 = +0 ; INFEED FOR FINISHING ~ Q200 = +2 ; SET-UP CLEARANCE ~ Q203 = +6 ; SURFACE COORDINATE ~ Q204 = +50 ; 2ND SET-UP CLEARANCE ~ Q370 = +1.2 ; TOOL PATH OVERLAP ~ Q366 = +1 ; PLUNGE ~ Q385 = +500 ; FINISHING FEED RATE	斜面加工
18 CYCL CALL POS X+0 Y-9 Z+0 FMAX	
19 CYCL DEF 257 CIRCULAR STUD ~ Q223 = +10 ; FINISHED PART DIA. ~ Q222 = +48 ; WORKPIECE BLANK DIA. ~	圆柱轮廓加工

笔记栏

续表

程序内容	程序注释（加工时不需要输入）
Q368 = +0 ; ALLOWANCE FOR SIDE ~ Q207 = +200 ; FEED RATE FOR MILLNG ~ Q351 = +1 ; CLIMB OR UP–CUT ~ Q201 = –5 ; DEPTH ~ Q202 = +5 ; PLUNGING DEPTH ~ Q206 = +150 ; FEED RATE FOR PLNGNG ~ Q200 = +2 ; SET–UP CLEARANCE ~ Q203 = +5 ; SURFACE COORDINATE ~ Q204 = +50 ; 2ND SET–UP CLEARANCE ~ Q370 = +1.2 ; TOOL PATH OVERLAP ~	
20 CYCL CALL POS X+0 Y–9 Z+0 FMAX 21 L Z+100 R0 FMAX	
22 CYCL DEF 7.0 DATUM SHIFT 23 CYCL DEF 7.1 X+0 24 CYCL DEF 7.2 Y+0 25 CYCL DEF 7.3 Z+0 26 PLANE RESET TURN F2000	复位平移及 3+2 定位加工状态
27 M30 28 END PGM LX5–6–7 MM	

工步 8：加工 2 个斜孔。

程序内容	程序注释（加工时不需要输入）
0 BEGIN PGM LX5–6–8 MM	
1 BLK FORM 0.1 Z X–25 Y–25 Z–70	毛坯最小点坐标
2 BLK FORM 0.2 X+25 Y+25 Z+0	毛坯最大点坐标
3 TOOL CALL 3 Z S1000	换 3 号刀（ϕ8mm 钻头），转速 1000r/min
4 CYCL DEF 247 DATUM SETTING ~ Q339 = +1 ; DATUM NUMBER	用户坐标系为 1 号坐标系
5 L X+0 Y+0 R0 FMAX M3 6 L Z+100 R0 FMAX	
7 CYCL DEF 7.0 DATUM SHIFT 8 CYCL DEF 7.1 X+0 9 CYCL DEF 7.2 Y+0 10 CYCL DEF 7.3 Z+0 11 PLANE RESET TURN F2000	复位平移及 3+2 定位加工状态
12 CYCL DEF 7.0 DATUM SHIFT 13 CYCL DEF 7.1 IX+0 14 CYCL DEF 7.2 IY+9 15 CYCL DEF 7.3 IZ+0	坐标系平移
16 PLANE SPATIAL SPA–15 SPB+0 SPC+0 TURN F2000 SEQ+ TABLE ROT	坐标系旋转
17 CYCL DEF 200 DRILLING ~ Q200 = +2 ; SET–UP CLEARANCE ~ Q201 = –8 ; DEPTH ~ Q206 = +80 ; FEED RATE FOR PLNGNG ~ Q202 = +3 ; PLUNGING DEPTH ~ Q210 = +0 ; DWELL TIME AT TOP ~ Q203 = +0 ; SURFACE COORDINATE ~ Q204 = +50 ; 2ND SET–UP CLEARANCE ~ Q211 = +0 ; DWELL TIME AT DEPTH	设置钻孔参数

笔记栏

续表

程序内容	程序注释（加工时不需要输入）
18 CYCL CALL POS X+0 Y+9 Z+0 FMAX	钻第 1 个斜孔
19 L Z+100 R0 FMAX	
20 CYCL DEF 7.0 DATUM SHIFT	复位平移及 3+2 定位加工状态
21 CYCL DEF 7.1 X+0	
22 CYCL DEF 7.2 Y+0	
23 CYCL DEF 7.3 Z+0	
24 PLANE RESET TURN F2000	
25 CYCL DEF 7.0 DATUM SHIFT	坐标系平移
26 CYCL DEF 7.1 IX+0	
27 CYCL DEF 7.2 IY−9	
28 CYCL DEF 7.3 IZ+0	
29 PLANE SPATIAL SPA+15 SPB+0 SPC+0 TURN F2000 SEQ+ TABLE ROT	坐标系旋转
30 CYCL DEF 200 DRILLING ~	设置钻孔参数
Q200 = +2 ; SET−UP CLEARANCE ~	
Q201 = −8 ; DEPTH ~	
Q206 = +80 ; FEED RATE FOR PLNGNG ~	
Q202 = +3 ; PLUNGING DEPTH ~	
Q210 = +0 ; DWELL TIME AT TOP ~	
Q203 = +0 ; SURFACE COORDINATE ~	
Q204 = +50 ; 2ND SET−UP CLEARANCE ~	
Q211 = +0 ; DWELL TIME AT DEPTH	
31 CYCL CALL POS X+0 Y−9 Z+0 FMAX	钻第 2 个斜孔
32 L Z+100 R0 FMAX	
33 CYCL DEF 7.0 DATUM SHIFT	复位平移及 3+2 定位加工状态
34 CYCL DEF 7.1 X+0	
35 CYCL DEF 7.2 Y+0	
36 CYCL DEF 7.3 Z+0	
37 PLANE RESET TURN F2000	
38 M30	
39 END PGM LX5−6−8 MM	

5. 加工结果

加工结果如图 5－12 所示。

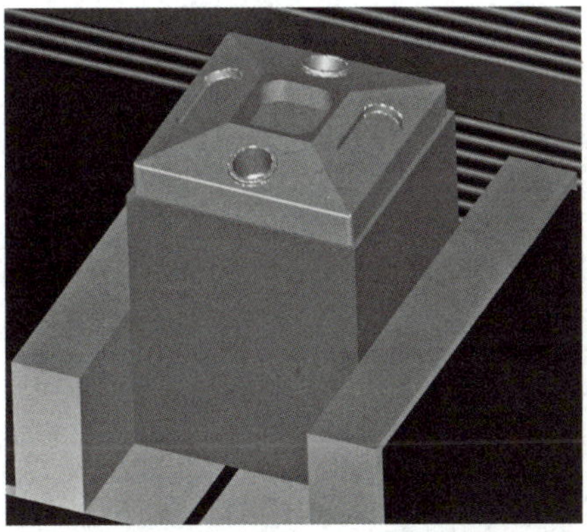

图 5－12　加工结果

笔记栏

单元 6

五轴自动编程入门实例

学习目标

- 掌握五轴自动编程的操作流程。

立德树人

砥砺前行，不负韶华

2020 年 5 月 27 日 11 时，中国 2020 珠峰高程测量登山队登顶珠穆朗玛峰，为其“量身高”。世界之巅上，鲜艳的五星红旗迎风招展。从 1975 年首次精确测量珠峰高度，到 2005 年测得珠峰峰顶岩石面海拔高程，再到此次复测，一代代测绘人一次次刷新中国人在世界之巅的印记。中国人征服珠峰的过程，正是新中国成立以来中国人民砥砺前行的一个缩影。

6.1 概　述

数控自动编程是利用计算机和相应的编程软件编制数控加工程序的过程。

随着现代制造业的发展，结构复杂的零件越来越多，手工编程已满足不了实际生产要求。数控自动编程则可以在较短的时间内编制出高效、快速、合格的加工程序。

较早的数控自动编程技术是利用通用微机或专用编程器，在专用编程软件（如 APT 系统）的支持下，以人机对话的方式来确定加工对象和加工条件，然后编程器自动进行运算并生成加工指令。这种自动编程方式，对于形状简单（轮廓由直线和圆弧组成）的零件，可以快速完成编程工作。在配置海德汉 530 系统、西门子 840 系统的五轴加工中心机床上，人机对话的自动编程方式已经完全集成在机床内部，包含数量众多的固定循环指令，应用起来非常方便。但

笔记栏

是，如果零件的轮廓是样条曲线或零件表面由三维曲面组成，则无法通过自动编程模式生成加工程序。

随着微电子技术和CAD技术的发展，自动编程系统已发展为以图形交互为基础，与CAD深度集成的CAD/CAM一体化模式。与以前的APT等语言型自动编程系统相比，CAD/CAM集成系统可以提供单一准确的产品几何模型，而且几何模型的产生和处理手段方便、灵活、多样，可以实现设计、制造一体化。目前，采用CAD/CAM系统进行自动编程已经成为数控编程的主要方式。

支持五轴自动编程的CAM软件比较多，应用情况也各有不同，表6-1列出了我国应用比较广泛的CAM软件的基本情况。

表6-1 常见五轴自动编程CAM软件的基本情况

软件名称	基本情况
CATIA	法国达索（Dassault）公司出品的CAD/CAE/CAM集成化的大型软件，支持三轴到五轴的加工，不过五轴后置处理需要第三方软件支持
NX	德国西门子（SIEMENS PLM SOFTWARE）公司出品的CAD/CAE/CAM集成化的大型软件，支持三轴到五轴的加工，五轴后置处理自身就能解决，不需要第三方软件
PowerMill	美国Autodesk公司出品的专业CAM软件，支持三轴到五轴的加工，支持高速加工，五轴后置处理成熟
HyperMill	德国OpenMind公司出品的专业CAM软件，支持三轴到五轴的加工，五轴后置处理成熟
CimatronE	以色列CIMATRON公司出品的CAD/CAM集成软件，支持三轴到五轴的加工，在模具行业应用广泛
ESPRIT	美国DP TECHNOLOGY公司出品的专业CAM软件，支持三轴到五轴的加工，五轴后置处理成熟，但在我国的五轴应用案例不多，在车铣复合领域应用广泛
Mastercam	美国CNC Software,INC公司开发的CAD/CAM软件，是较早在微机上开发应用的CAD/CAM软件，用户数量广泛。虽然支持五轴加工，但成熟案例不多
CAXA制造工程师	北京数码大方科技股份有限公司（CAXA）出品的数控加工软件。针对机械制造领域深度优化，内置符合国标的标准件库、工艺模板及符号库，支持中文界面，操作符合国内工程师习惯

五轴CAM软件与三轴CAM软件相比较，其特殊性在于后置处理方面。五轴机床的后置处理程序不是通用的，需要根据实际机床的情况来定制。

表6-1所列的CAM软件在功能、价格、服务等方面各有侧重，使用者应根据实际情况，在充分调研的基础上选用。

笔记栏

6.2 五轴自动编程入门

微课：椭圆锥度凸台编程与仿真

工件展示（图 6－1）

如图 6－1 所示为椭圆锥度凸台的图纸。

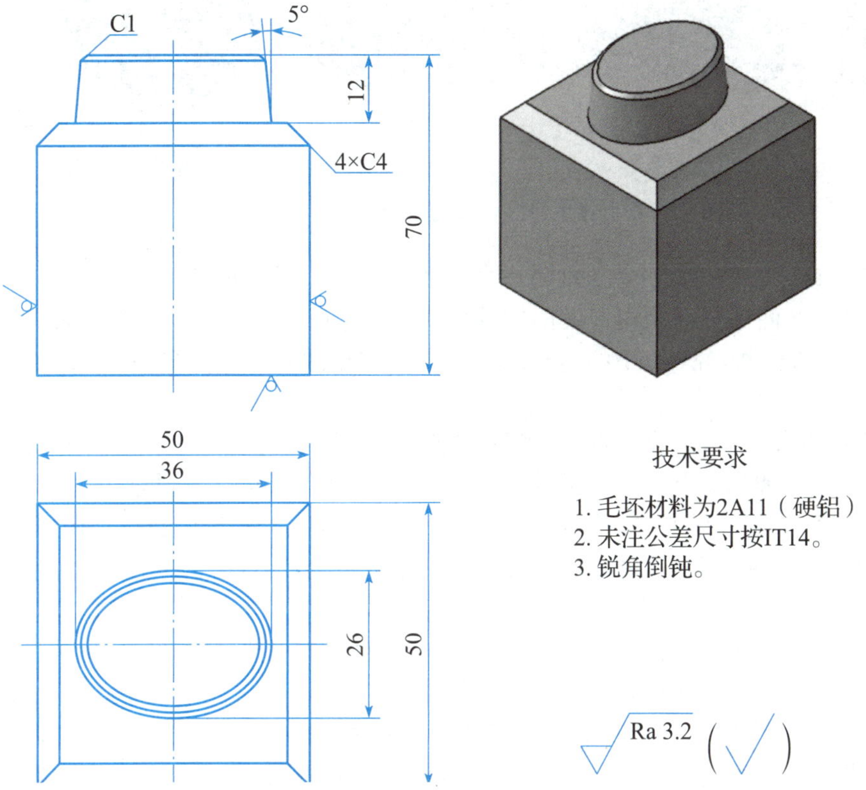

图 6－1　椭圆锥度凸台

6.2.1 分析零件图，确定加工工艺

经过图纸分析可知，此零件下半部分无须加工，仅加工一个深度为 12mm 的椭圆锥台、两个 45° 倒角即可。零件形状虽然简单，但椭圆属于曲线，且椭圆锥面无法通过手工编程。

常规的三轴自动编程可以完成椭圆外形编程，但对于锥度斜面，则无法用球头刀完成根部清角。若用平底刀加工，其下刀步距必须很小（0.2mm 以下）才能保证加工表面粗糙度。对于两个倒角，常规加工方法是用 45° 倒角铣刀加工，但倒角铣刀的加工面较大（4mm 以上），切削时刀具容易震颤，无法保证加工表面粗糙度。

采用五轴自动编程加工，可将平底刀在竖直方向倾斜 5° ，使用刀具侧面大步距（5mm 以上）铣削锥度斜面。对于两个倒角，同样可以将刀具倾斜 45° ，根据刀具与工件的接触情况，使用刀具的底面或侧面完成倒角斜面的铣削。

笔记栏

6.2.2 CAD 造型

随着现代制造业的发展，CAD 和 CAM 已基本分离。限于篇幅，这里不详述椭圆锥度凸台的造型过程。可使用任意三维造型软件，参考图 6－2 所示的步骤完成 CAD 建模。

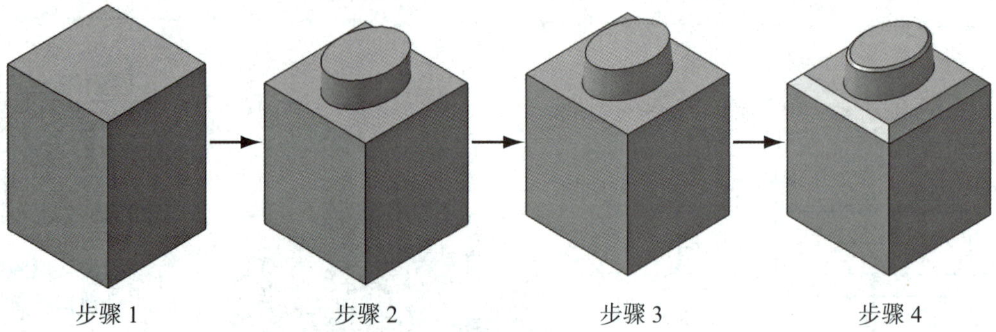

图 6－2 椭圆锥度凸台 CAD 造型步骤

使用不同的 CAD 和 CAM 软件时，首先要考虑文件格式是否需要转换。

绝大多数 CAD 软件都使用自己公司开发的文件格式来存储设计结果。例如 CATIA 的零件模型的文件格式是 CATPart，NX 使用的是 prt 文件格式，SolidWorks 使用的是 Sldprt 文件格式。

通常，新版本的 CAM 软件可以直接打开旧版本的 CAD 模型文件。对于造型复杂的五轴加工零件，这种直接交换模型数据的方式是最好的，意味着 CAM 软件可以得到完整的模型数据，有利于后续的五轴加工。如果 CAD 模型简单，又没有直接交换接口，则建议采用 STEP 格式来转换 CAD 模型数据。STEP 是国际标准化组织（ISO）认可的 CAD/CAM 图形交换规范。基于 STEP 标准创建的文件，其后缀名均为 .stp 或 .step。

STEP 为产品在生命周期内规定了唯一的描述和计算机可处理的信息表达形式。这种形式独立于可能要处理这种数据格式的应用软件，并能保证在多种应用和不同系统中的一致性。这一标准还允许采用不同的实现技术，便于产品数据的存取、传输和归档。

STEP 中定义的应用协议通过解释集成资源来满足特定应用的信息要求。这解决了 IGES 标准适应面窄的问题。例如 AP201 为显示绘图协议、AP202 为关联绘图协议、AP203 为机械零件与组件的配置控制 3D 设计协议、AP214 为汽车机械设计核心数据协议。众多协议覆盖了一般机械设计和工艺、电工电气、电子工程、造船、建筑、汽车制造、流程工厂等领域。

机械零件设计主要使用 AP203 协议和 AP214 协议。AP203 适用于通用机械行业，AP214 适用于汽车行业，实际使用时两者区别不大。

德国和日本对 STEP 应用进行了工程实践测试，对线框和曲面模型进行了全面验证和测试。IGES 文件达到 90% 的成功率，STEP 文件达到 95% 的成功率。这些测试结果表明，STEP 提供了更好的转换机制。

下面以 CATIA 软件为例，讲解输出 STEP 文件格式的操作步骤。

（1）打开设计完成的零件文件。

（2）单击菜单“文件”→“另存为”，打开图 6－3 所示的“另存为”对话框。

（3）在“保存类型”下拉列表中（图注 1）选择要输出的文件格式，这里选择“stp（*.stp）”（图注 2），输入文件名并选好保存路径后，单击“保存”按钮即可。其他 CAD 软件的操作方式与此类似。

笔记栏

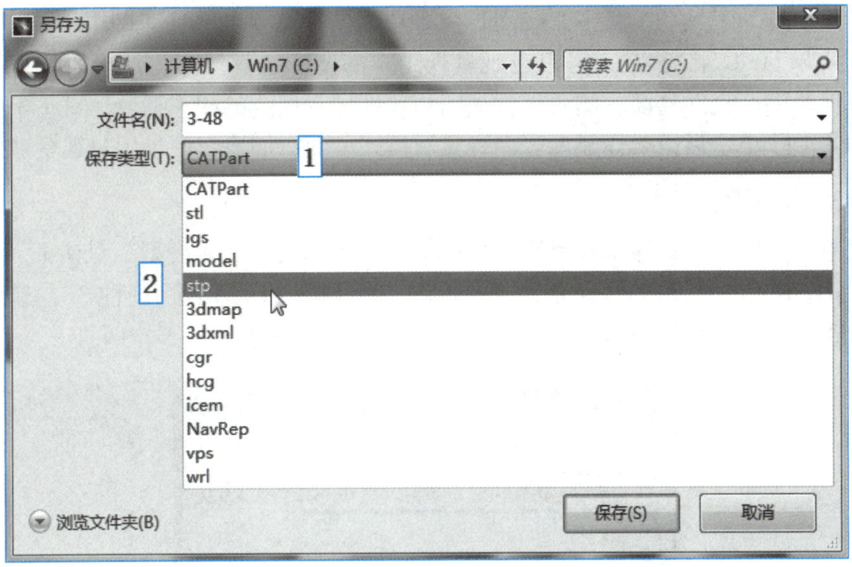

图 6－3　“另存为”对话框

大多数 CAM 软件均支持 stp 文件格式。

CATIA 软件默认的保存文件格式是 CATPart，高版本的、具有这种文件格式接口的 CAM 软件才能直接打开此格式的文件，虽然要求较高，但得到的模型数据精度比 stp 格式的精度高。

6.2.3　CAM 自动编程

下面通过 PowerMill 软件完成椭圆锥度凸台的自动编程。

启动软件，进入 PowerMill 软件界面，如图 6－4 所示。

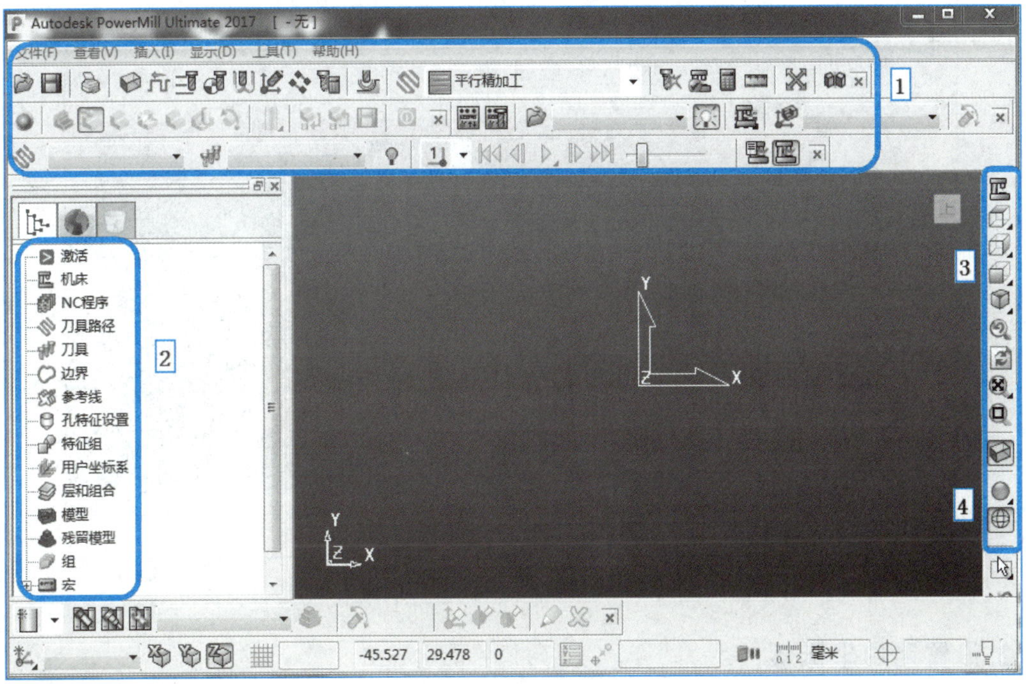

图 6－4　PowerMill 软件界面

笔记栏

软件界面上方为工具栏（图注 1），可以保存项目、计算零件毛坯、调用相关加工策略；软件界面左侧为项目树（图注 2），可以直观呈现用户的全部编程操作，还可以快速调用相关指令，提高编程效率；软件界面右侧为零件视图和零件显示模式的相关指令（图注 3），默认为线框显示（图注 4），单击后以实体显示。两种显示模式可随意切换，便于用户观察被加工件。

1. 输入加工模型

单击菜单“文件”→“输入模型”，打开图 6－5 所示的“输入模型”对话框。“文件类型”选择 STEP（图注 1），找到文件保存路径（图注 2），选择加工模型（图注 3），最后单击“打开”按钮。软件自动进行文件格式转换，将转换后的 CAD 模型输入工作区。

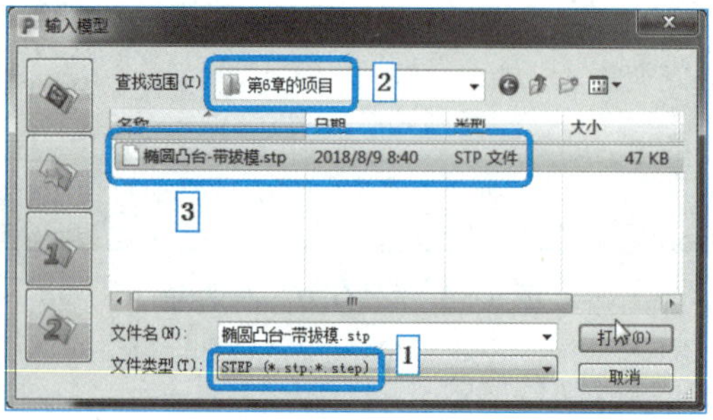

图 6－5 “输入模型”对话框

模型输入完成后，会弹出一个信息提示框显示模型的相关信息，直接关闭即可。

输入模型的结果如图 6－6 所示。单击图注 1 的图标，将显示模型的轴测图。单击图注 2 的图标，将显示模型的实体状态。在默认的实体显示模式下，所有加工面都是蓝色的。如果某个曲面呈棕红色，说明该面方向朝里，需要将其反向，以确保后续加工时刀轴的方向正确。单击图注 5 的图标，将整个加工项目以目录的方式保存起来。

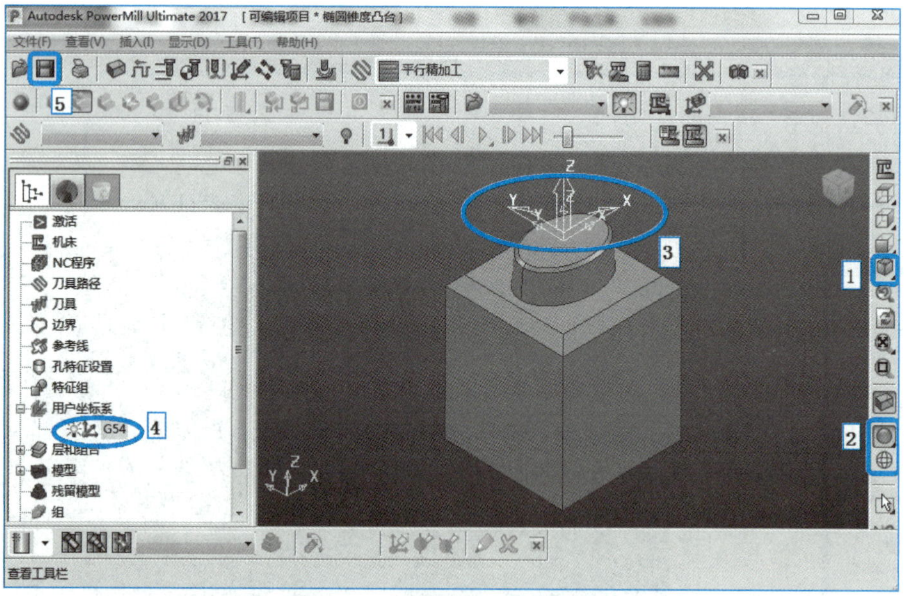

图 6－6 输入完成的加工模型

2. 设置用户坐标系

如图 6－6 所示，CAD 建模时会产生一个设计坐标系，PowerMill 会在模型输入后，自动将这个设计坐标系的原点设为世界坐标系的原点（图注 3 的大坐标系），而设计坐标系会以用户坐标系的方式显示（图注 3 的小坐标系）。在三轴加工编程时，可将世界坐标系当作用户坐标系使用；对于五轴加工编程，往往要用到多个用户坐标系，为了避免后置处理 NC 程序时出错，建议单独设置用户坐标系。如果由设计坐标系产生的用户坐标系符合要求，可用鼠标右键单击该坐标系，在右键浮动菜单中选择“重新命名”，将名称改为 G54（图注 4）。如果不符合要求，则在右键浮动菜单中选择“删除用户坐标系”。

如图 6－7 所示，用鼠标右键单击项目树中的“用户坐标系”，在弹出的右键浮动菜单中选择“产生用户坐标系”（图注 1），屏幕上方的工具栏中将出现坐标系工具栏。PowerMill 以世界坐标系的原点为基准定义新的用户坐标系。此处将名称 1 改为 G54（图注 2），后置处理 NC 程序时选 G54 用户坐标系来输出 NC 程序。后续环节如果有 3+2 加工编程或模拟机床仿真操作，可参考上述方法设定新的坐标系。如果需要通过移动或旋转方式来产生新的加工坐标系，可通过图注 3 处的表格命令或旋转命令完成。最后单击√按钮（图注 4）完成用户坐标系的设置。

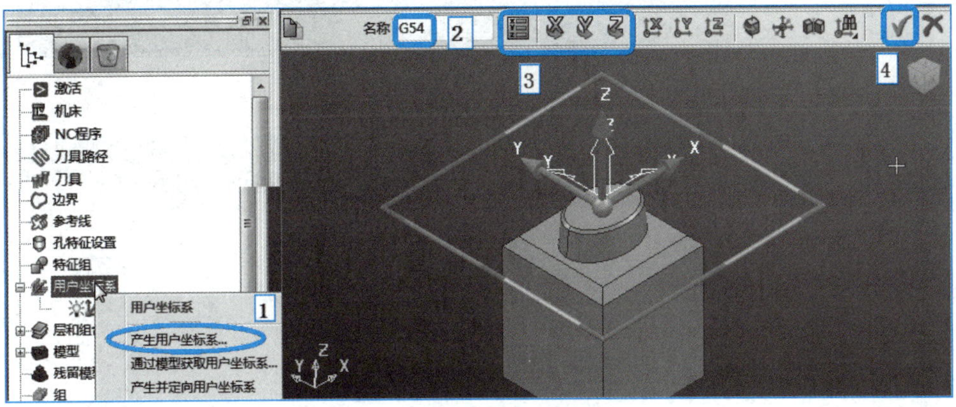

图 6－7　设置用户坐标系

3. 设置加工毛坯

如图 6－8 所示，单击“毛坯”按钮（图注 1），打开“毛坯”对话框。单击“计算”按钮，系统自动按照模型的 X、Y、Z 方向的最大值和最小值计算出毛坯尺寸。如果不符合要求，可修改对话框中的值；如果符合要求，单击“接受”按钮完成毛坯设置。

4. 设置刀具参数

如图 6－9 所示，用鼠标右键单击项目树中的“刀具”，在右键浮动菜单中选择“产生刀具”→“端铣刀”，打开“端铣刀”对话框。分别设置刀具的直径“12.0”（图注 4）、刀具编号“1”（图注 5）、刀具长度“60.0”（图注 6）（系统默认刀长为 5 倍刀具直径，建议按实际值设置），名称设为“D12”（图注 7）。最后单击“关闭”按钮完成刀具参数的设置。如果夹持刀具的刀柄比较特殊，可在“刀柄”和“夹持”选项卡中定义其尺寸。

5. 粗加工毛坯

（1）如图 6－10 所示，单击“常用加工策略选择”按钮（图注 1），在下拉列表中选择“模型区域清除”策略（图注 2），打开“模型区域清除”对话框。模型区域清除策略中前几项参数已经设置完成，单击“模型区域清除”（图注 3），单击“余量”按钮（图注 4），设置 XY 方向的余量为“0.5”、Z 方向的余量为“0.2”（图注 5），行距为“9.0”（图注 6），下切步距为“6.0”（图注 7）。

笔记栏

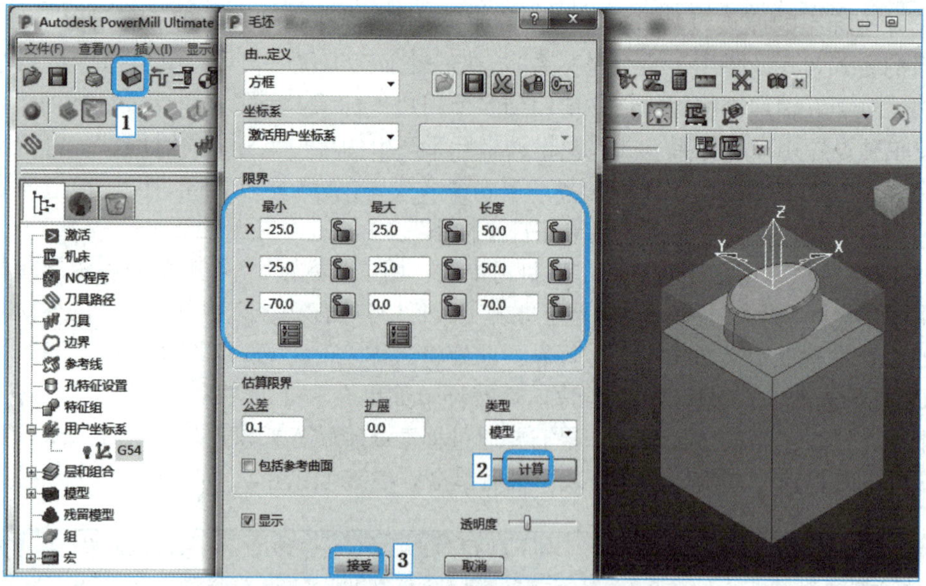

图 6－8　设置毛坯

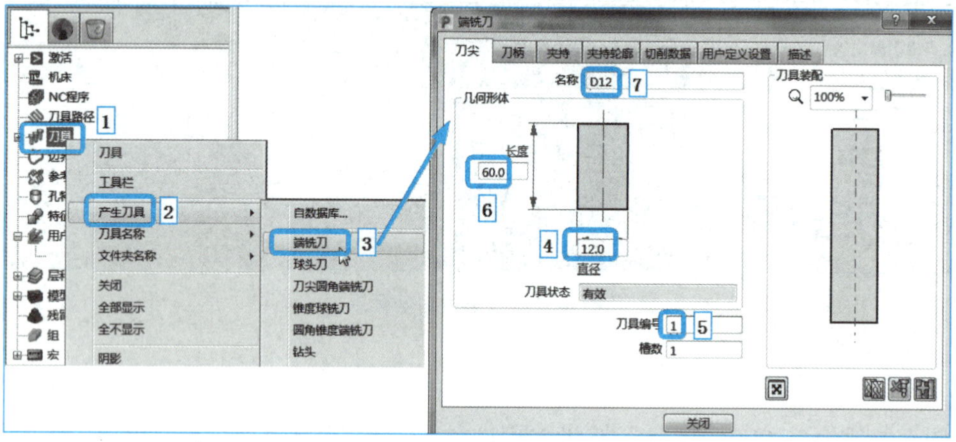

图 6－9　设置刀具参数

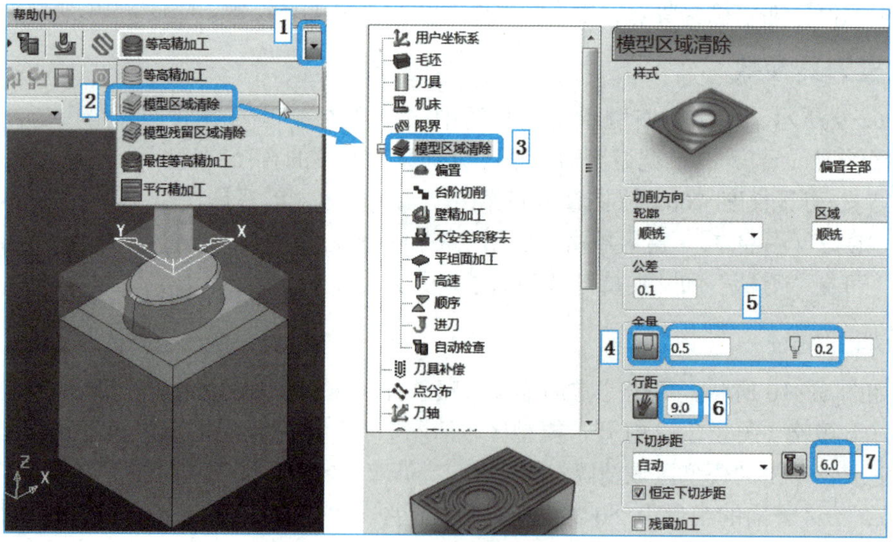

图 6－10　设置模型区域清除选项的参数

笔记栏

（2）如图 6－11 所示，单击“切入”（图注 8），在“第一选择”下拉列表中选择“斜向”（图注 9）。

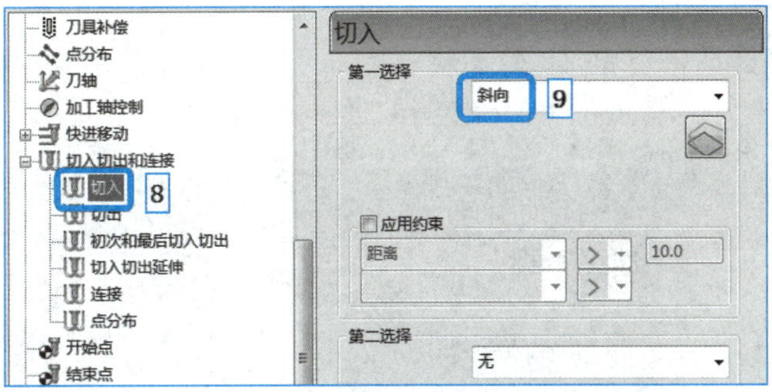

图 6－11　设置切入选项的参数

（3）如图 6－12 所示，单击“连接”（图注 10），在“第一选择”下拉列表中选择“曲面上”（图注 11）。

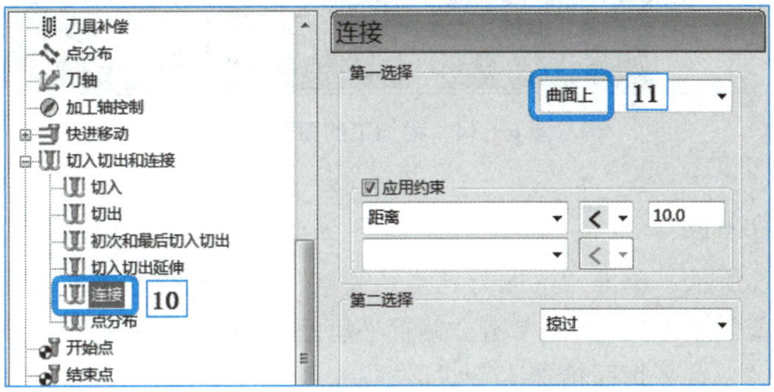

图 6－12　设置连接选项的参数

（4）如图 6－13 所示，单击“进给和转速”（图注 12），输入主轴转速“1500.0”、切削进给率“260.0”、下切进给率“100.0”、掠过进给率“2000.0”（图注 13）。单击“计算”按钮（图注 14），系统自动依据设置的切削参数，按照加工策略算法计算出切削刀路的轨迹。

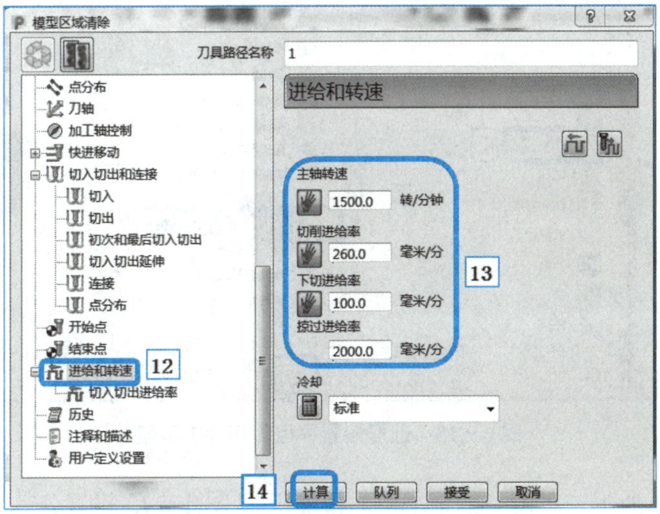

图 6－13　设置进给和转速

笔记栏

如图 6-14 所示，模型上的绿色线条为切削进给，紫色线条为掠过进给，螺旋下切线条为下切进给。如果觉得刀路线条影响操作，可单击灯泡图标（图注 15）关闭刀路显示。

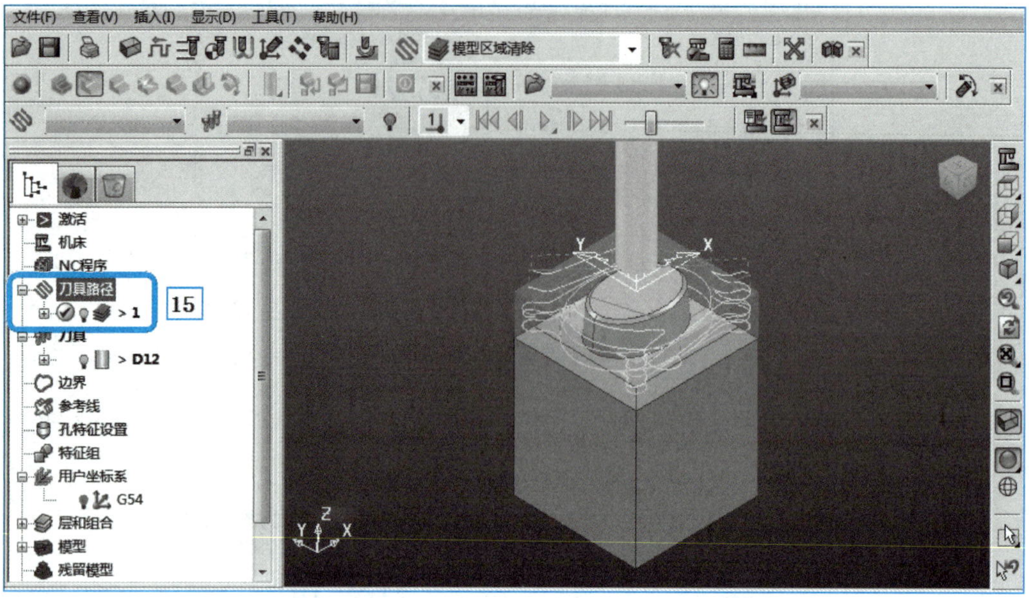

图 6-14　粗加工的刀路轨迹

6. 精加工锥台平面

（1）如图 6-15 所示，单击“选取刀具路径策略”按钮（图注 1），打开“策略选取器”对话框。单击“精加工”（图注 2），再单击“偏置平坦面精加工”（图注 3），然后单击“接受”按钮（图注 4），打开“偏置平坦面精加工”对话框。

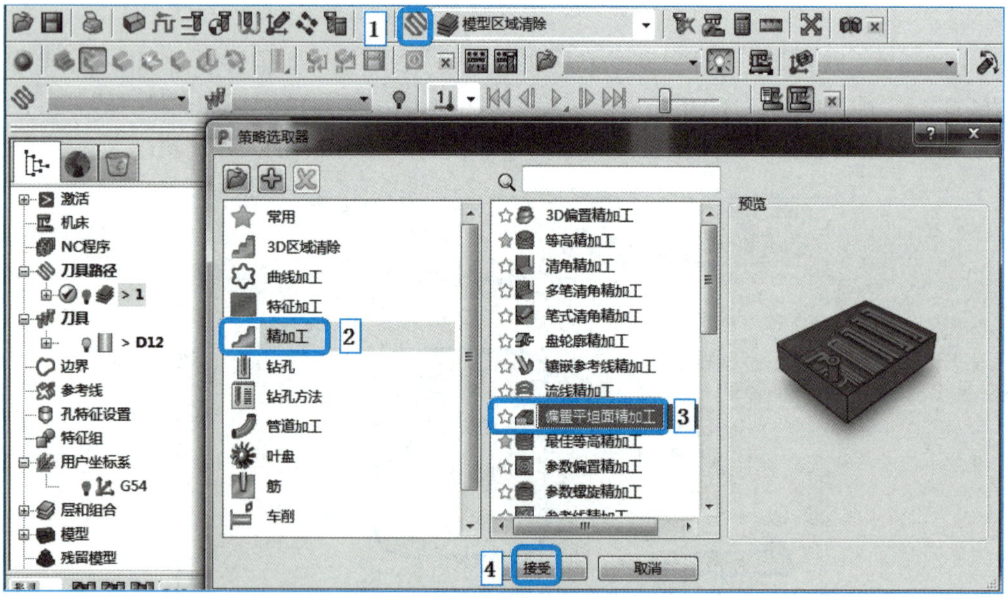

图 6-15　选取偏置平坦面精加工策略

（2）如图 6-16 所示，单击“偏置平坦面精加工”（图注 5），设置公差为“0.01”（图注 6），单击“余量”按钮（图注 7），设置 XY 方向余量为“0.2”、Z 方向余量为“0.0”（图注 8），这样设置余量的目的是只精加工平面区域，不碰侧壁。行距为前面设置的值“9.0”。

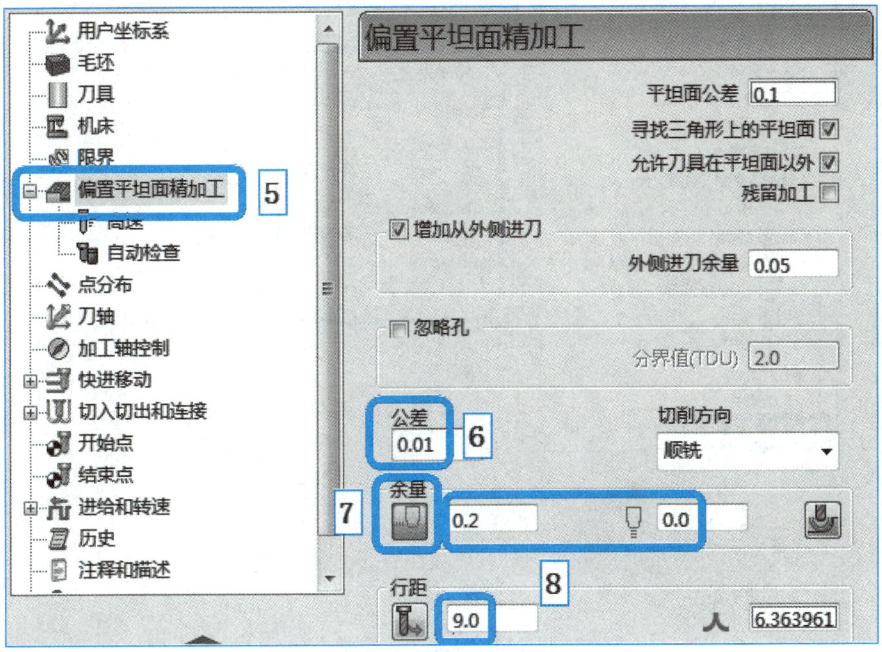

图 6－16　设置偏置平坦面精加工的参数

（3）如图 6－17 所示，单击“切入”（图注 9），在“第一选择”下拉列表中选择“无”（图注 10）。因为上一道工序粗铣时选择了斜向，而这里可从外侧进刀，所以不需要切入。

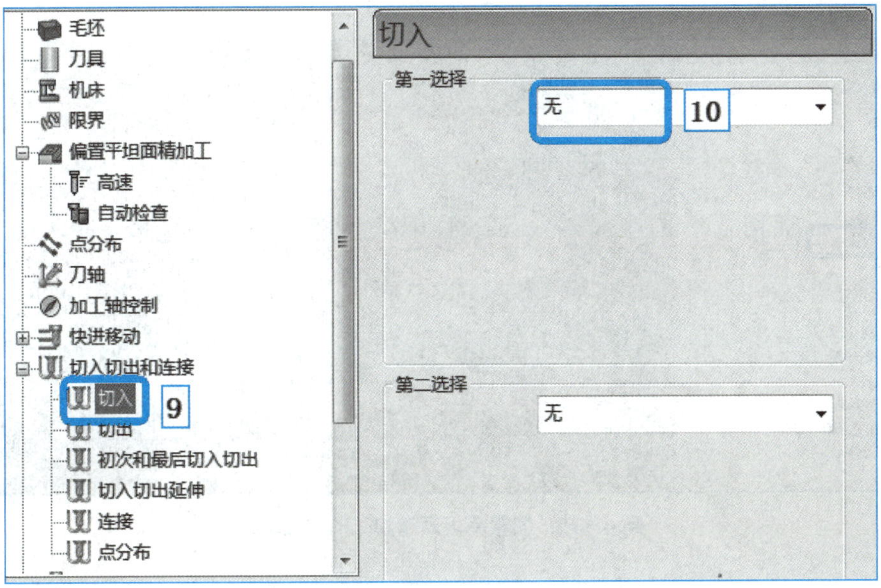

图 6－17　设置切入方式为“无”

（4）如图 6－18 所示，单击“进给和转速”（图注 11），输入主轴转速“2000.0”、切削进给率“200.0”、下切进给率“100.0”、掠过进给率“2000.0”（图注 12）。单击“计算”按钮（图注 13），系统自动依据设置的切削参数，按照加工策略算法计算出切削刀路的轨迹。

笔记栏

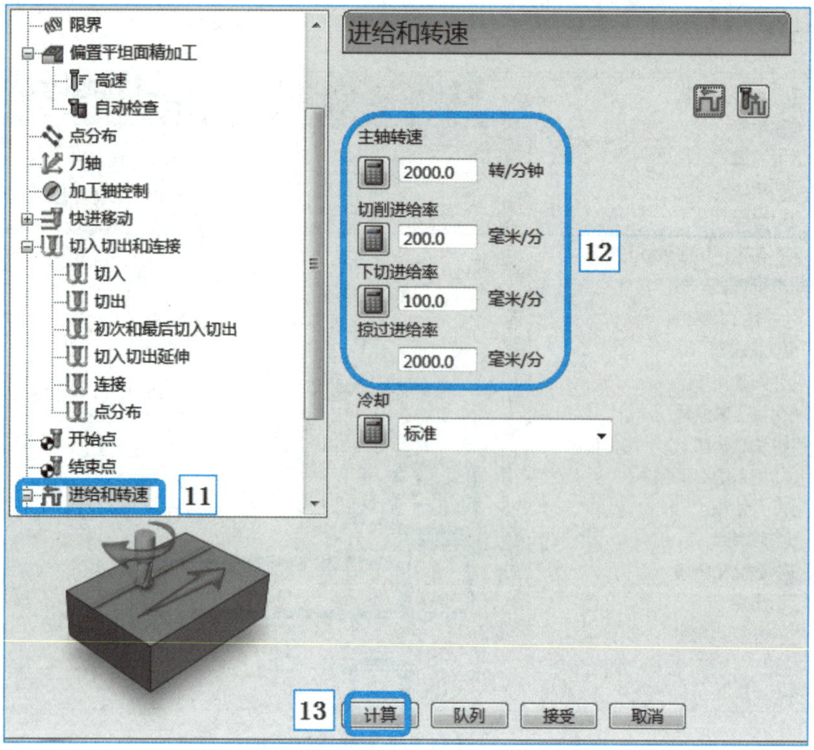

图 6－18　设置进给和转速

如图 6－19 所示，平坦面铣削的刀路轨迹显示在模型中。如果觉得刀路线条影响操作，可单击灯泡图标（图注 14）关闭刀路显示。

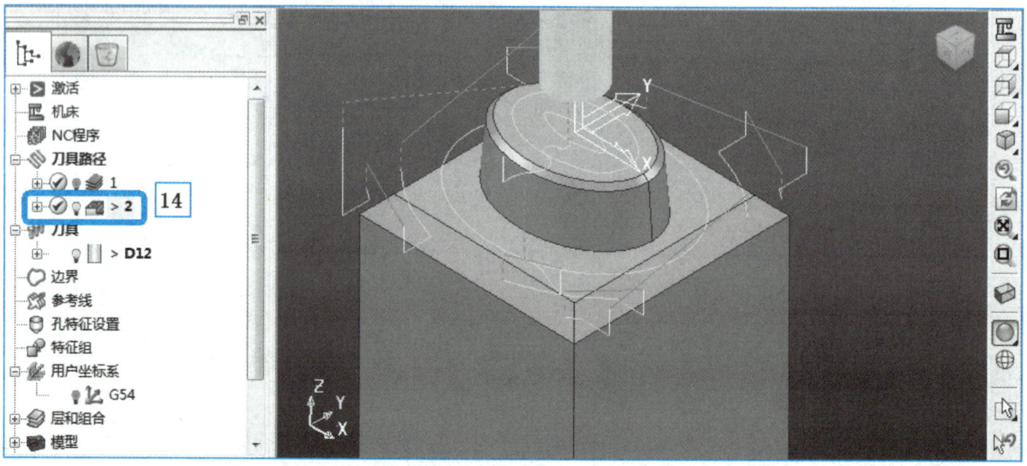

图 6－19　偏置平坦面精加工的刀路轨迹

7. 精加工椭圆锥台的侧壁

（1）如图 6－20 所示，单击椭圆锥台的侧壁，选中的侧壁将改变颜色，如果只有一半改变颜色（图注 1），可按住键盘上的“Shift”键单击没有改变颜色的另一半侧壁。选中全部侧壁后，单击“选取刀具路径策略”按钮（图注 2），打开“策略选取器”对话框。单击“精加工”（图注 3），再单击“SWARF 精加工”（图注 4），然后单击“接受”按钮（图注 5），打开“SWARF 精加工”对话框。

笔记栏

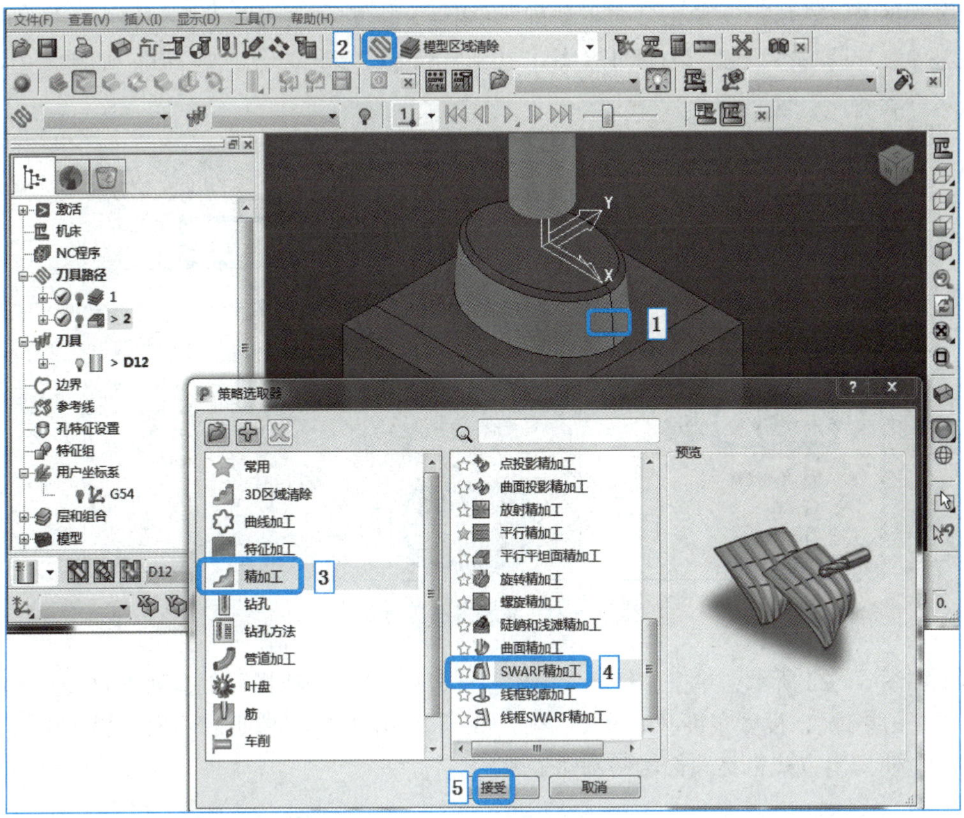

图 6-20　选取 SWARF 精加工策略

（2）如图 6-21 所示，单击“SWARF 精加工”（图注 6），设置加工参数余量“0”、公差“0.01”（图注 7）。

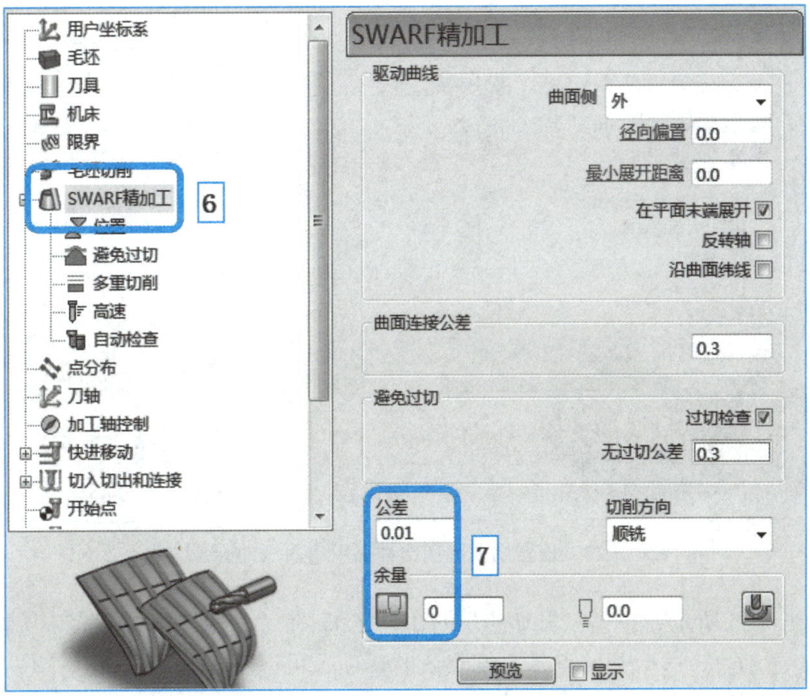

图 6-21　设置 SWARF 精加工参数

笔记栏

（3）如图 6－22 所示，单击“多重切削”（图注 8），在“方式”下拉列表中选择“向上偏置”（图注 9），设置最大下切步距“4”（图注 10）。4mm 的步距，会切削 3 次，如果认为切削次数太多，可设为 5。

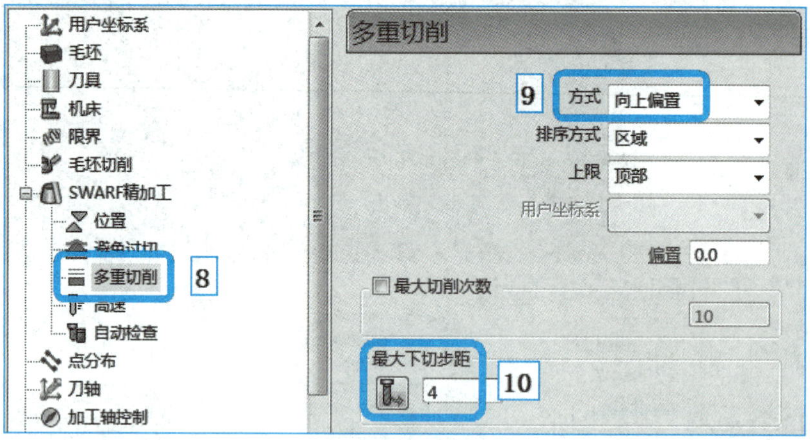

图 6－22　设置多重切削参数

（4）如图 6－23 所示，单击“切入”（图注 11），在“第一选择”下拉列表中选择“曲面法向圆弧”（图注 12），设置角度“90.0”、半径“3.0”（图注 13），单击“切出与切入相同”按钮（图注 14），使切出方式也是曲面法向圆弧方式。

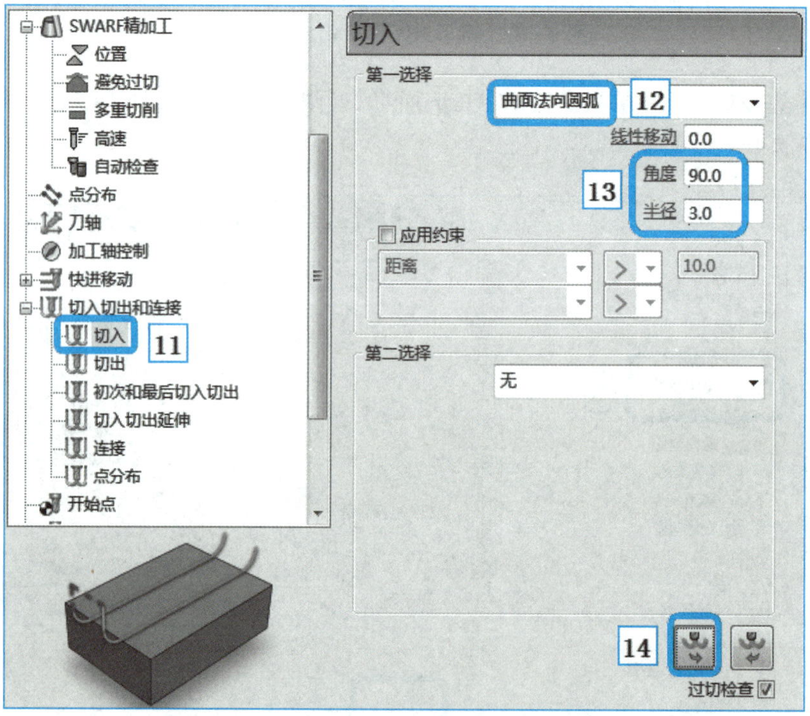

图 6－23　设置切入和切出都采用曲面法向圆弧方式

（5）如图 6－24 所示，单击“开始点”（图注 15），在“使用”下拉列表中选择“毛坯中心安全高度”（图注 16）。这个开始点是系统默认的选项，可以不设置。选择这个位置是因为其距离用户坐标系原点最近。

笔记栏

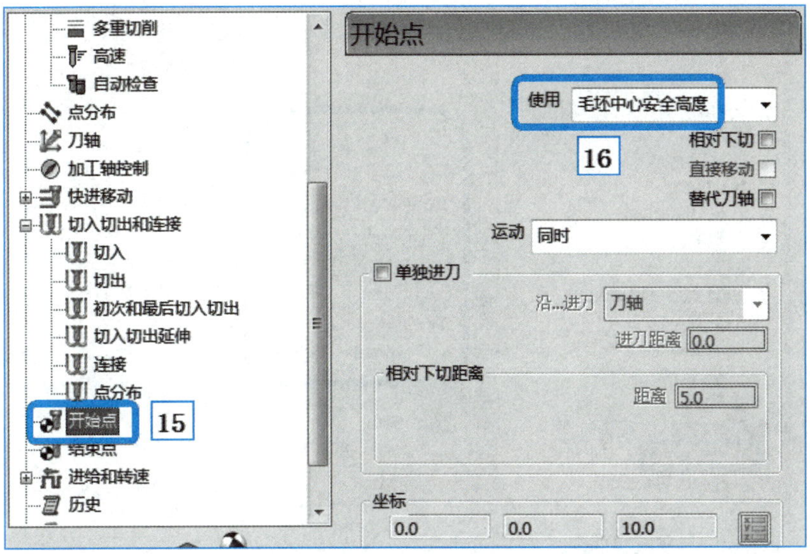

图 6－24　设置开始点

（6）如图 6－25 所示，单击“结束点”（图注 17），在“使用”下拉列表中选择“毛坯中心安全高度”（图注 18）。这个结束点不是系统默认的选项。设置加工结束回到这个位置是因为其距离原点最近。后续加工环节需要零件绕原点旋转时，这个位置的刀具与零件干涉小。

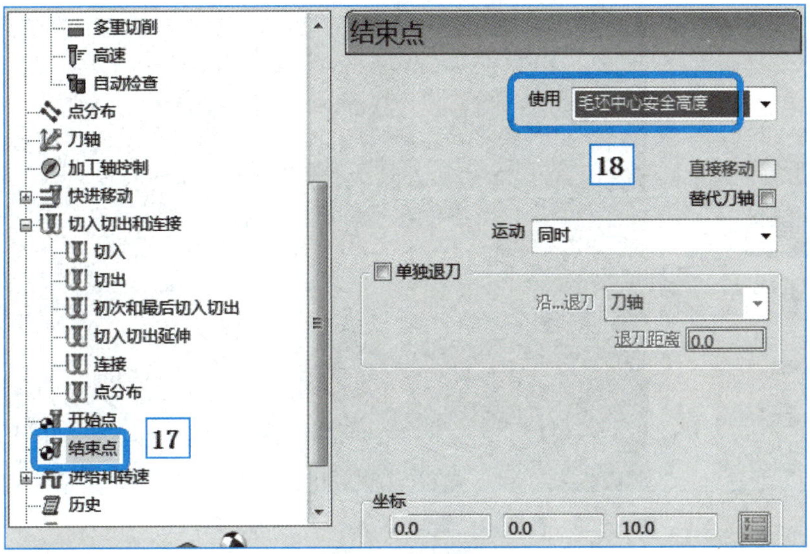

图 6－25　设置结束点

（7）如图 6－26 所示，单击“进给和转速”（图注 19），输入主轴转速“2000.0”、切削进给率“200.0”、下切进给率“100.0”、掠过进给率“2000.0”（图注 20）。单击“计算”按钮（图注 21），系统自动依据设置的切削参数，按照加工策略算法计算出切削刀路的轨迹。

单击“进给和转速”后，会发现图注 20 处的参数已经设置完成了，这是因为进给和转速均与上一次顶部倒角的加工参数相同，系统会自动保存用户每次改动的参数。

如图 6－27 所示，椭圆锥台侧壁 SWARF 铣削的刀路轨迹显示在模型中。如果觉得刀路线条影响操作，可单击灯泡图标（图注 22）关闭刀路显示。

笔记栏

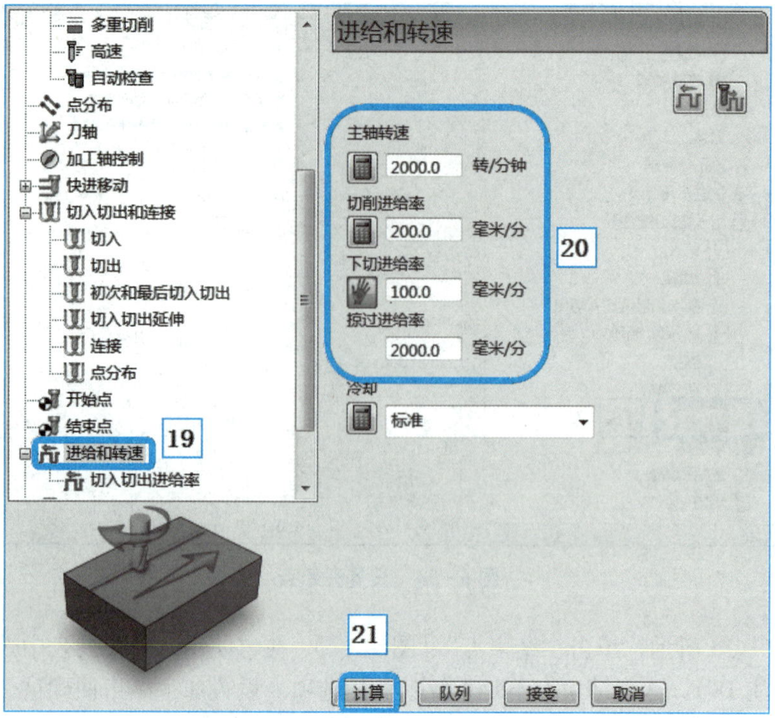

图 6－26　设置进给和转速

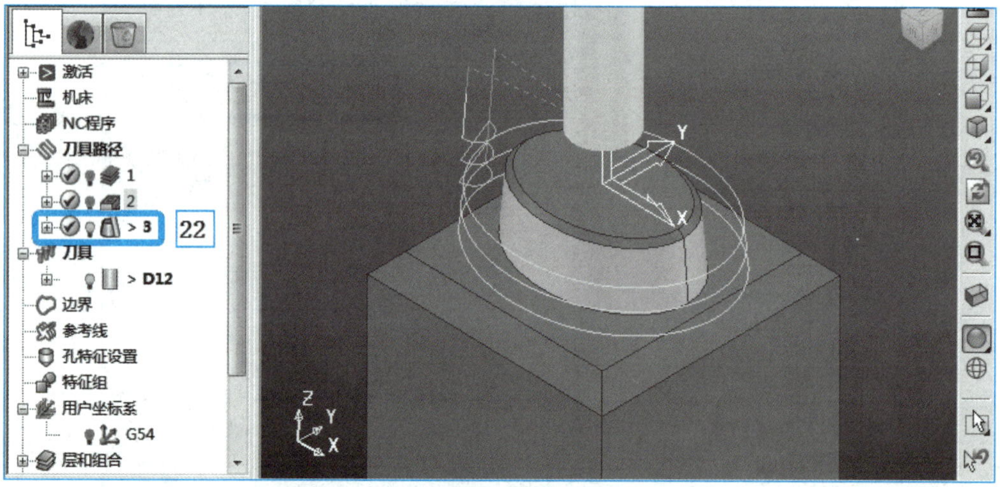

图 6－27　椭圆锥台侧壁 SWARF 铣削的刀路轨迹

SWARF 精加工策略也可以加工顶部的倒角，具体方法不再赘述，请同学们自行尝试。下面换一种加工策略来加工顶部倒角。

8. 创建精铣顶部倒角所需的镶嵌参考线

（1）如图 6－28 所示，在项目树中用鼠标右键单击“参考线”（图注 1），在右键浮动菜单中选择“产生参考线”（图注 2），系统将创建一条空的参考线。

（2）如图 6－29 所示，单击模型顶部的倒角，选中的模型将改变颜色，但只有一半改变颜色（图注 3），可按住键盘上的“Shift”键单击没有改变颜色的另一半倒角。选中全部倒角后，用鼠标右键单击参考线 1（图注 4），在右键浮动菜单中选择“插入”（图注 5）→“模型”（图注 6），系统在顶部倒角的边缘创建出两条参考线（2 条黄色线条）。

笔记栏

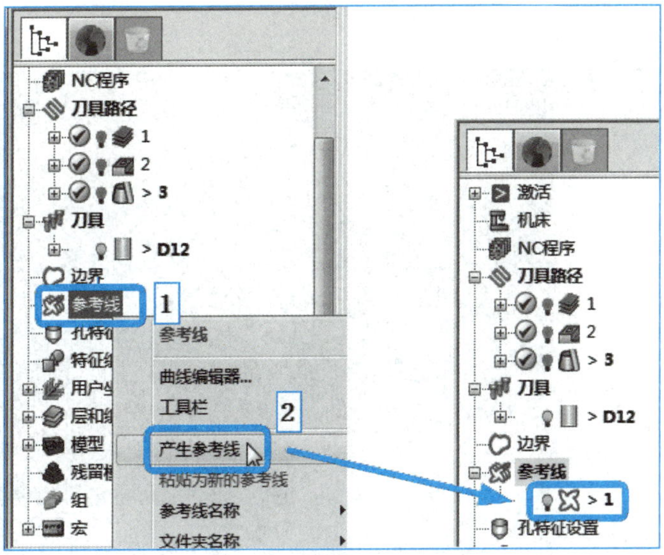

图 6－28　创建空的参考线

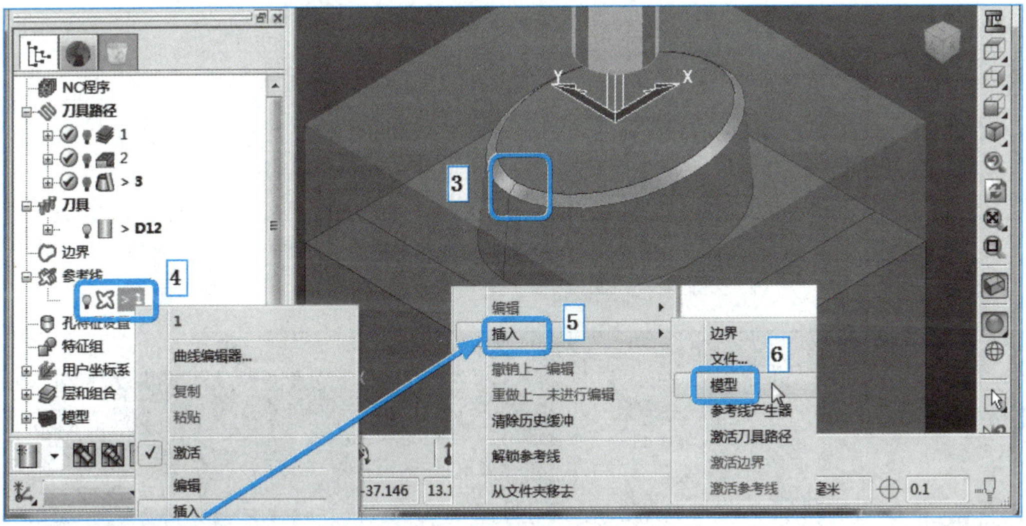

图 6－29　创建顶部倒角处的参考线

（3）如图 6－30 所示，单击“模型”按钮（图注 7），关闭模型显示，可以清晰看到两条参考线。由于顶部倒角比较小，能够一刀铣完，因此只保留一条参考线即可，需要删除另一条参考线。单击顶部的参考线，选中的参考线变为黄色（图注 8），未选中的为橙色，再用鼠标右键单击参考线 1（图注 9），在右键浮动菜单中选择“编辑”（图注 10）→“删除已选部件”（图注 11），多余的参考线被删除。在这个实例中删除哪条线都可以，只加工剩下的参考线，不删除则会走两刀。

（4）如图 6－31 所示，单击顶部剩余的参考线，选中的参考线将变为黄色（图注 12），再用鼠标右键单击参考线 1（图注 13），在右键浮动菜单中选择“编辑”（图注 14）→“镶嵌”（图注 15），打开“镶嵌参考线”对话框，单击“应用”按钮（图注 16），系统自动创建参考线 1_1。

（5）如图 6－32 所示，为了区分这些参考线，在项目树中用鼠标右键单击参考线（图注 17），在右键浮动菜单中选择“重新命名”（图注 18），将参考线 1_1 重新命名为“顶部倒角镶嵌”，然后单击“模型显示”按钮（图注 19），精铣顶部倒角所需的镶嵌参考线就创建完成了。

笔记栏

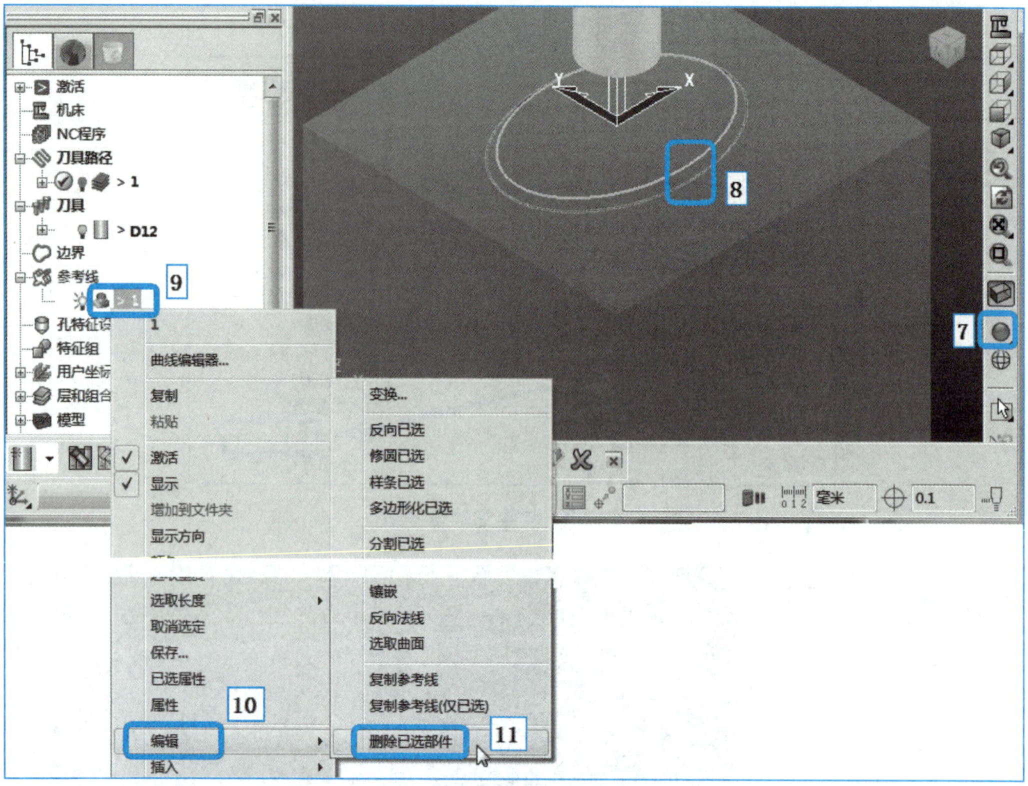

图 6-30　删除多余的参考线

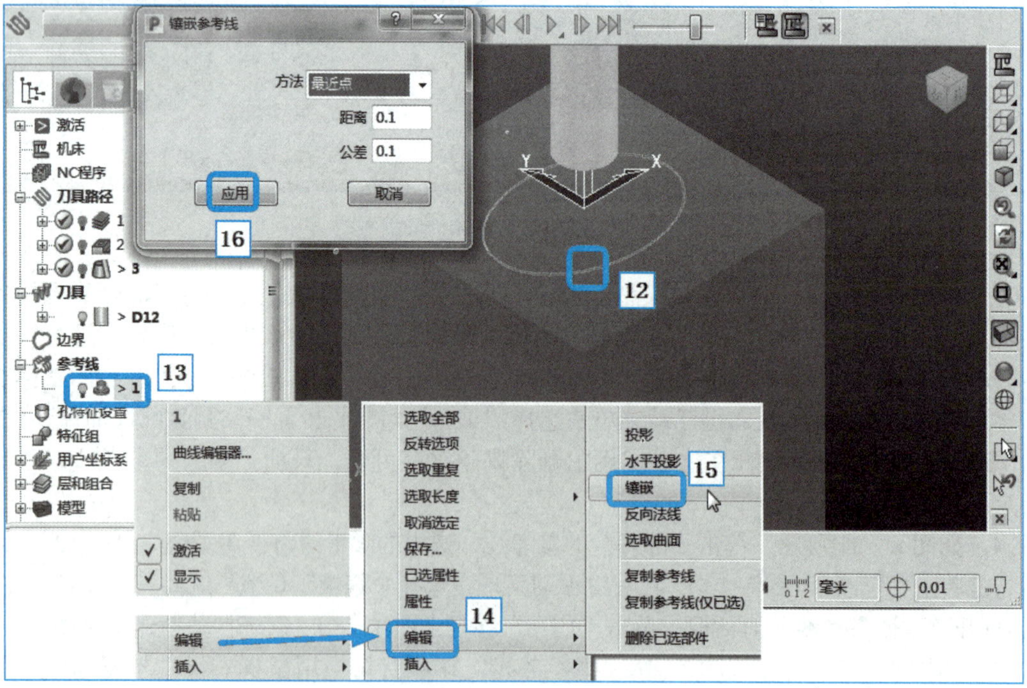

图 6-31　镶嵌参考线

笔记栏

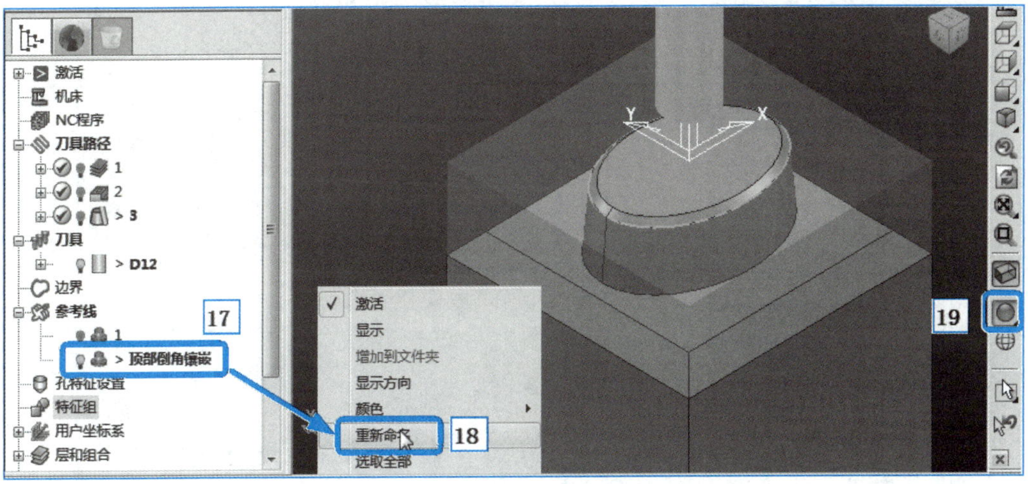

图 6－32　完成的镶嵌参考线

9. 精加工顶部倒角

（1）如图 6－33 所示，单击“选取刀具路径策略”按钮（图注 1），打开“策略选取器”对话框。单击“精加工”（图注 2），再单击“镶嵌参考线精加工”（图注 3），然后单击“接受”按钮（图注 4），打开“镶嵌参考线精加工”对话框。

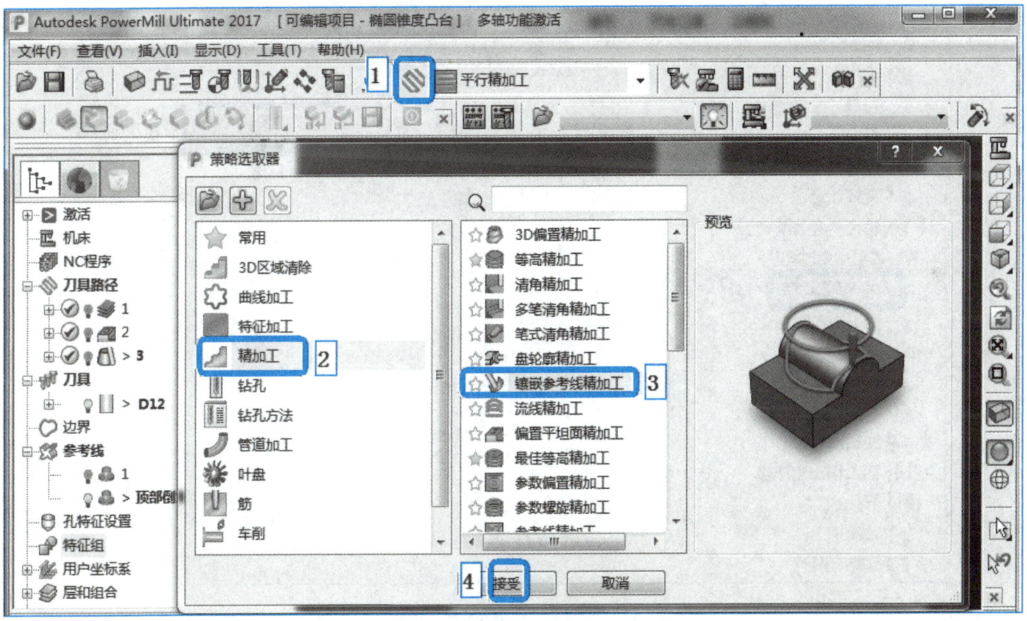

图 6－33　选取镶嵌参考线精加工策略

（2）如图 6－34 所示，单击“镶嵌参考线精加工”（图注 5），在“驱动曲线”下拉列表中选择“顶部倒角镶嵌”参考线（图注 6），设置公差“0.01”、余量“0.0”（图注 7）。

（3）如图 6－35 所示，单击“多重切削”（图注 8），在“方式”下拉列表中选择“关”（图注 9）。这样设置的原因是前面精铣侧壁时选择了多重切削，而这里不需要。

笔记栏

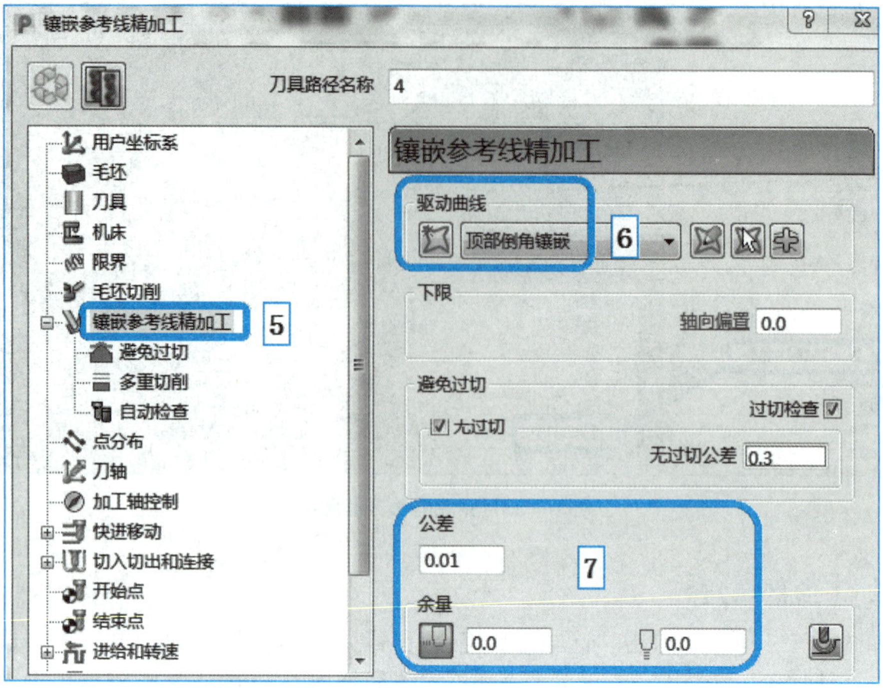

图 6-34 选取顶部倒角镶嵌参考线

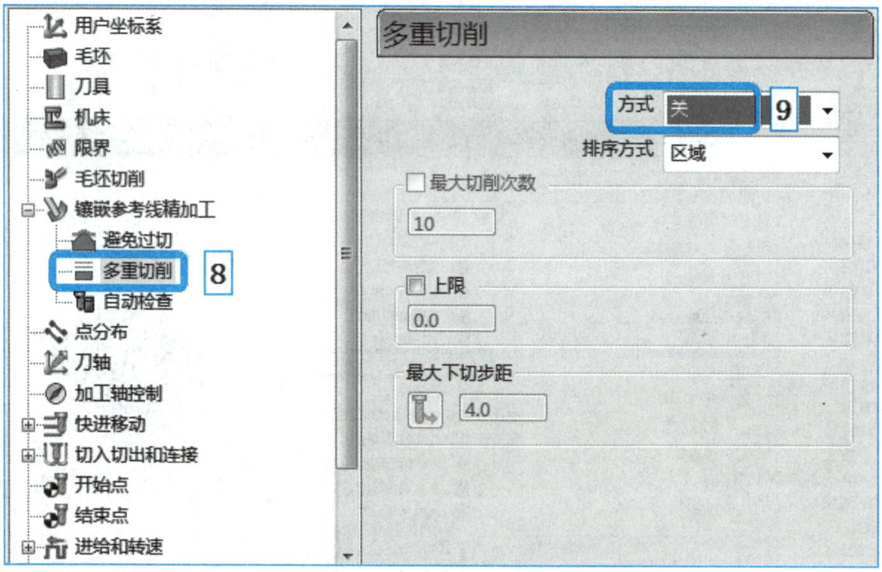

图 6-35 关闭多重切削

（4）如图 6-36 所示，单击“刀轴”（图注 10），在“刀轴”下拉列表中选择“前倾 / 侧倾”（图注 11）。系统默认刀具与镶嵌参考线的接触方式为“接触点法线”（图注 12），前倾和侧倾的角度均为“0.0”。（思考：前倾设为 3° 行不行。）

其他参数如果不做修改，系统默认与上一次设置相同，即切入切出和连接、开始点、结束点、进给和转速等参数均与上一次精铣侧壁时的参数相同。单击“计算”按钮（图注 13），系统自动依据设置的切削参数，按照加工策略算法计算出切削刀路的轨迹。

笔记栏

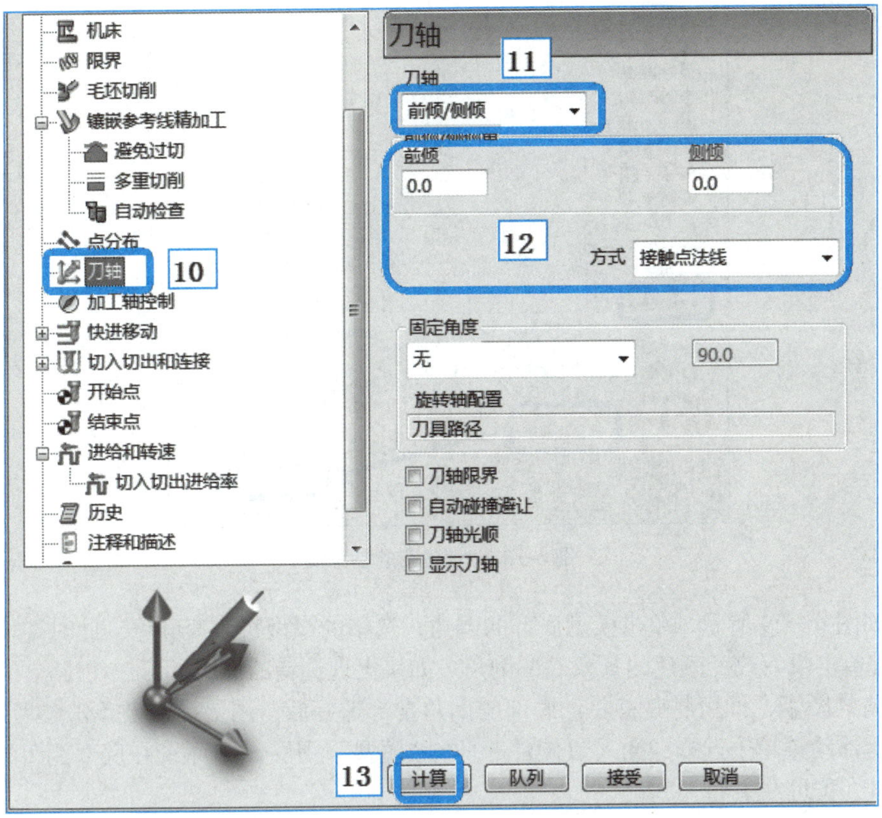

图 6－36　刀具与镶嵌参考线的接触方式为“接触点法线”

如图 6－37 所示，精加工顶部倒角的刀路轨迹显示在模型中。如果觉得刀路线条影响操作，可单击灯泡图标（图注 14）关闭刀路显示。

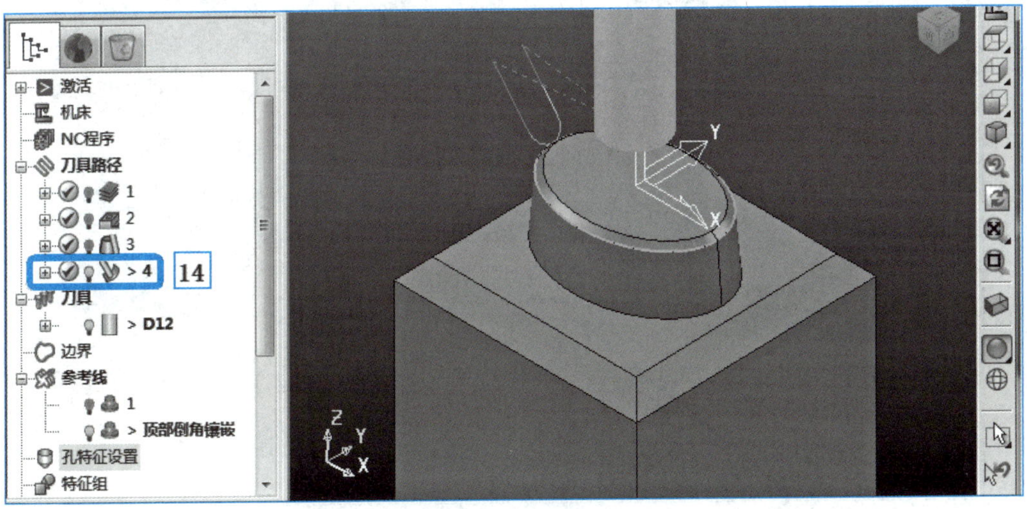

图 6－37　精加工顶部倒角的刀路轨迹

10. 创建精铣底部倒角所需的镶嵌参考线

（1）如图 6－38 所示，在项目树中用鼠标右键单击参考线（图注 1），在右键浮动菜单中选择“产生参考线”（图注 2），系统将创建一条空的参考线。

笔记栏

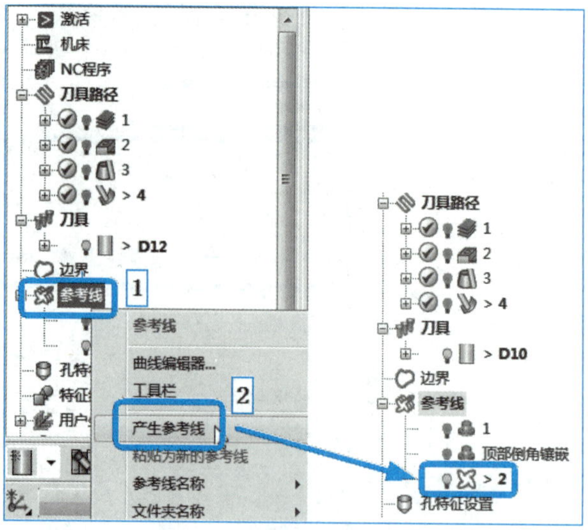

图 6－38　创建空的参考线

（2）如图 6－39 所示，单击模型底部的倒角，选中的模型将改变颜色，此时按住键盘上的“Shift”键单击没有改变颜色的其余底部倒角。如果出现选错的情况，可按住键盘上的“Ctrl”键单击选错的图素，即可将其移除。底部的倒角全部选好后，用鼠标右键单击参考线 2（图注 4），在右键浮动菜单中选择“插入”（图注 5）→“模型”（图注 6），系统在底部倒角的边缘创建两条参考线（黄色线条）。

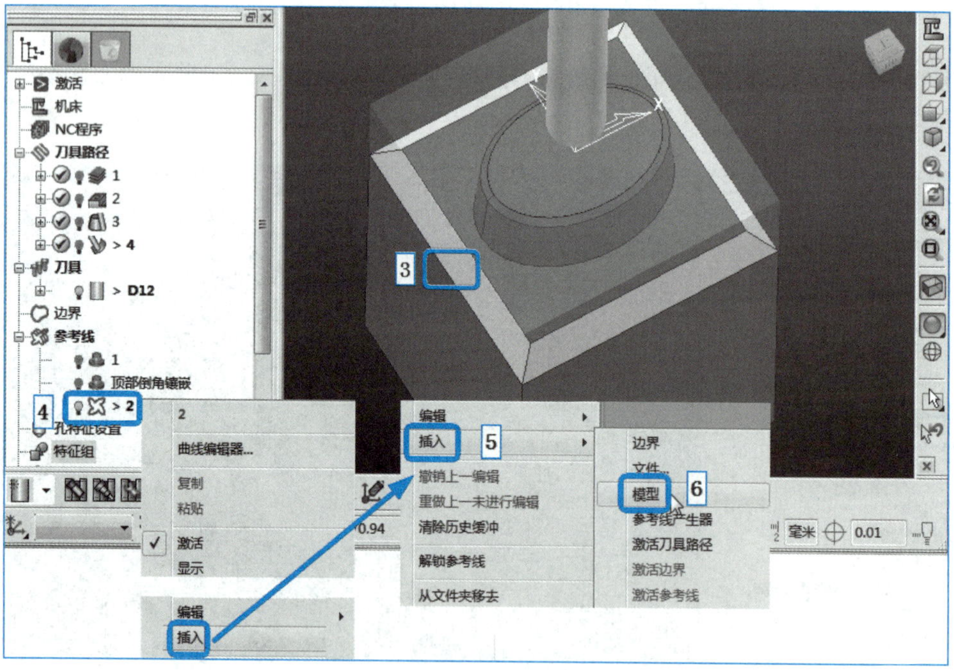

图 6－39　创建底部倒角处的参考线

（3）如图 6－40 所示，单击“模型”按钮（图注 7），关闭模型显示，可以清晰看到两条参考线。因为刀具半径超过底部倒角宽度，能够一刀铣完，所以保留一条参考线即可，需要删除另一条参考线。单击上面的参考线，选中的参考线将变为黄色（图注 8），未选中的为橙色，再用鼠标右键单击参考线 2（图注 9），在右键浮动菜单中选择“编辑”（图注 10）→“删除已选部件”(图注 11)，多余的参考线被删除。

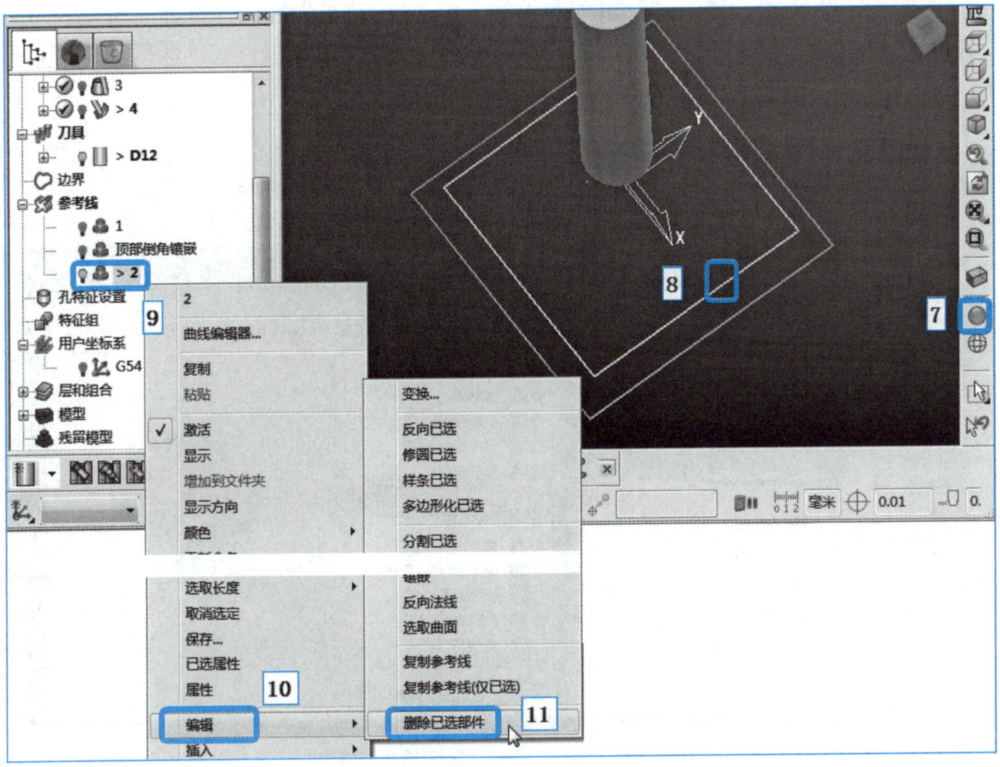

图 6－40　删除底部多余的参考线

(4) 如图 6－41 所示，用鼠标右键单击参考线 2(图注 12)，在右键浮动菜单中选择“编辑”(图注 13)→“镶嵌”(图注 14)，打开“镶嵌参考线”对话框，单击“应用”按钮(图注 15)，系统自动创建参考线 2_1，精铣底部倒角所需的镶嵌参考线就创建完成了。

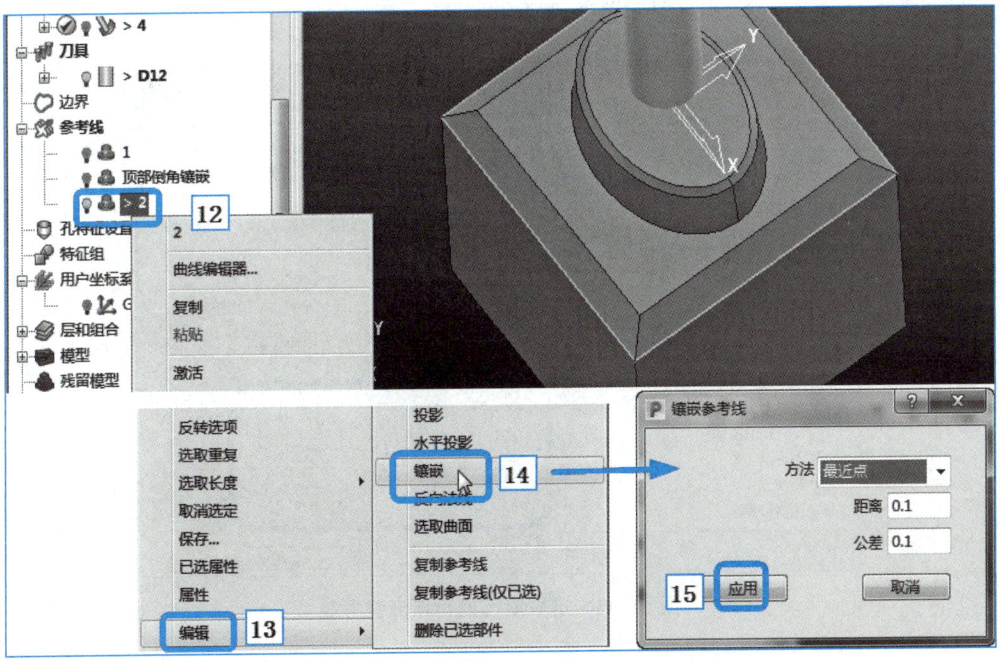

图 6－41　创建底部倒角的镶嵌参考线

笔记栏

11. 精加工底部倒角

（1）如图 6－42 所示，单击“选取刀具路径策略”按钮（图注 1），打开“策略选取器”对话框。单击“精加工”（图注 2），再单击“镶嵌参考线精加工”（图注 3），然后单击“接受”按钮（图注 4），打开“镶嵌参考线精加工”对话框。

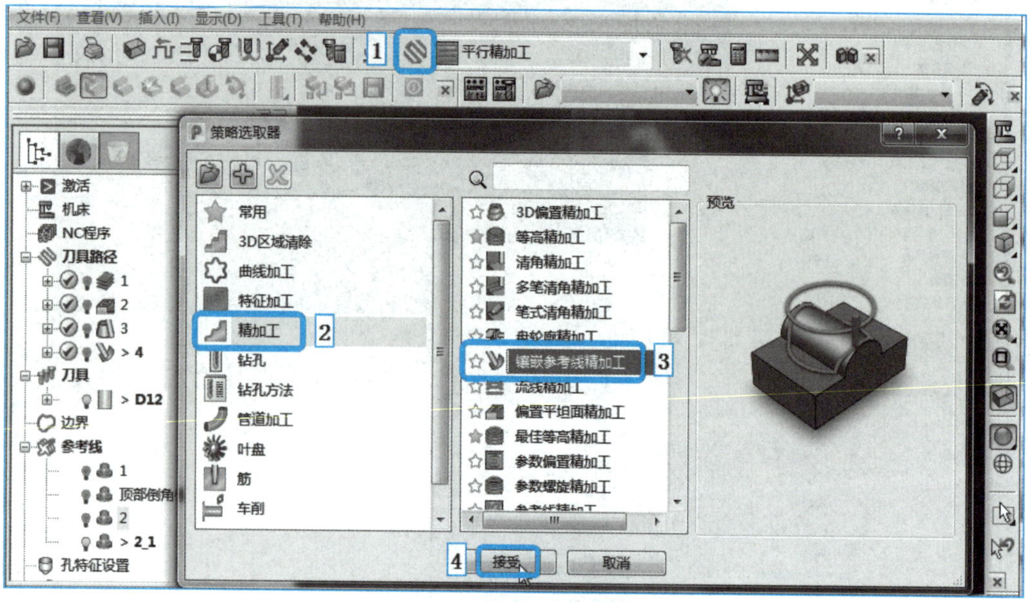

图 6－42　选取镶嵌参考线精加工策略

（2）如图 6－43 所示，单击“镶嵌参考线精加工”（图注 5），在“驱动曲线”下拉列表中选择底部倒角镶嵌参考线“2_1”（图注 6），设置公差“0.01”、余量“0.0”（图注 7）。由于刀轴相关参数，如切入切出和连接、开始点、结束点、进给和转速均与上一次精铣顶部倒角时设置的参数相同，因此无须再次设置。单击“计算”按钮（图注 8），系统自动依据设置的切削参数，按照加工策略算法计算出切削刀路的轨迹。

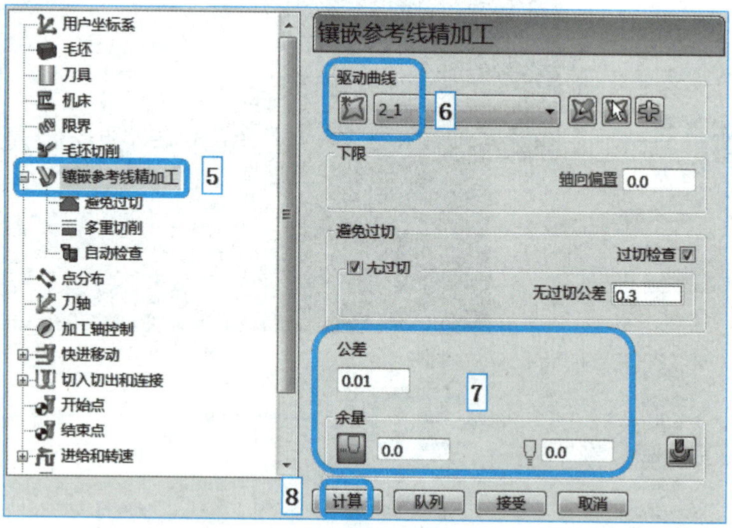

图 6－43　选取底部倒角镶嵌参考线

如图 6－44 所示，精加工底部倒角的刀路轨迹显示在模型中。

笔记栏

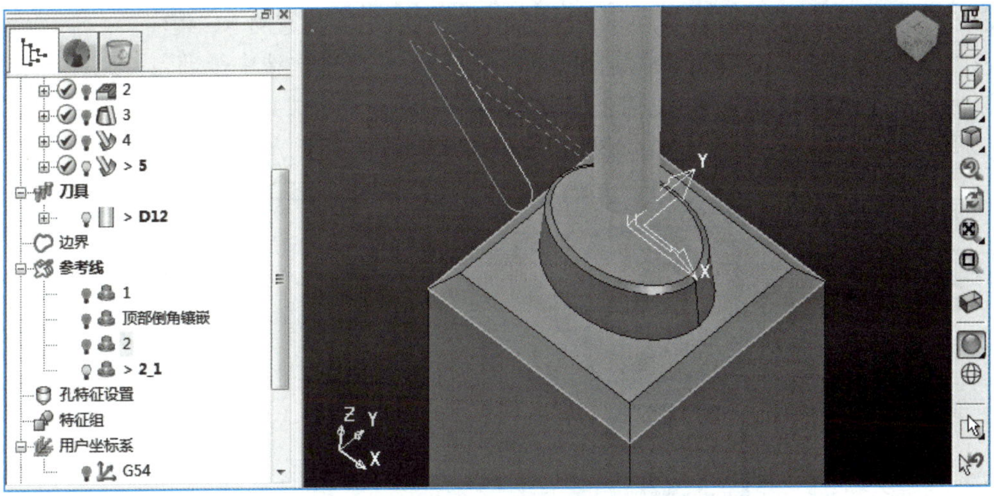

图 6－44　精加工底部倒角的刀路轨迹

12. 模拟仿真全部刀具路径的加工过程

（1）如图 6－45 所示，用鼠标右键单击项目树中的“NC 程序”（图注 1），在右键浮动菜单中选择“产生 NC 程序”（图注 2），屏幕出现“NC 程序”对话框。

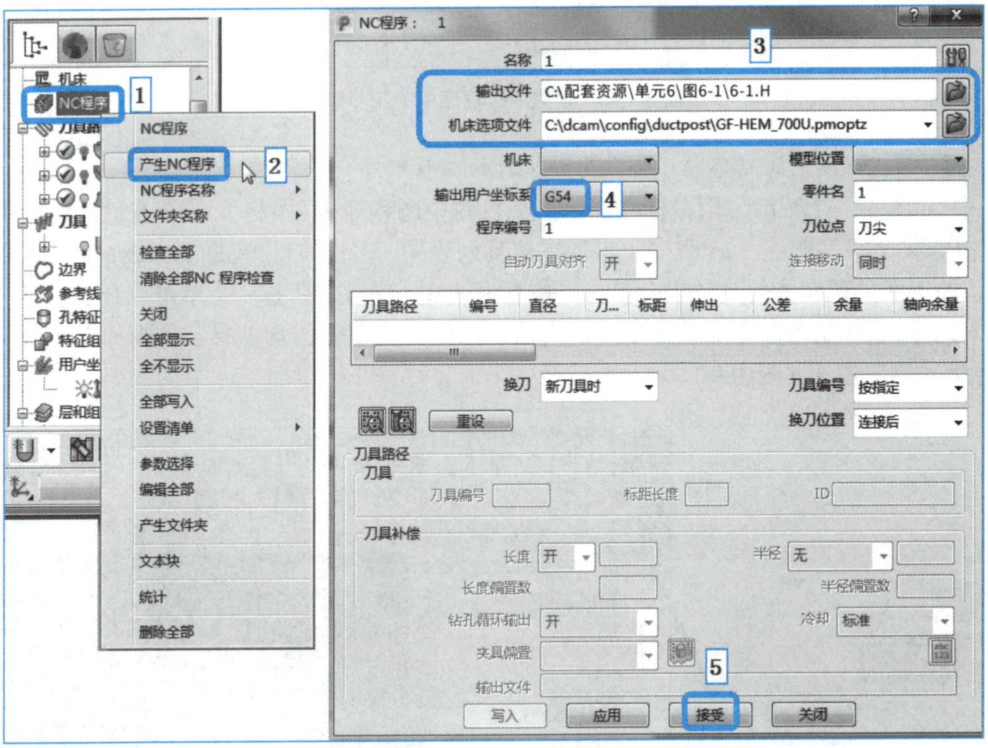

图 6－45　设置 NC 程序的存放路径和后置处理程序的路径

设置 NC 程序的输出路径和文件名，C:\ 配套资源 \ 单元 6\ 图 6－1\6－1.H（图注 3）。

机床选项文件的路径是 C:\dcam\config\ductpost\GF-HEM_700U.pmoptz（也可自行设置路径，下同），这个文件是针对 GF HEM 700U 五轴加工中心的专用后置处理程序。

在“输出用户坐标系”的下拉列表中选择前面设定完成的 G54 用户坐标系（图注 4），然

笔记栏

后单击“接受”按钮（图注 5），即可创建一条名称为 1、内容为空的 NC 程序。

（2）如图 6－46 所示，按住键盘上的“Ctrl”键，然后依次选中全部刀具路径（图注 1），再用鼠标右键单击这些刀具路径，在右键浮动菜单中选择“增加到”（图注 2）→“NC 程序”（图注 3），所有刀具路径即可出现在 NC 程序中（图注 4）。

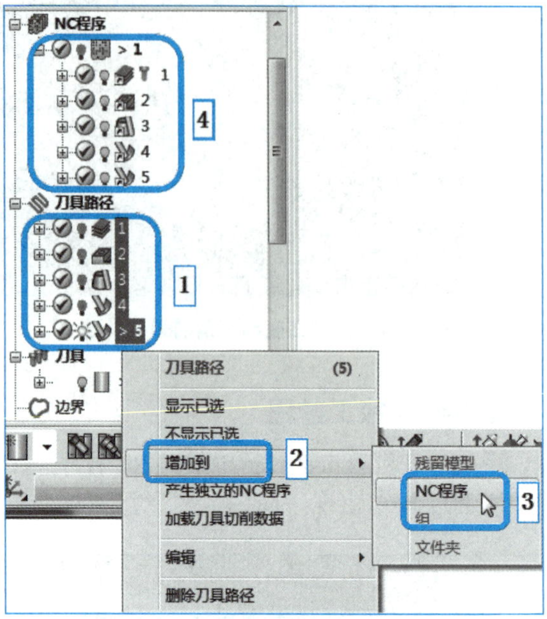

图 6－46　设置 NC 程序中的工步顺序

注意：NC 程序中的刀路顺序将成为加工时的工步顺序。

（3）如图 6－47 所示，用鼠标右键单击项目树中的程序 1（图注 1），在右键浮动菜单中选择“自开始仿真”（图注 2），程序 1 出现在仿真列表中（图注 3），单击“ViewMill”按钮（图注 4），加工区呈现实体仿真效果，单击“仿真模式 3”按钮（图注 5），单击“开始仿真”按钮（图注 6）。图注 7 是调整仿真演示速度的滑块，图注 8 为实体仿真结果。仿真加工完成后，单击“结束仿真”按钮（图注 9）。

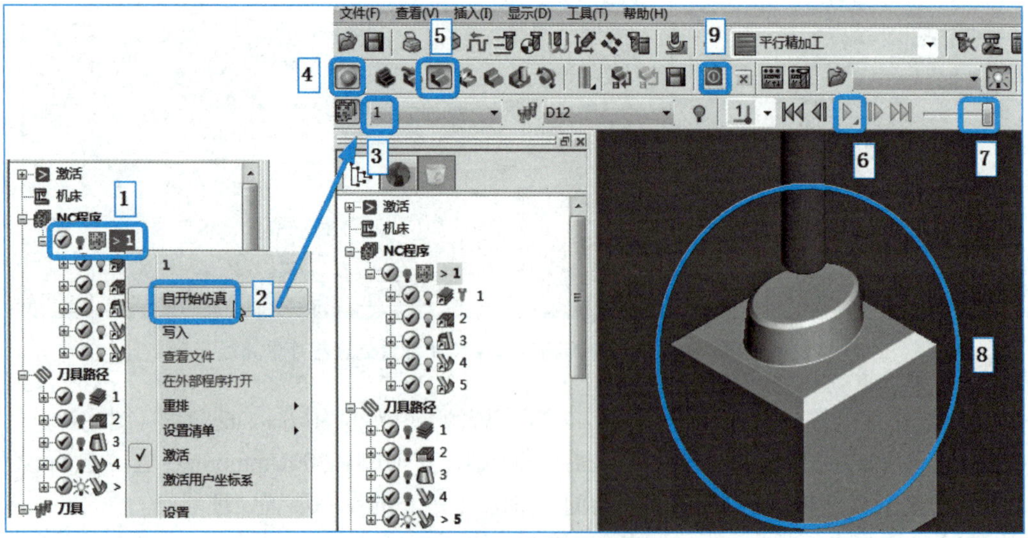

图 6－47　完成实体仿真

笔记栏

13. 生成刀具路径

如图 6－48 所示，用鼠标右键单击项目树中的程序 1（图注 1），在右键浮动菜单中选择“写入”（图注 2）。PowerMill 系统将按照图 6－45 所示的设置读入机床选项文件，并按照设置好的机床 NC 格式将所有刀具路径数据转换到 G54 坐标系下。写入完成后，弹出“信息”对话框。

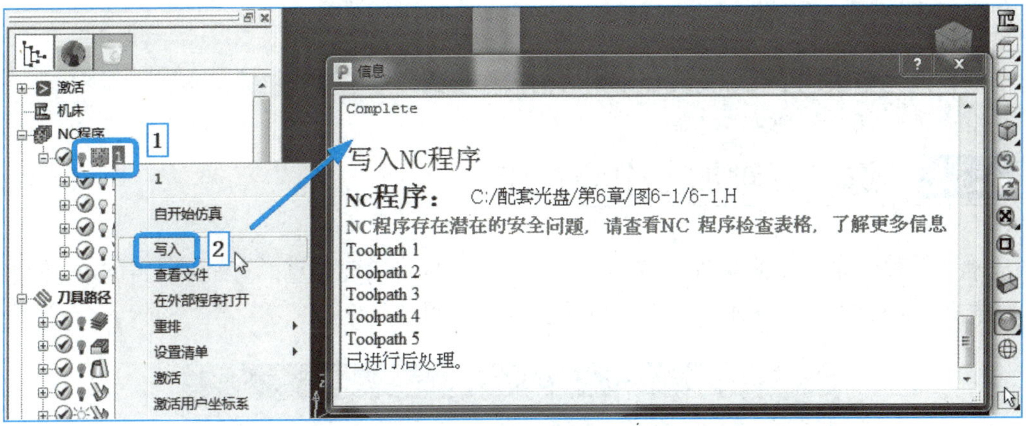

图 6－48　生成刀具路径

笔记栏

6.3 椭圆锥度凸台的仿真加工

前面已经完整叙述了五轴仿真加工中心的操作步骤，这里仅介绍关键步骤。

6.3.1 选择五轴加工中心机床

启动宇龙机械加工仿真软件，按照图 6 - 49 所示选择需要仿真的五轴加工中心的控制系统和机床类型。如图 6 - 50 所示为选择完成后呈现的界面。

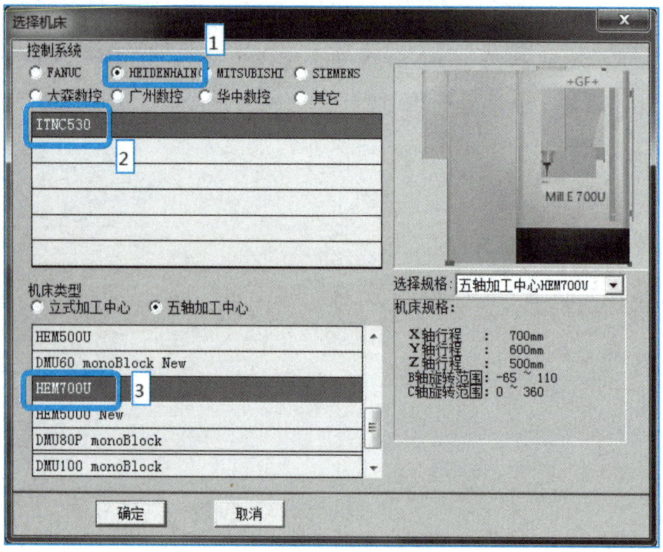

图 6 - 49　选择五轴加工中心

6.3.2 数控系统的启动操作

如图 6 - 50 所示，当屏幕上方显示出错信息“电源中断”时（图注 1），单击“CE”键两次（图注 2），然后单击“电气电源”键（图注 3），启动完成。

6.3.3 定义毛坯尺寸

按照图 6 - 51 所示，定义毛坯的形状为长方体，尺寸为 50mm × 50mm × 70mm。

笔记栏

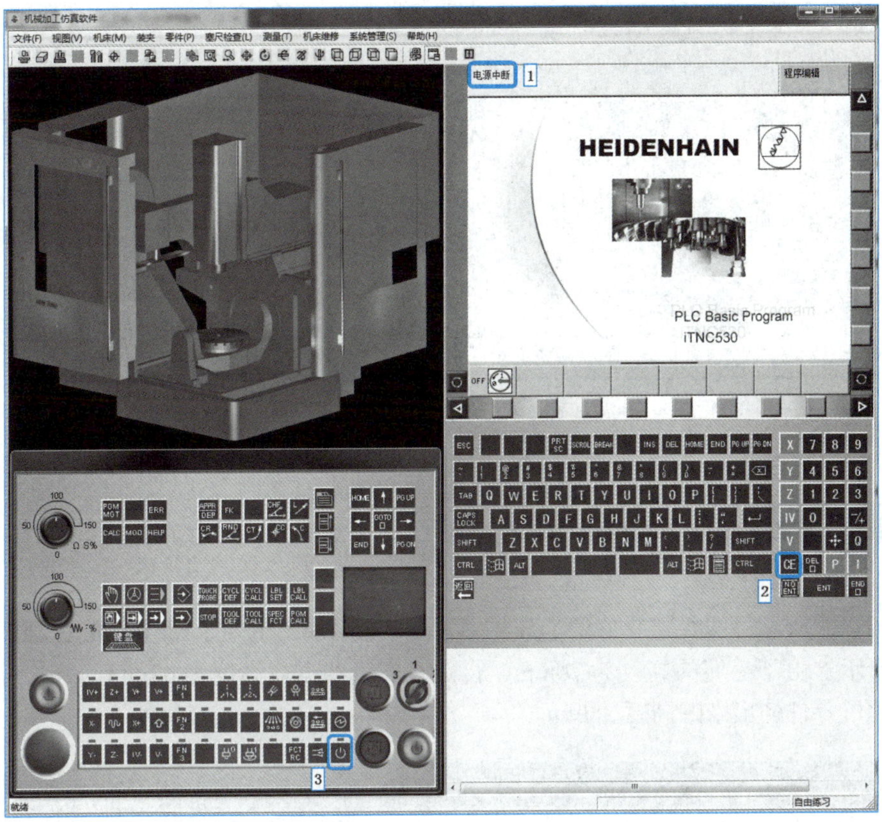

图 6－50　MIKRON HEM 700U 五轴加工中心

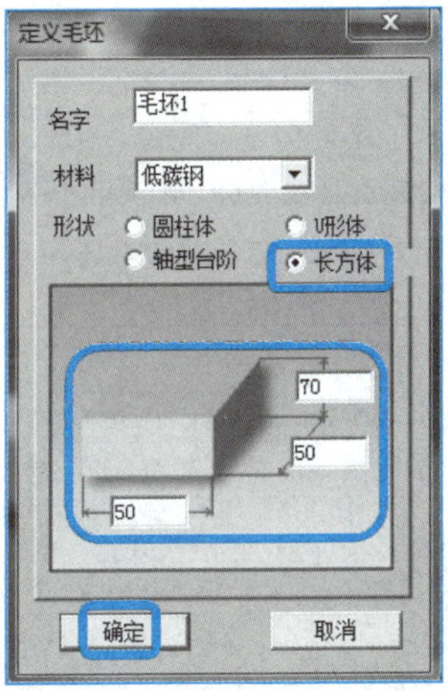

图 6－51　定义毛坯尺寸

6.3.4　定义夹具类型

如图 6－52 所示，定义夹具类型为自定心虎钳。

笔记栏

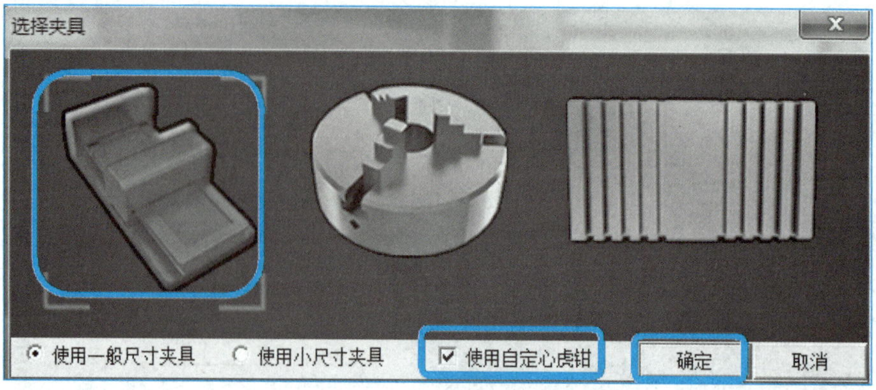

图 6－52　定义夹具类型

6.3.5　将毛坯放置到夹具上

如图 6－53 所示，选择定义好的毛坯，单击“安装零件”按钮，将毛坯放置到虎钳上。如图 6－54 所示，由于毛坯的高度为 70mm，自定心虎钳的钳口高度为 32mm，因此刀具的加工深度不能超过零件伸出来的高度 38mm。

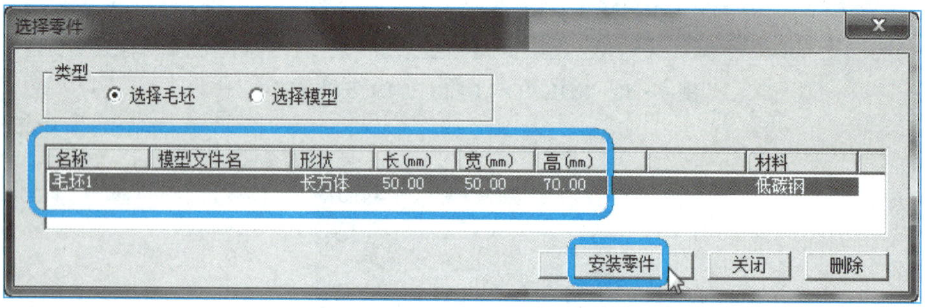

图 6－53　放置毛坯

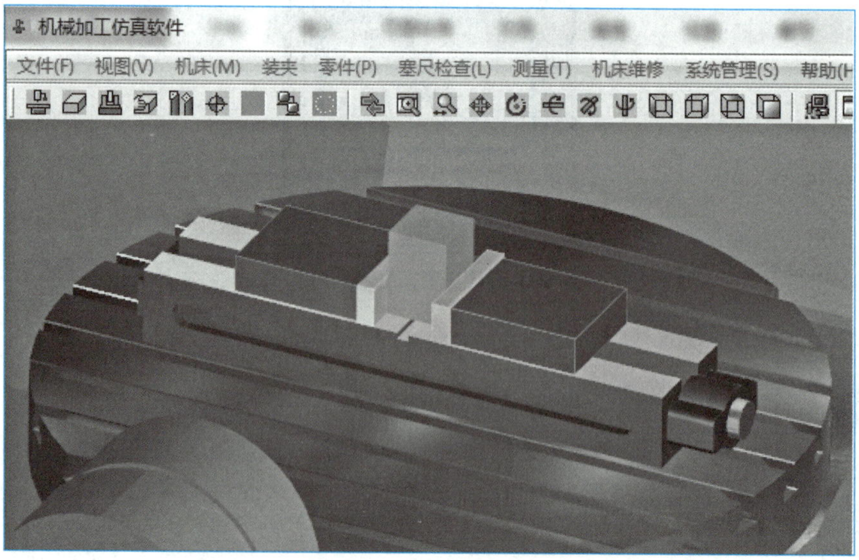

图 6－54　毛坯放置完成

笔记栏

6.3.6　定义加工刀具

如图 6－55 所示，定义 T1 刀具为 ϕ12mm。

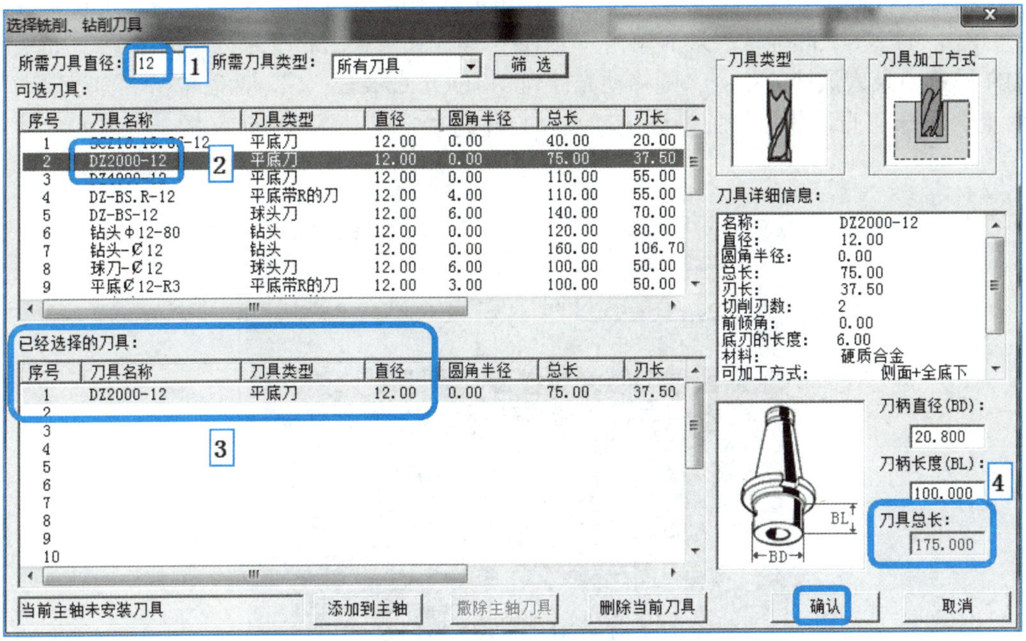

图 6－55　定义加工刀具

6.3.7　建立刀具表

在操作面板上选择“手动操作”模式，在屏幕右下角选择“刀具表”，进入“编辑刀具表”界面，如图 6－56 所示。将“编辑”键设置在“开”位置（图注 1）。用光标键选择需要修改的参数，T1 的刀具名称为“D12”，刀具总长 L 值为“175.000”（依据图 6－55 中图注 4），刀具半径 R 值为“6.000”（图注 2）。因为是平底刀，所以 R2 的值为“0.000”。

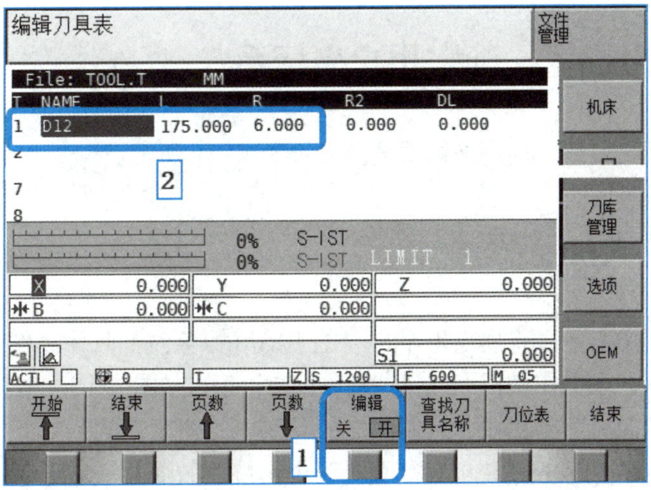

图 6－56　编辑刀具表

笔记栏

6.3.8 MDI 指令换刀

如图 6－57 所示，在操作面板上选择 MDI 模式（图注 1）。单击“TOOL CALL”键（图注 2），系统自动输入字母“TOOL CALL”，再单击数字键“1”和“ENT”键，屏幕出现字母“Z”，单击“ENT”键确认，最后单击“END”键，完成换刀指令录入（图注 3）。如果已经在 MDI 模式中录入该换刀指令，则移动光标到“TOOL CALL 1 Z”，然后单击“程序启动”键（图注 4），机床可自动将 1 号刀换到主轴上。与此同时，在刀具表中定义的 1 号刀的参数自动生效。

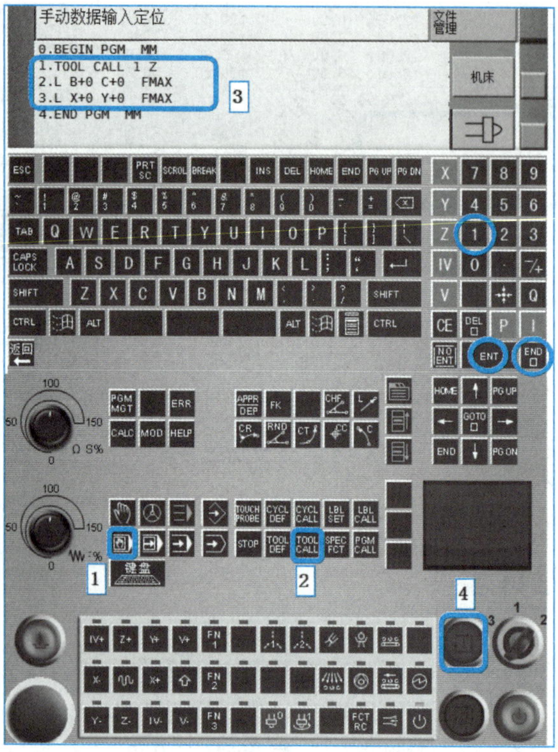

图 6－57　手动数据输入（MDI）模式

6.3.9 对刀找正，确定用户坐标系

对刀找正过程不再赘述，用户坐标系预设表如图 6－58 所示。

6.3.10 传入加工程序

在五轴仿真加工中心上，将加工程序 6－1.H 传入仿真系统的具体操作如下：

如图 6－59 所示，在操作面板上选择“程序编辑”模式（图注 1）。数控系统屏幕变更为文件管理界面，单击“向左”键◁两次（图注 2），屏幕下方出现新的菜单，如图 6－60 所示。单击“视窗”键（图注 3），数控系统屏幕变更为两个窗口，如图 6－61 所示，左边的窗口显示数控系统的内部目录 ITNC\LX，右边的目录默认为 C:\，用→光标键将光标从左边窗口切换到右边窗口，用↓光标键找到 C:\ 配套资源 \ 单元 6\ 图 6 - 1\6 - 1.H（图注 4），单击“复制”键（图注 5），系统弹出拷贝文件提示对话框，单击“ OK”键，即可将 6 - 1.H 从右边窗口复制到左边窗口，PowerMill 生成的加工程序就传入仿真机床了。在左边窗口中用光标选择该文件，按“ENT”键，即可打开加工程序进行编辑等操作。

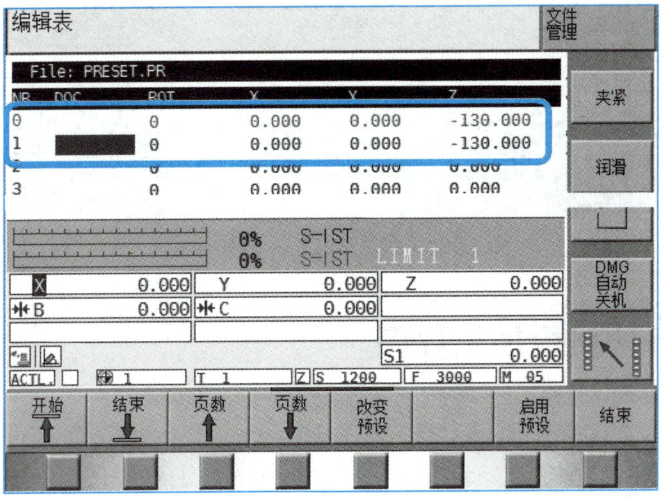

图 6 - 58　用户坐标系设置

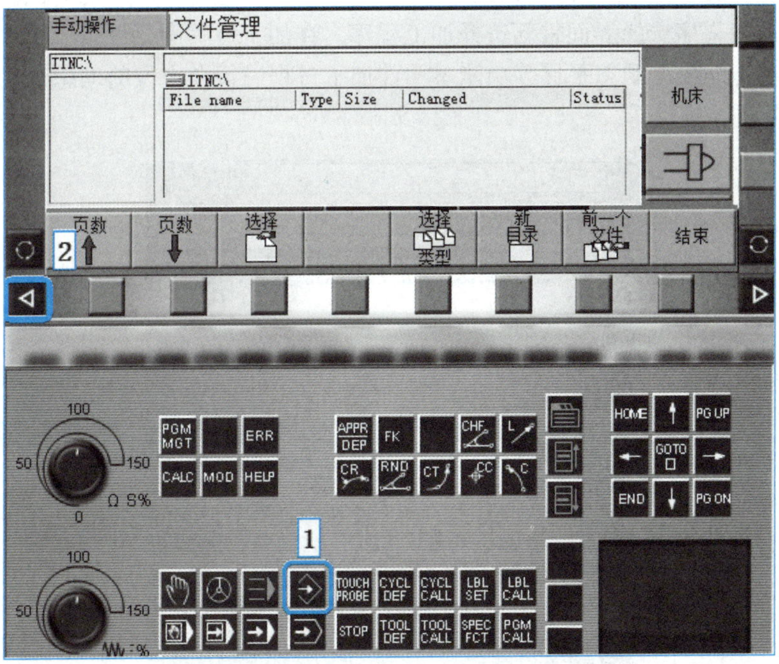

图 6 - 59　传入加工程序操作步骤 1

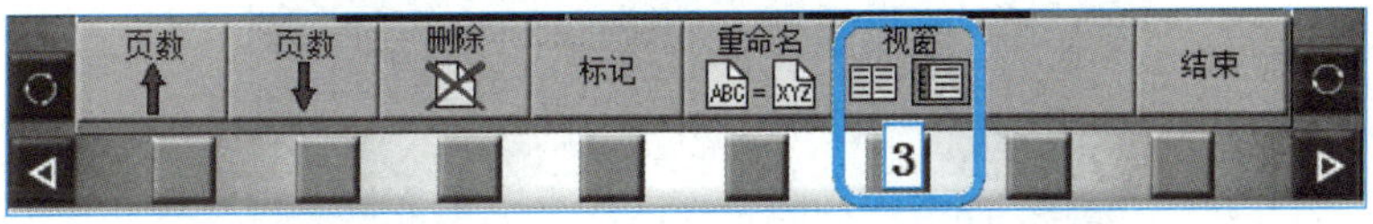

图 6 - 60　传入加工程序操作步骤 2

笔记栏

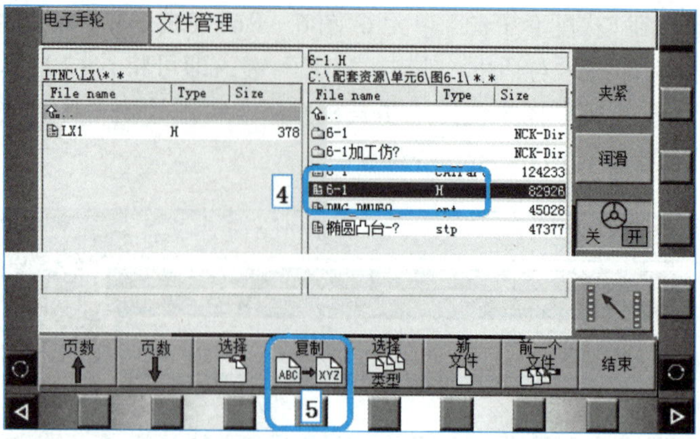

图 6－61　传入加工程序操作步骤 3

6.3.11　自动执行加工程序

如图 6－62 所示，在操作面板上选择“程序运行—全自动”模式（图注 1）。在数控系统屏幕中，用↓光标键（图注 2）选择需要自动执行的加工程序，例如 6－1.H（图注 3），按“ENT”键（图注 4），数控系统打开 6－1.H 文件。确认程序后即可单击“程序启动”键（图注 5），机床自动按照加工程序的内容加工零件。如果加工程序选择错误，可以单击“PGM MGT”键（图注 6），返回程序选择界面重新选择加工程序。在加工过程中，可以通过“视图”菜单中的动态旋转、动态缩放、动态平移等功能对零件加工过程进行全方位的动态观察，包括对应的加工代码，实际进给速度等。

图 6－62　选择需要自动执行的加工程序

椭圆锥度凸台的 CAM 加工程序 6－1.H 的执行结果如图 6－63 所示。

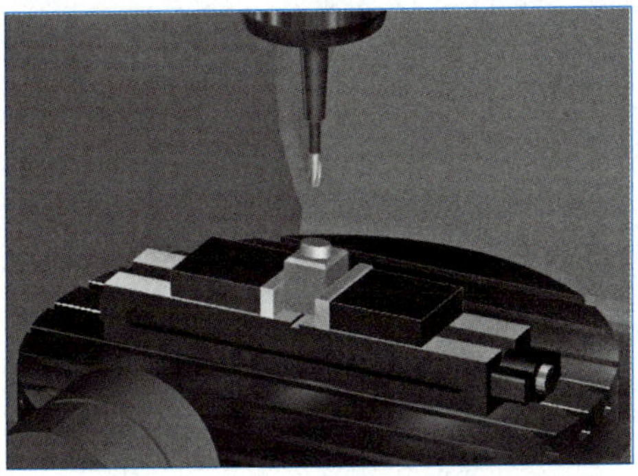

图 6－63　加工程序执行结果

笔记栏

单元 7

涡轮增压叶轮五轴加工实例

学习目标

- 能独立完成叶轮类零件的五轴加工。

立德树人

技能成才、技能强国

据统计，我国技能人才总量超过 2 亿人，高技能人才超过 6000 万人。一间间“劳模工作室”“技能大师工作室”，创新才智充分涌流；一处处车间厂矿、施工现场，技能人才挥洒汗水……大国工匠执着专注、精益求精、一丝不苟、追求卓越，用实干成就梦想，在平凡中彰显不凡，书写技能成才、技能强国的精彩篇章。

7.1 叶轮加工的相关知识

叶轮类零件是重要且典型的机械装备零件，在能源动力、航空航天、石油化工、冶金等领域应用广泛。

叶轮的工作原理：通过高速旋转的叶片对流体（气体或液体）施加离心力或进行动能转换，实现机械能与流体能量（压力能、动能）的相互转化。

叶轮的设计要求：一是流体流过叶轮的损失要小；二是使整机性能曲线的稳定工况区及高效区范围较宽。

进行三维建模时，可将叶轮分为轮毂及叶片两部分，叶片又包含包覆曲面、压力曲面、吸力曲面，如图 7－1 所示。

笔记栏

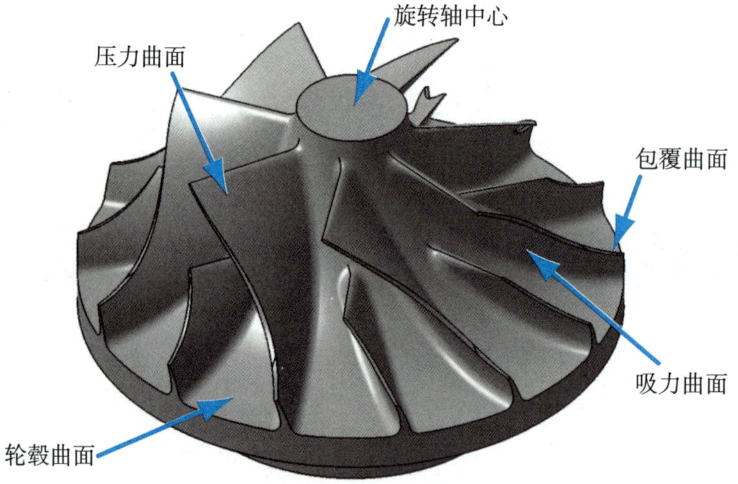

图 7－1　叶轮模型

工件展示
（图 7－1）

叶轮轮毂面和叶轮轮盖面分别由叶片中性面根部曲线和叶片中性面顶部曲线绕 Z 轴旋转而成；经过旋转轴中心的设计基准面为子午面；中性面是指处于叶片压力曲面和吸力曲面中间位置的曲面。流体从叶轮上面的进口流进，从下面的出口流出，相应位置的叶片的轮廓线称为进边和出边。对于半开式叶轮，轮盖面是叶片顶部曲线绕叶轮回转轴线旋转而成的假想回转曲面。

整体叶轮的加工一直是机加工领域的难题。整体叶轮的毛坯一般选用圆柱体锻件，车削后呈近似锥台状，相邻两个叶片之间有大量的材料需要去除。另外，为了使叶轮满足气动性要求，叶片常采用大扭角、根部变圆角的结构，这也给叶轮的加工增加了难度。加工难点包括：加工槽道较窄；叶片相对较长，刚度较低，属于薄壁类零件，加工过程极易变形；相邻叶片空间极小，清角加工时所用刀具直径较小，容易折断；叶片扭曲程度大，加工时极易产生干涉。

为了加工出合格的叶轮，人们想了很多办法，最初采用铸造成型后再修光的方法，后来采用石蜡法精密铸造，还应用过电火花特种加工方法；在数控加工技术应用的早期，采用过三坐标仿形铣的方法加工叶轮，但这些方法不是加工效率低下，就是精度或产品力学性能不佳。直到五轴数控加工技术发展成熟，并应用于叶轮加工，上述问题才得到根本解决。

根据叶轮的几何结构特征和使用要求，基本加工工艺流程如下：

（1）车削加工回转体的基本形状（本工序由数控车床完成）。

（2）粗加工流道部分（本工序由五轴加工中心完成）。

（3）精加工流道部分（本工序由五轴加工中心完成）。

（4）叶片精加工（本工序由五轴加工中心完成）。

笔记栏

7.2 叶轮车削加工的编程与仿真

7.2.1 叶轮车削加工图纸

叶轮车削加工图纸如图 7－2 所示。

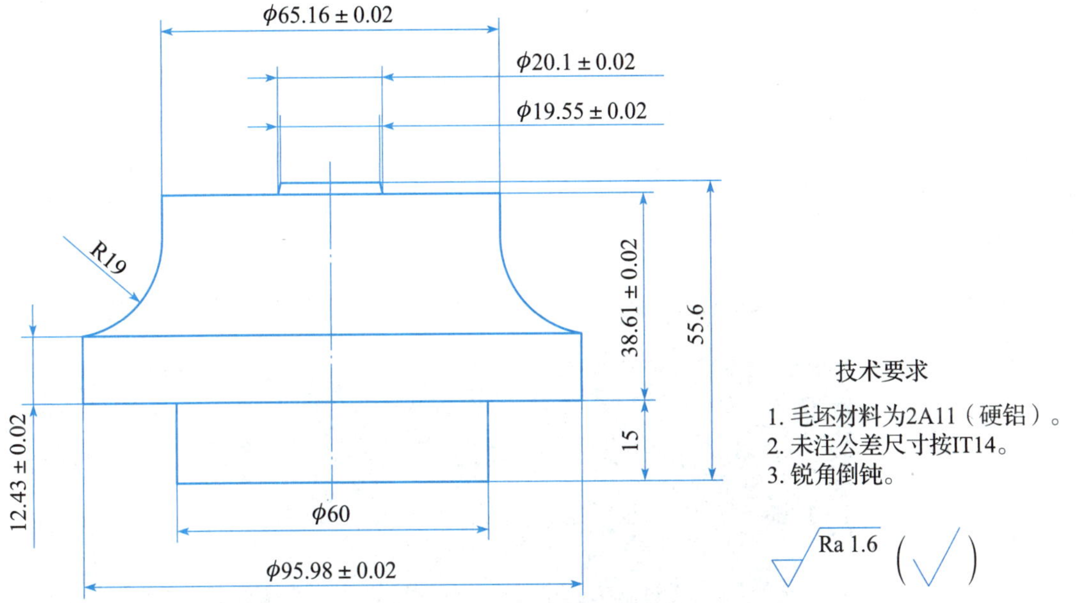

图 7－2　叶轮车削加工图纸

7.2.2 叶轮的车削程序和加工仿真

宇龙机械加工仿真软件支持数控车削的加工仿真，限于篇幅，这里不详细讲解车削仿真的过程，只提供手工编写的加工程序和车削完成后的项目。

程序内容（车削叶轮外形，FANUC 系统）	程序注释（加工时不需要输入）
%	传输程序时的起始符号
/G28U0	
N1	
G0G40G97G99T0101S600M3F0.2	工步 1 粗车
X102.0Z2.0	刀具初始化，1 号刀为 95° 外圆左偏刀
G71U1.5R0.3	加工起始点
G71P10Q11U0.2W0.05	G71 粗加工循环指令

笔记栏

续表

程序内容（车削叶轮外形，FANUC 系统）	程序注释（加工时不需要输入）
N10G01G42X19.55	留 X 方向余量 0.2mm，Z 方向余量 0.05mm
Z0.	叶轮外形轨迹的描述
G01X20.1Z–1.99	
X65.16	
Z–9.51	
G02X95.98Z–28.17R19.	
G01Z–41.	
N11G1G40X102.0	退刀，补偿取消
G0X200.0Z100.0	返回换刀点
M05	主轴转动停止
N2	工步 2 精车
G0G40G97G99T0101S1100M3F0.08	
X102.0Z2.0	
G70P10Q11F0.08	G70 精加工循环指令
G0X200.0Z100.0M05	
M30	程序结束
%	传输程序的结束符号

如图 7–3 所示，车削完成后，单击菜单“文件（F）”→“导出零件模型（E）”，系统弹出“文件存储”对话框，输入文件存储路径和文件名，将车削完成的零件导出，供铣削仿真加工环节使用。

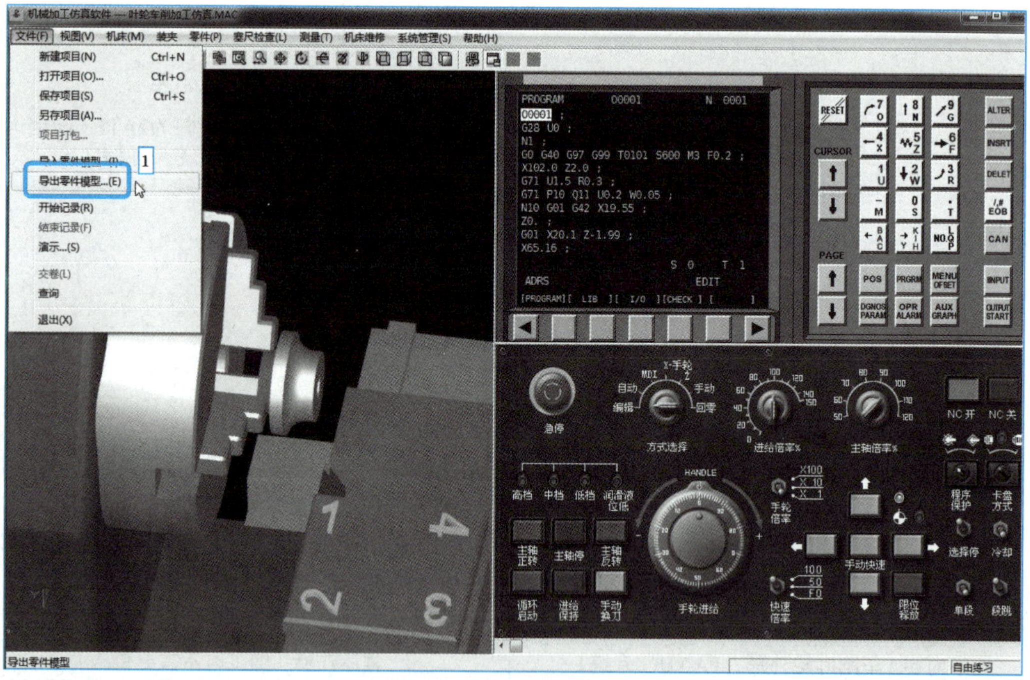

图 7–3　车削仿真加工完成

零件导出后，单击菜单“文件（F）”→“保存项目（S）”，保存车削项目，车削加工仿真就完成了。

笔记栏

7.3　叶轮五轴铣削加工的编程

7.3.1　铣削模型的处理

叶轮五轴铣削的加工内容是去除叶片间的材料。编程流程是从设计完成的三维实体模型中，根据 CAM 软件的要求（如 PowerMill），提取必要的加工特征（这些加工特征集合起来形成一个新的三维模型），再将该模型传给 CAM 软件，由 CAM 软件的专用叶轮加工模块生成刀具路径，将经过后置处理得到的 NC 程序传给五轴联动加工中心，试运行加工，发现问题及时修改完善，确认无误后完成叶轮的全部加工。

要想利用好 PowerMill 软件针对整体叶轮的加工模块，首先需要了解其对叶轮各部分的定义，如图 7－4 所示。

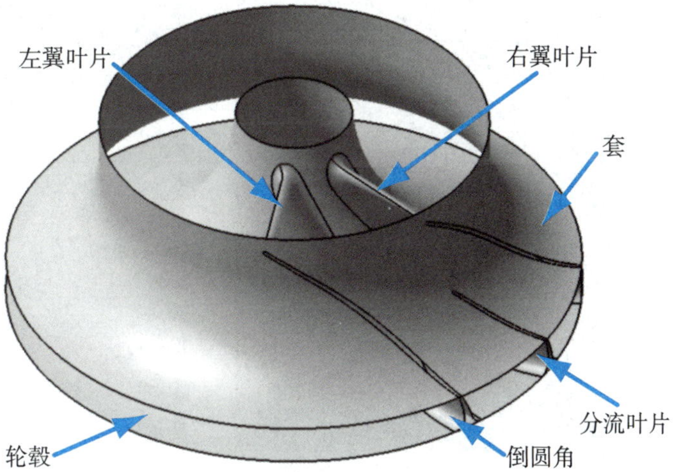

图 7－4　叶轮各部分的定义

微课：叶轮编程与仿真

（1）轮毂：叶轮轮毂曲面。这个曲面是将叶片根部的曲线旋转 360° 得到的。

（2）套：叶轮的包覆曲面。这个曲面是将叶片顶部的曲线旋转 360° 得到的。

（3）倒圆角：叶轮叶片的根部圆角曲面，如果是等半径圆角，建议用球头刀的刀尖圆角来加工。可以不提供这个曲面。

（4）左翼叶片：在 PowerMill 里，左翼叶片为靠左边叶片的两侧曲面。需要从设计完成的叶片上提取该曲面。

（5）右翼叶片：在 PowerMill 里，右翼叶片为靠右边叶片的两侧曲面。需要从设计完成的叶片上提取该曲面。

（6）分流叶片：在 PowerMill 里，分流叶片为左翼叶片和右翼叶片之间较小叶片的两侧曲面。需要从设计完成的叶片上提取该曲面。如果叶轮没有分流叶片，可以不提供这个曲面。

笔记栏

与前面单元介绍的五轴编程加工不同，PowerMill 的叶轮五轴编程加工，只需要提供上述曲面的模型，并不需要提供整个叶轮的实体模型。

注意：不同的 CAM 软件（如 HyperMill）对加工特征的定义不一定相同。

7.3.2 叶轮五轴铣削加工编程的过程

下面以加工图 7－1 所示的叶轮为例来讲解五轴铣削加工编程的过程。

1. 导入加工模型

如图 7－5 所示，启动 PowerMill 软件后，导入加工模型。单击“普通阴影模式”按钮（图注 1），再单击“轴测图模式”按钮（图注 2）。观察导入的模型，可以发现曲面有两种颜色，一面是蓝色，另一面是棕红色。蓝色说明这个曲面方向朝外，后续刀轴的方向是正确的。如果导入的模型是整个实体，系统可准确判断正反面；如果导入多个曲面，则有可能判断错误。按住键盘上的“ Shift”键，选中棕红色的曲面（图注 3）后单击鼠标右键，在右键浮动菜单中选择“反向已选”(图注 4)，即可更正曲面的加工方向。

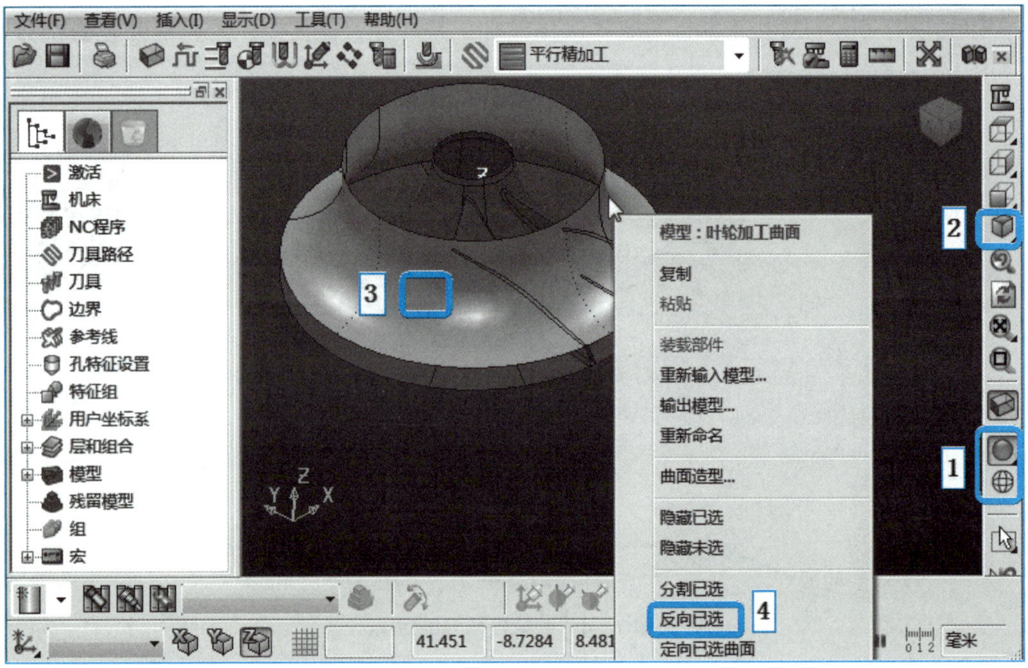

图 7－5　改变曲面方向

2. 创建层

如图 7－6 所示，用鼠标右键单击项目树中的“层和组合”（图注 1），在右键浮动菜单中选择“产生层”(图注 2)，系统将新建层 1。在层 1 处单击鼠标右键（图注 3），在右键浮动菜单中选择“重新命名”(图注 4)，将层 1 命名为“轮毂”。重复上述操作，分别创建“套”、“左翼叶片”、“右翼叶片”和“分流叶片”层（图注 5）。本实例用球头刀的刀尖圆角来倒圆角，因为加工模型中没有倒圆角曲面，所以不创建“倒圆角”层。

笔记栏

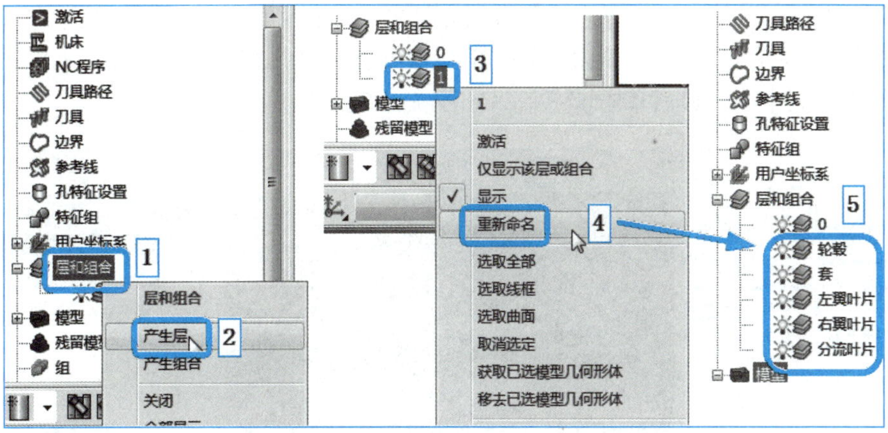

图 7－6　创建层

3. 加工曲面的分层处理

如图 7－7 所示，选择套的两个曲面（图注 1），用鼠标右键单击项目树中的“套”层（图注 2），在右键浮动菜单中选择“获取已选模型几何形体”（图注 3），即可将“套”这个曲面从“0”层移到“套”层。重复上述操作，将“0”层中的曲面分别移到“轮毂”、“左翼叶片”、“右翼叶片”和“分流叶片”层中。

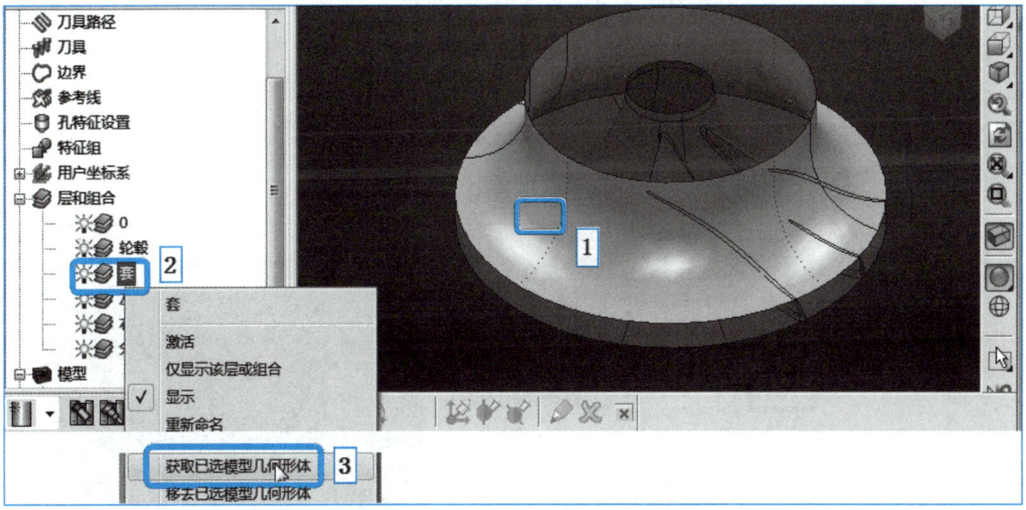

图 7－7　加工曲面的分层处理

如何判断曲面是否选择正确？单击层前面的灯泡图标，关闭该层的显示，那么模型中消失的图素就是该层的图素。如果漏选了某个曲面，可重新获取。

为了方便观察刀路情况，建议关闭“套”层，打开其他层。

4. 定义用户坐标系

观察导入的模型，世界坐标系和设计坐标系的原点在轮毂曲面中心的底部，与图 7－2 所示的毛坯图对比可知，此位置找正困难，因此建议修改用户坐标系。通过测量模型可知，顶端中心的 Z 坐标为 34.6，可将用户坐标系上移至这个位置。

如图 7－8 所示，用鼠标右键单击项目树中的“用户坐标系”下面的用户坐标系（图注 1），在右键浮动菜单中选择“用户坐标系编辑器”（图注 2）。在工具栏中将坐标系的名称改

笔记栏

为“G54”（图注 3），单击“位置表格”按钮（图注 4），打开“位置”对话框，在 Z 轴处输入“34.6”（图注 5），单击“应用”按钮（图注 6），即可将 G54 用户坐标系从轮毂曲面中心的底部上移至零件上表面中心。最后单击☑按钮（图注 7），完成用户坐标系的设置。

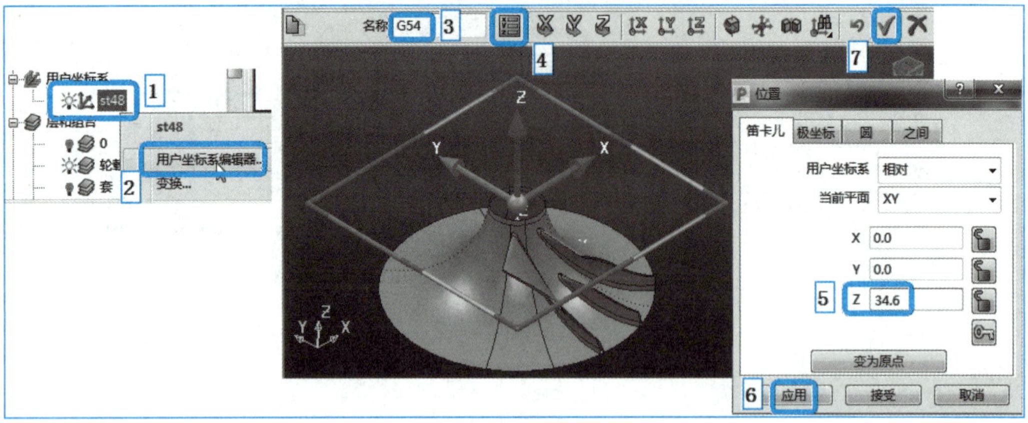

图 7-8 设置用户坐标系

5. 设置加工毛坯

如图 7-9 所示，单击“毛坯”按钮（图注 1），打开“毛坯”对话框。注意，待铣削的毛坯是已经完成车削的，对于特殊毛坯，PowerMill 允许导入通过其他设计软件创建的毛坯。在“由…定义”下拉列表中选择“三角形”（图注 2），单击旁边的“打开”按钮（图注 3），打开“通过三角形模型打开毛坯”对话框，选择文件路径（图注 4）和文件类型（图注 5），找到通过其他软件创建的毛坯文件（图注 6）。打开该文件后，右边的窗口将出现毛坯形状，在“毛坯”对话框中确认毛坯尺寸后，单击“接受”按钮完成毛坯设置。

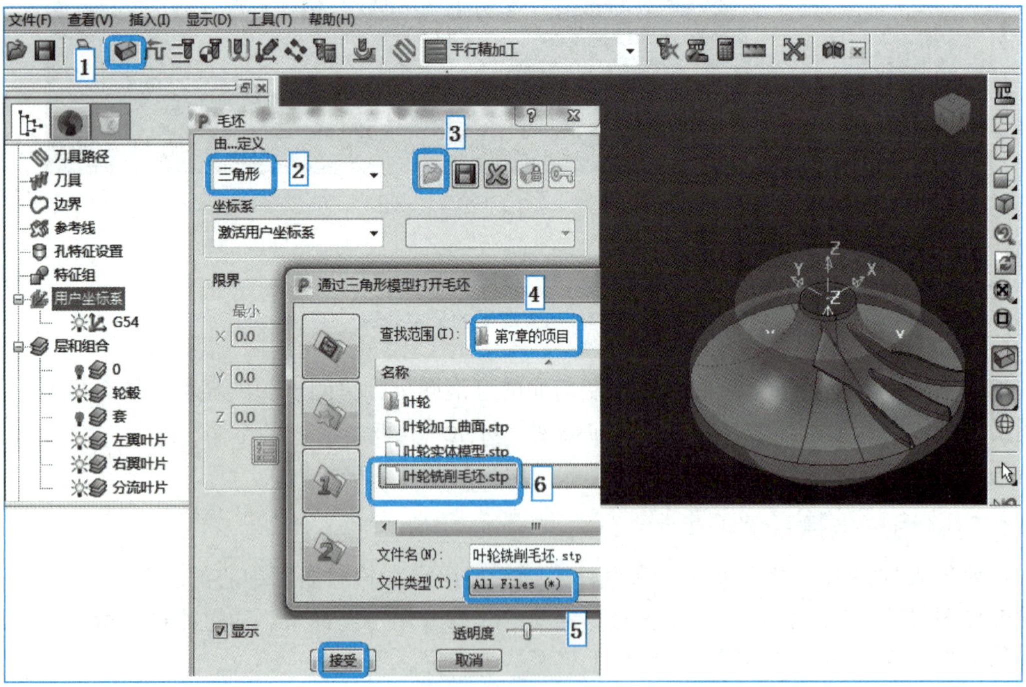

图 7-9 设置加工毛坯

笔记栏

6. 设置刀具参数

如图 7－10 所示，用鼠标右键单击项目树中的“刀具”（图注 1），在右键浮动菜单中选择“产生刀具”（图注 2）→“球头刀”（图注 3），打开“球头刀”对话框，设置刀具直径“5.0”（图注 4）、刀具编号“1”（图注 5）、刀具长度“30.0”（建议按实际值设置）（图注 6），名称为“BM5”（图注 7）。设置好后，单击“关闭”按钮。如果夹持刀具的刀柄比较特殊，可在“刀柄”选项卡和“夹持”选项卡中定义其尺寸。

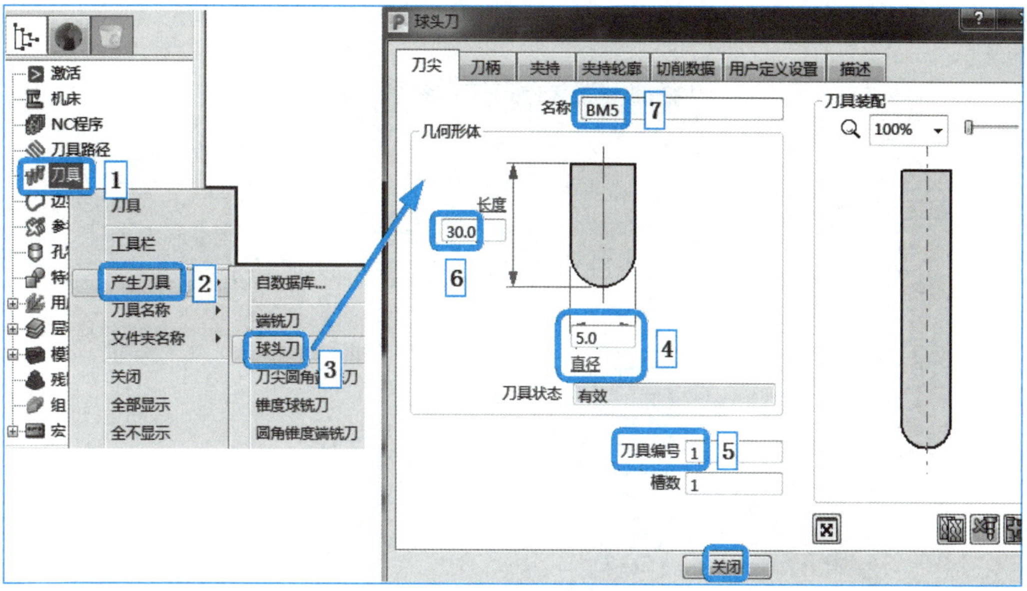

图 7－10　设置刀具参数

7. 粗加工叶轮

如图 7－11 所示，单击“选取刀具路径策略”按钮（图注 1），打开“策略选取器”对话框。单击“叶盘”（图注 2），再单击“叶盘区域清除”（图注 3），然后单击“接受”按钮（图注 4），打开“叶盘区域清除”对话框。

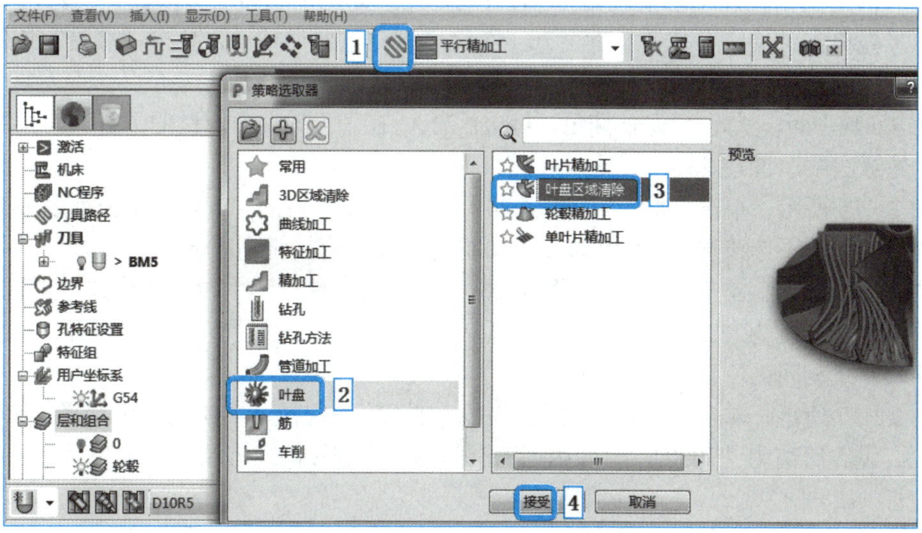

图 7－11　选取叶轮粗加工的策略

笔记栏

如图 7－12 所示，在“叶盘区域清除”对话框中，单击“叶盘区域清除”（图注 5），设置公差为“0.1”（图注 6）、余量为“0.3”（图注 7）、行距为“2.0”（图注 8）、下切步距为“1.0”（图注 9），在“轮毂”下拉列表中选择已定义好的层名“轮毂”（图注 10），在“套”下拉列表中选择层名“套”，在“左翼叶片”下拉列表中选择层名“左翼叶片”，在“右翼叶片”下拉列表中选择层名“右翼叶片”，在“分流叶片”下拉列表中选择层名“分流叶片”，在“加工”下拉列表中选择“全部叶片”，单击“计算”按钮（图注 11），系统计算出有 7 组叶片。如果前面的层设置有问题，系统会提示出错。确认无误后，单击“部件余量”按钮（图注 12），打开“部件余量”对话框。

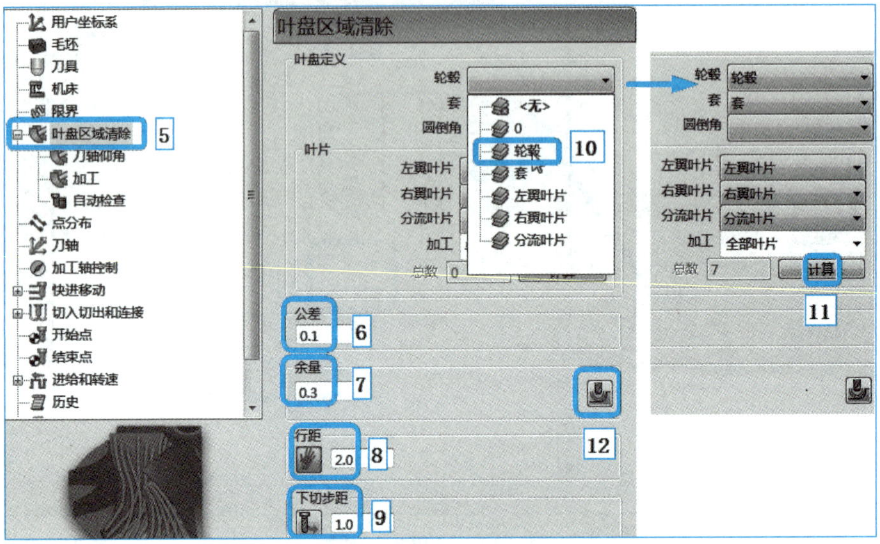

图 7－12　设置叶盘区域清除的加工参数

如图 7－13 所示，在“部件余量”对话框的“加工方式”下拉列表中选择“忽略”（图注 13），单击“选取”按钮（图注 14），打开“选项”对话框。在“按…选取”下拉列表中选择“层或组合”（图注 15），在“选项过滤器”栏选择“套”（图注 16），单击“移动”按钮（图注 17），将套从左边列表移至右边列表，单击“应用”按钮（图注 18）。可以在“部件余量”对话框中看到有两个图素在加工时被忽略（图注 19），因为如果不忽略层中曲面，刀具就无法切入零件内部。先单击“关闭”按钮（图注 20）关闭“选项”对话框，再单击“接受”按钮（图注 21）关闭“部件余量”对话框。

如图 7－14 所示，单击“刀轴仰角”（图注 22），在“刀轴仰角”栏的“自”下拉列表中选择“平均轮毂法线”（图注 23）。

如图 7－15 所示，单击“加工”（图注 24），在“加工”栏的“偏置”下拉列表中选择“合并”（图注 25）。若不选该选项，则粗加工 Z 方向不分层，直接铣到底部。

如图 7－16 所示，单击“切入”（图注 26），在“第一选择”下拉列表中选择“延伸移动”（图注 27），设置长度为“3.0”（图注 28），再单击“切出与切入相同”按钮（图注 29），使切出方式与切入方式相同，均延伸移动 3mm。

如图 7－17 所示，单击“连接”（图注 30），在“第一选择”下拉列表中选择“圆形圆弧”（图注 31），设置距离为“3000.0”。即用走大圆弧的方式连接两条刀路。

笔记栏

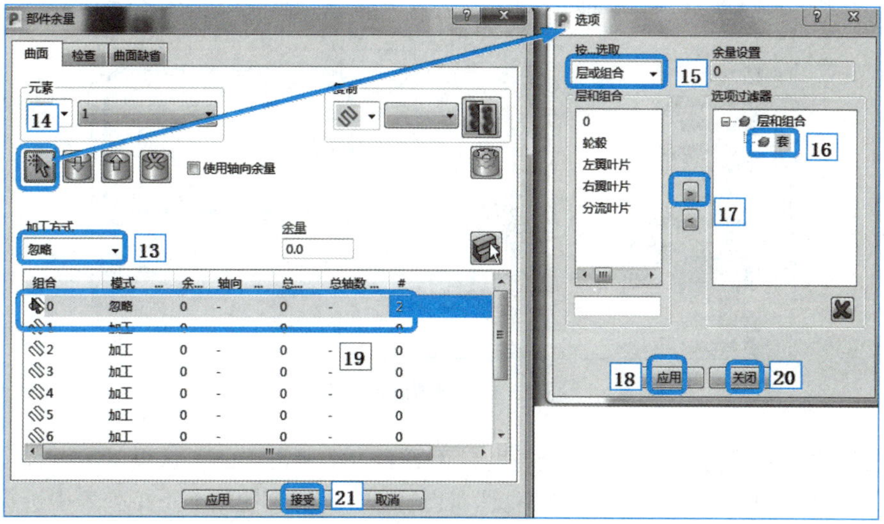

图 7－13　设置部件余量

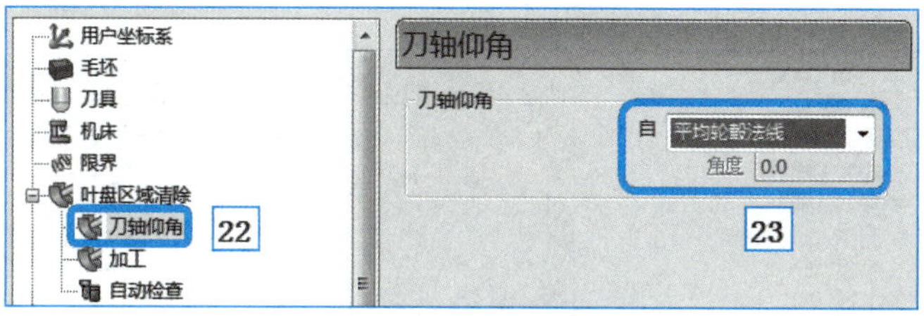

图 7－14　设置刀轴仰角

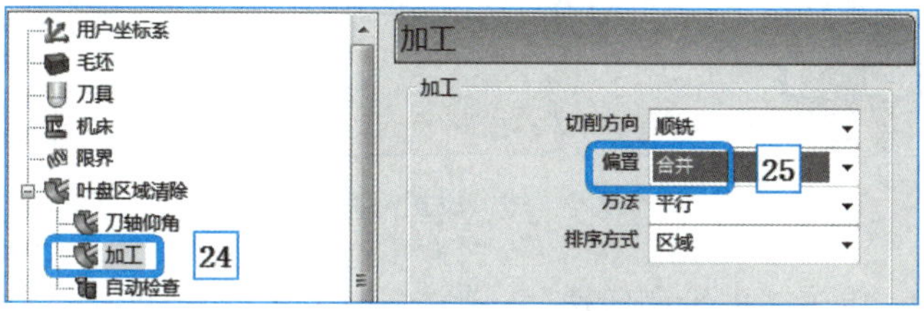

图 7－15　设置加工偏置方式

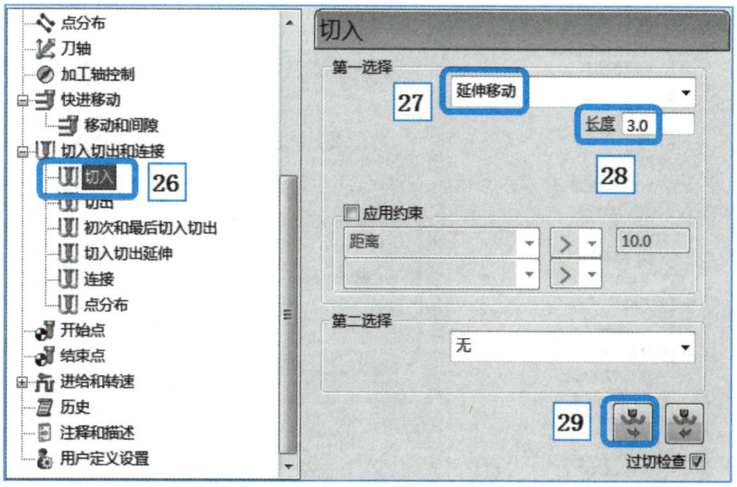

图 7－16　设置切入方式

笔记栏

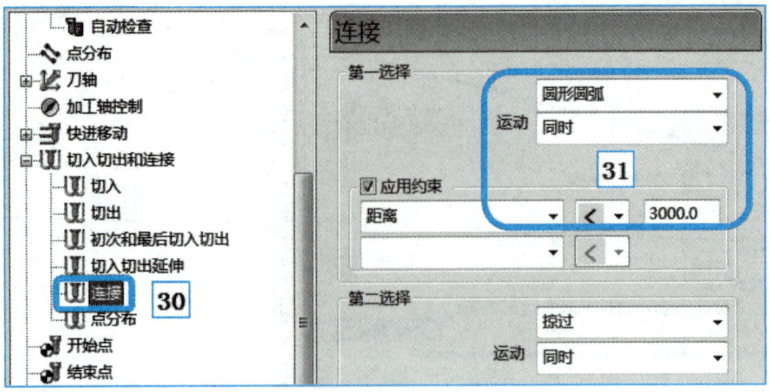

图 7－17 设置连接方式

系统默认的开始点为毛坯中心安全高度，正好是本实例需要的，这里就不设置了，下面设置结束点。如图 7－18 所示，单击“结束点”（图注 32），在“使用”下拉列表中选择“毛坯中心安全高度”（图注 33）。这个结束点不是系统默认的选项。设置加工结束回到这个位置是因为其距离原点最近。后续加工环节需要零件绕原点旋转时，这个位置的刀具与零件干涉小。

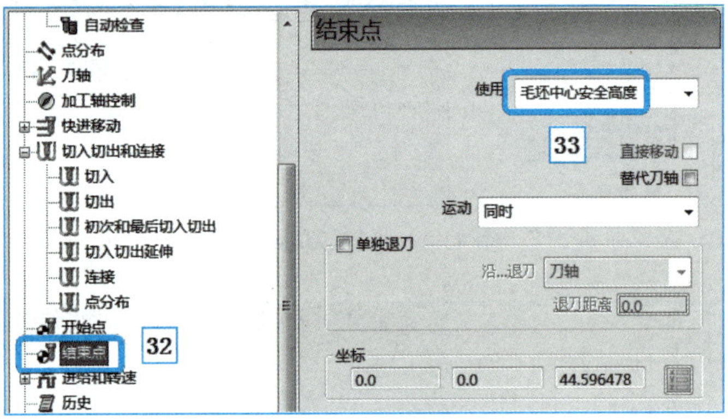

图 7－18 设置结束点

如图 7－19 所示，单击“进给和转速”（图注 34），输入主轴转速“6500.0”、切削进给率“1300.0”、下切进给率“500.0”、掠过进给率“3000.0”（图注 35），然后单击“计算”按钮（图注 36）。

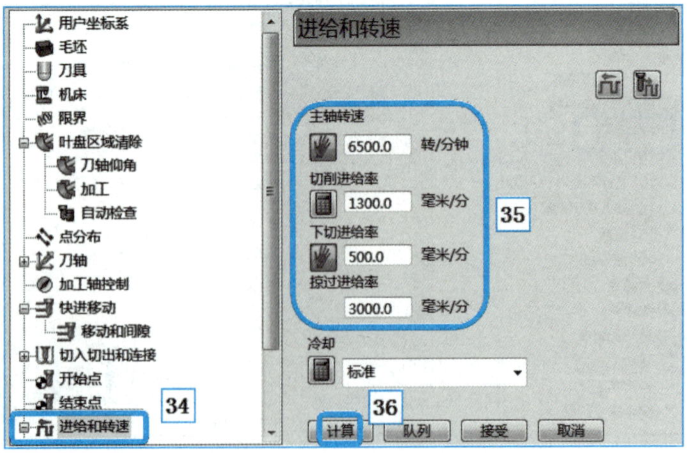

图 7－19 设置进给和转速

笔记栏

系统自动依据设置的切削参数，按照加工策略算法计算出切削刀路的轨迹，如图 7－20 所示。模型上的绿色线条为切削进给，橙色线条为圆弧连接刀路，红色虚线表示快速移动。如果觉得刀路线条影响操作，可单击灯泡图标（图注 37）关闭刀路显示。

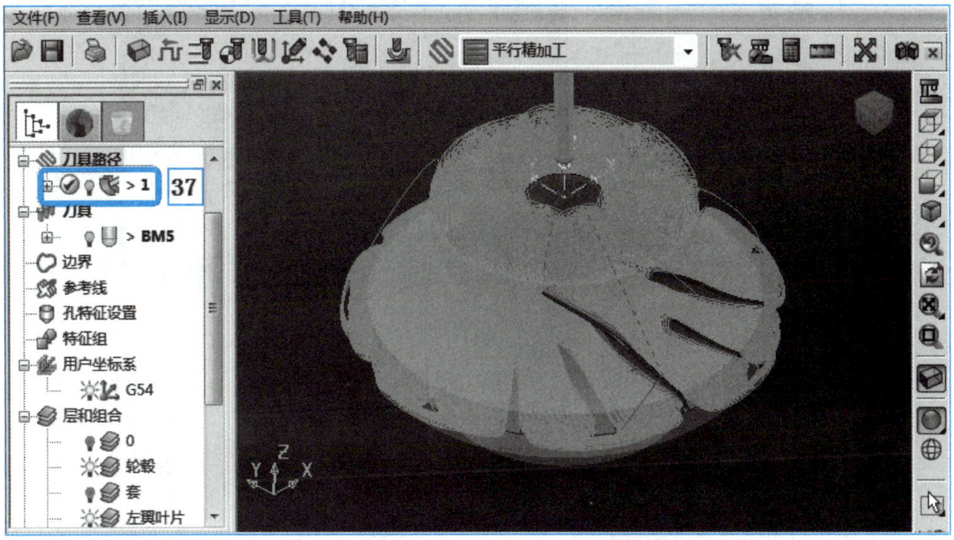

图 7－20　叶轮的粗加工刀路轨迹

8. 精加工叶片底面

如图 7－21 所示，单击“选取刀具路径策略”按钮（图注 1），打开“策略选取器”对话框。单击“叶盘”（图注 2），再单击“轮毂精加工”（图注 3），然后单击“接受”按钮（图注 4），打开“轮毂精加工”对话框。

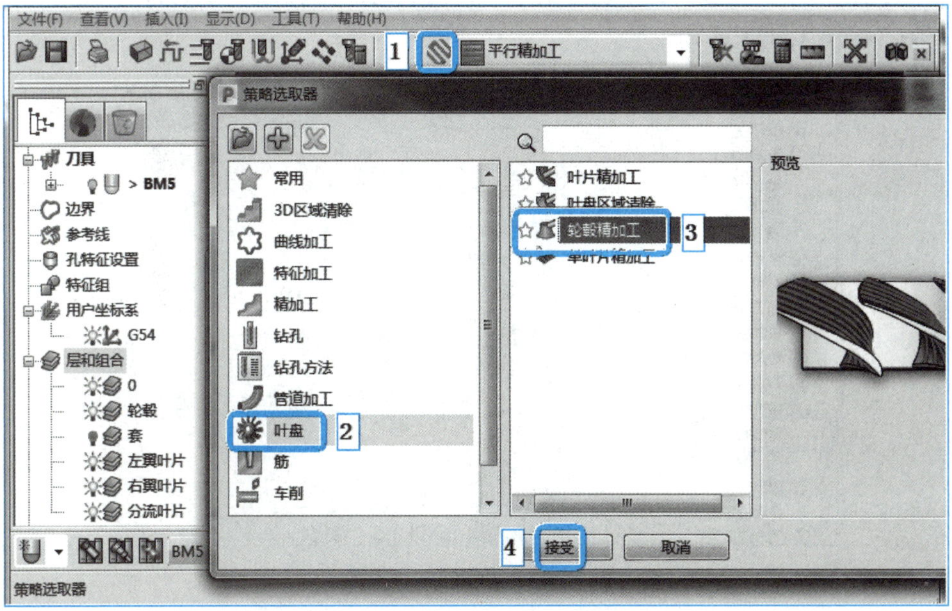

图 7－21　选取轮毂精加工策略

如图 7－22 所示，单击“轮毂精加工”（图注 5），“叶盘定义”栏（图注 6）的参数设置默认与前一次的设置相同，无须改动。设置行距为“0.2”（图注 7）。单击“部件余量”按钮（图

笔记栏

注 8），"部件余量"对话框中的参数设置与图 7－13 所示相同，需要设置加工时忽略"套"层，因为如果不忽略层中曲面，刀具就无法切入零件内部，这里不再赘述。

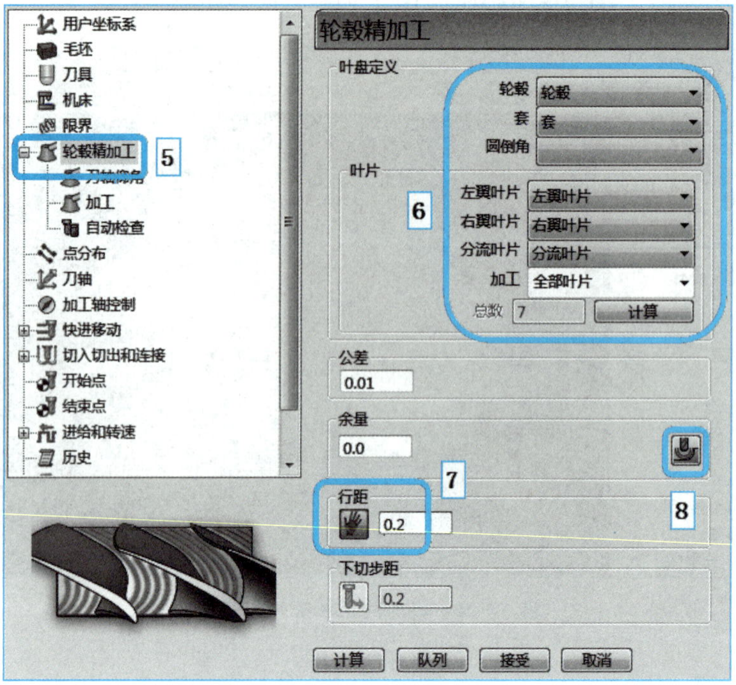

图 7－22　设置轮毂精加工参数

其他加工参数与粗加工时相同，由于系统默认保持上一次的加工参数，因此这里只需要设置与上一次不同的参数。如图 7－23 所示，单击"进给和转速"（图注 9），输入主轴转速"8000.0"，切削进给率"400.0"，下切进给率"200.0"，掠过进给率"3000.0"（图注 10），然后单击"计算"按钮（图注 11）。

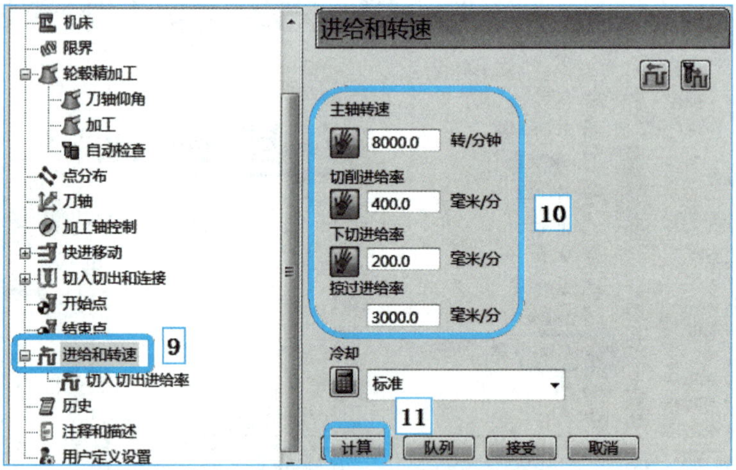

图 7－23　设置进给和转速

系统自动依据设置的切削参数，按照加工策略算法计算出切削刀路的轨迹，如图 7－24 所示。如果觉得刀路线条影响操作，可单击灯泡图标关闭刀路显示。

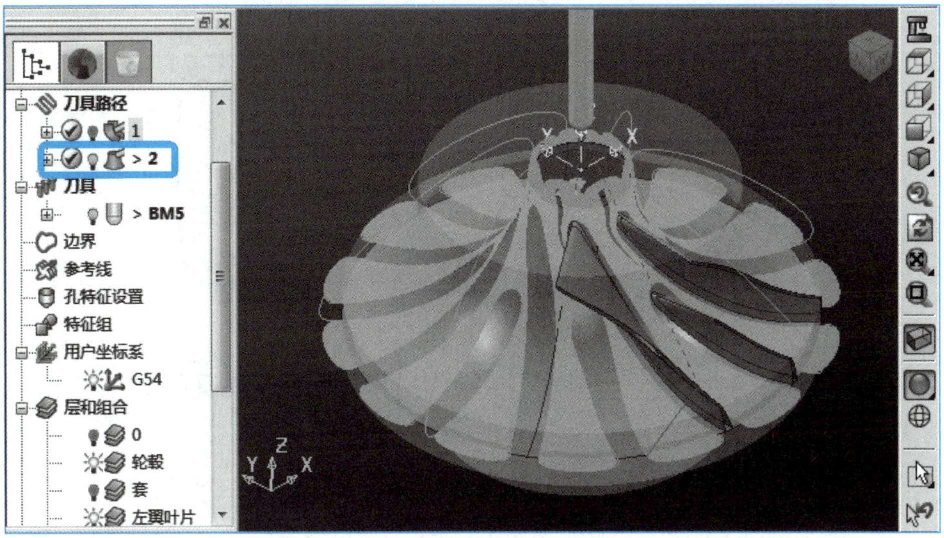

图 7－24　叶片底面的精加工刀路轨迹

9. 精加工左翼叶片的侧面

如图 7－25 所示，单击“选取刀具路径策略”按钮（图注 1），打开“策略选取器”对话框。单击“叶盘”(图注 2)，再单击“叶片精加工”(图注 3)，然后单击“接受”按钮（图注 4)，打开“叶片精加工”对话框。

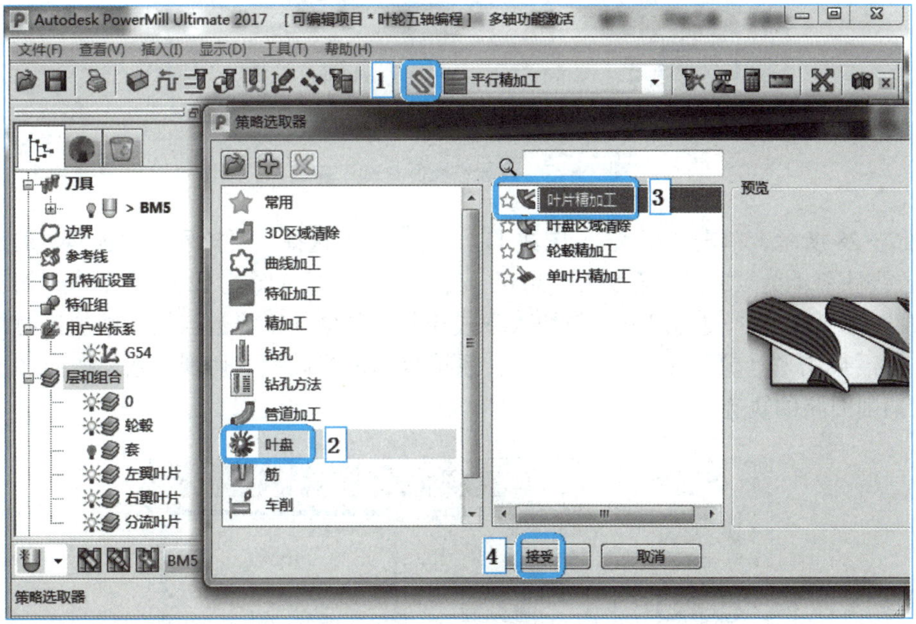

图 7－25　选取叶片精加工策略

如图 7－26 所示，单击“叶片精加工”（图注 5)，“叶盘定义”栏（图注 6）的参数设置默认与叶片粗加工时相同，无须改动。设置公差为“0.01”、余量为“0.0”、下切步距为“0.2”(图注 7)。单击“部件余量”按钮（图注 8)，“部件余量”对话框中的参数设置与图 7－13 所示相同，需要设置加工时忽略“套”层，因为如果不忽略层中曲面，刀具就无法切入零件内部，这里不再赘述。

笔记栏

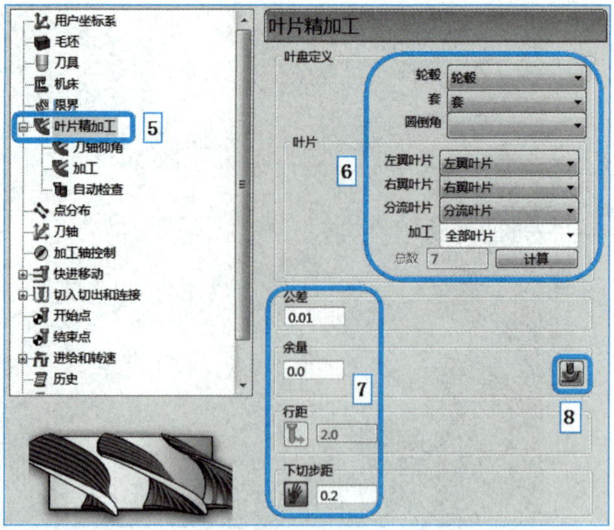

图 7-26　设置叶片精加工参数

如图 7-27 所示，单击“加工”（图注 9），设置“加工”栏的参数（图注 10），注意勾选“螺旋”选项，铣削方式为从底部螺旋铣削。

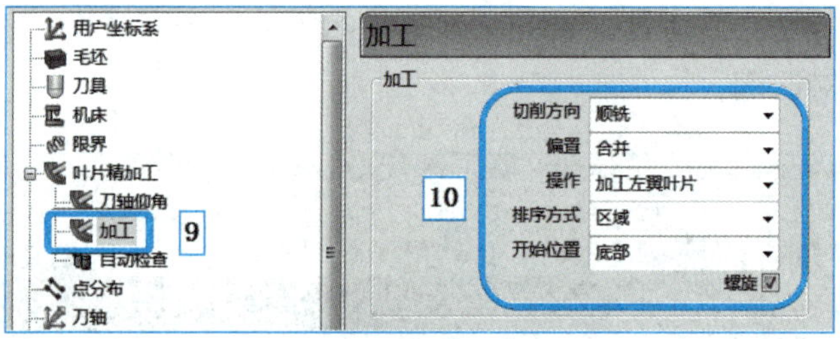

图 7-27　设置左翼叶片加工参数

如图 7-28 所示，单击“切入”（图注 11），在“第一选择”下拉列表中选择“曲面法向圆弧”，设置线性移动为“3.0”、角度为“30.0”、半径为“3.0”（图注 12），再单击“切出与切入相同”按钮（图注 13），使切出方式与切入方式相同。其他加工参数与轮毂精加工时相同，无须设置。然后单击“计算”按钮（图注 14），系统自动依据设置的切削参数，按照加工策略算法计算出切削刀路的轨迹。

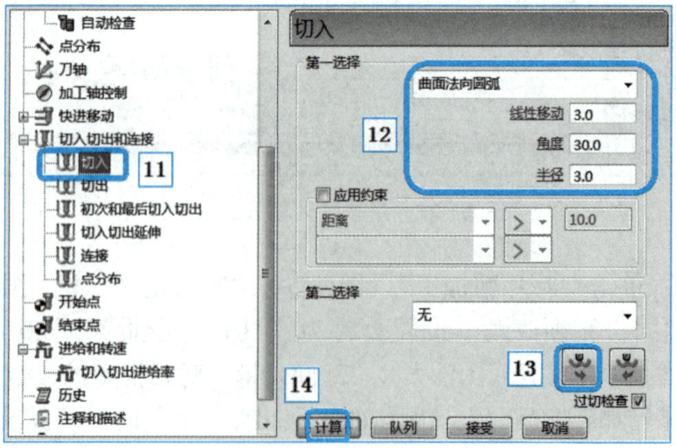

图 7-28　设置切入方式

笔记栏

如图 7－29 所示为左翼叶片的精加工刀路。如果觉得刀路线条影响操作，可单击灯泡图标关闭刀路显示。

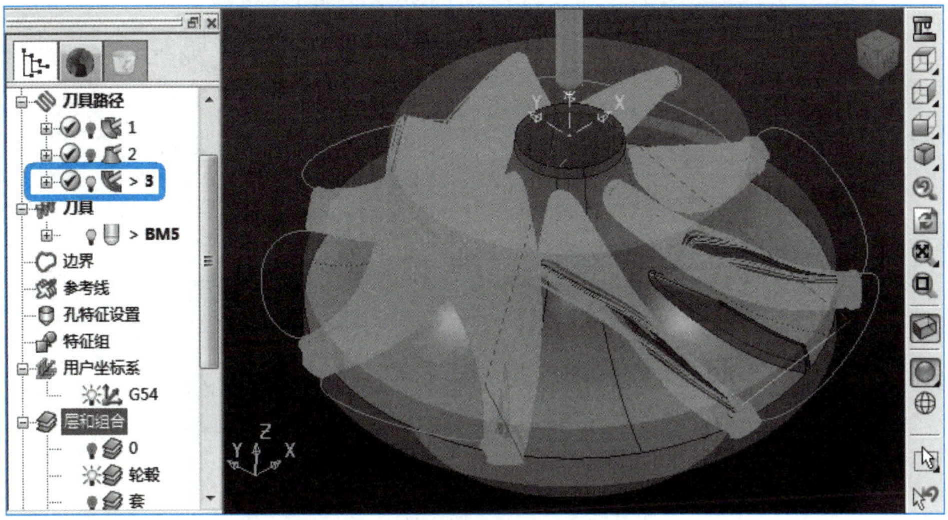

图 7－29　左翼叶片的精加工刀路轨迹

10. 精加工右翼叶片和分流叶片的侧面

如图 7－30 所示，单击“选取刀具路径策略”按钮，打开“策略选取器”对话框。单击“叶盘”，再单击“叶片精加工”选项，然后单击“接受”按钮，打开“叶片精加工”对话框。

图 7－30　选取叶片精加工策略

如图 7－31 所示，单击“叶片精加工”，在“叶盘定义”栏设置公差为“0.01”、余量为“0.0”、下切步距为“0.2”，均与左翼叶片精加工时相同，无须改动。单击“部件余量”按钮，“部件余量”对话框中的参数设置与图 7－13 所示相同，这里不再赘述。

笔记栏

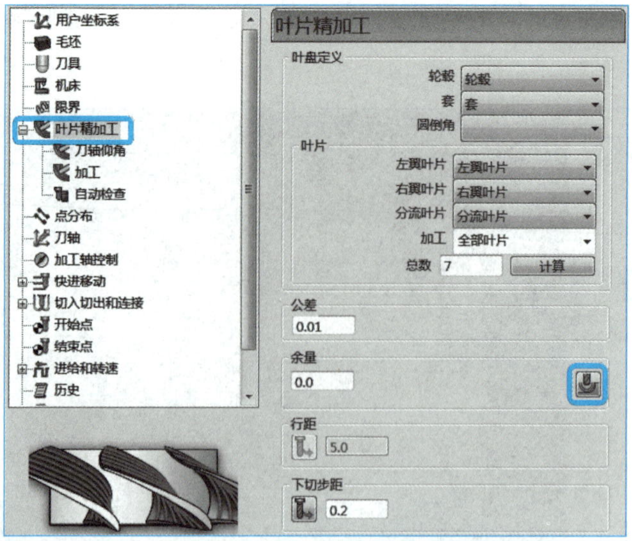

图 7－31　设置叶片精加工参数

如图 7－32 所示，单击“加工”，在“加工”栏的“操作”下拉列表中选择“右翼和分流叶片”、“开始位置”下拉列表中选择“底部”。注意勾选“螺旋”选项。

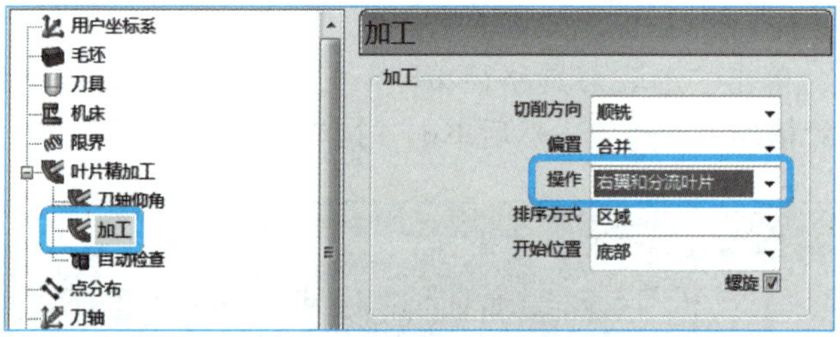

图 7－32　设置右翼叶片和分流叶片加工参数

其他加工参数与左翼叶片精加工时相同，无须改动。单击“计算”按钮，系统自动依据设置的切削参数，按照加工策略算法计算出切削刀路的轨迹，如图 7－33 所示。

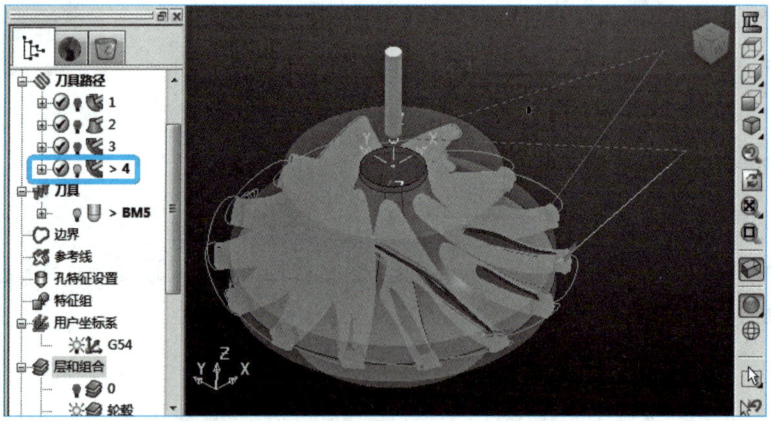

图 7－33　右翼叶片和分流叶片的精加工刀路轨迹

观察刀路，可以发现所有叶片的侧面已被精铣，也就是说这个加工设置包含第 9 步，即精加工左翼叶片的侧面。如果不想包含前面的刀路，在图 7－32 中设置只加工分流叶片即可。

笔记栏

11. 模拟仿真全部刀具路径的加工过程

如图 7－34 所示，用鼠标右键单击项目树中的“NC 程序”（图注 1），在右键浮动菜单中选择“产生 NC 程序”（图注 2），打开“NC 程序”对话框。

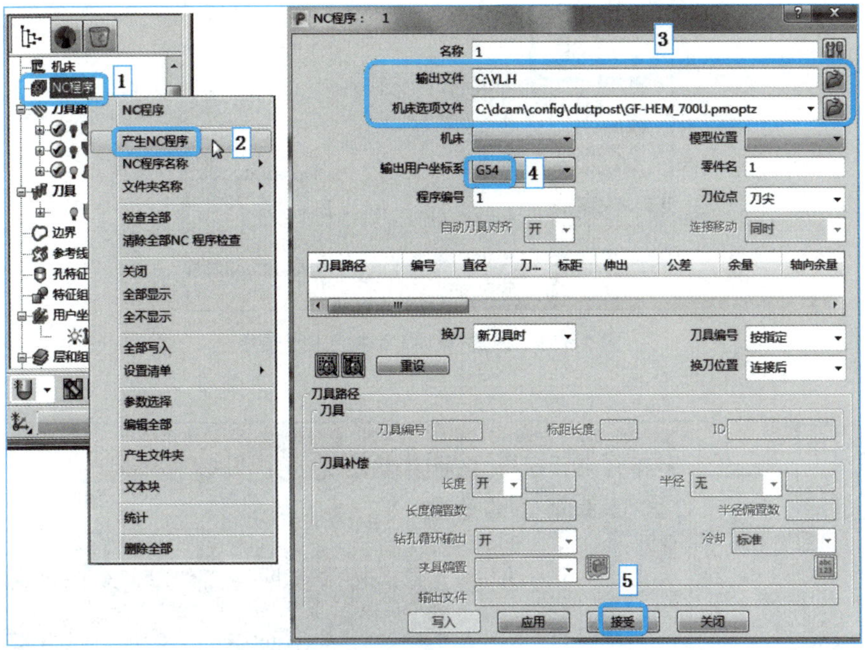

图 7－34　设置 NC 程序的存放路径和后置处理程序的路径

设置 NC 程序的输出路径和文件名 C:\YL.H（图注 3），设置机床选项文件的路径和文件名 C:\dcam\config\ductpost\GF–HEM_700U.pmoptz，这是针对 GF MIKRON HEM 700U 五轴机床的专用后置处理程序。

在“输出用户坐标系”下拉列表中选择已设定的 G54 用户坐标系（图注 4）。然后单击“接受”按钮（图注 5），创建一条名称为 1、内容为空的 NC 程序。

如图 7－35 所示，按住键盘上的“Ctrl”键，然后依次选中全部刀具路径（图注 1），再用鼠标右键单击这些刀具路径，在右键浮动菜单中选择“增加到”（图注 2）→“NC 程序”（图注 3），所有刀具路径即可出现在 NC 程序中（图注 4）。

注意：NC 程序中的刀路顺序将成为加工时的工步顺序。

如图 7－36 所示，用鼠标右键单击项目树中的程序 1（图注 1），在右键浮动菜单中选择“自开始仿真”（图注 2），程序 1 出现在仿真列表中（图注 3），单击“ViewMill”按钮（图注 4），加工区呈现实体仿真效果，单击“仿真模式 3”按钮（图注 5），单击“开始仿真”按钮（图注 6）。图注 7 是调整仿真演示速度的滑块，窗口显示实体仿真的结果。仿真加工完成后，单击“结束仿真”按钮（图注 8）。

12. 生成刀具路径

如图 7－37 所示，用鼠标右键单击项目树中的程序 1（图注 1），在右键浮动菜单中选择“写入”（图注 2）。PowerMill 系统将按照图 7－34 所示的设置读入机床选项文件，并按照设置好的机床 NC 格式将所有刀具路径数据转换到 G54 坐标系下。写入完成后，弹出“信息”对话框。

笔记栏

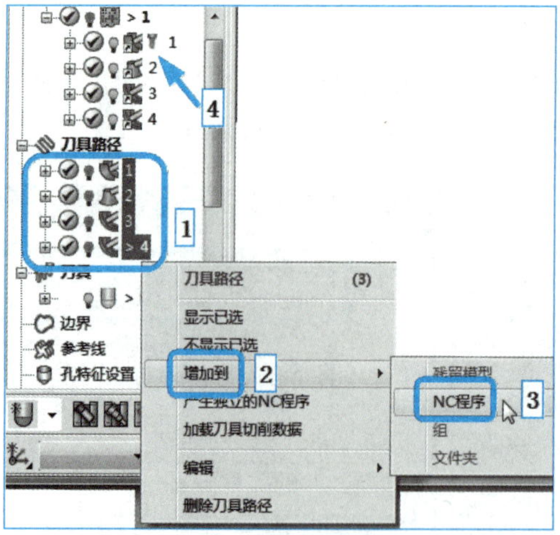

图 7-35　设置 NC 程序中的工步顺序

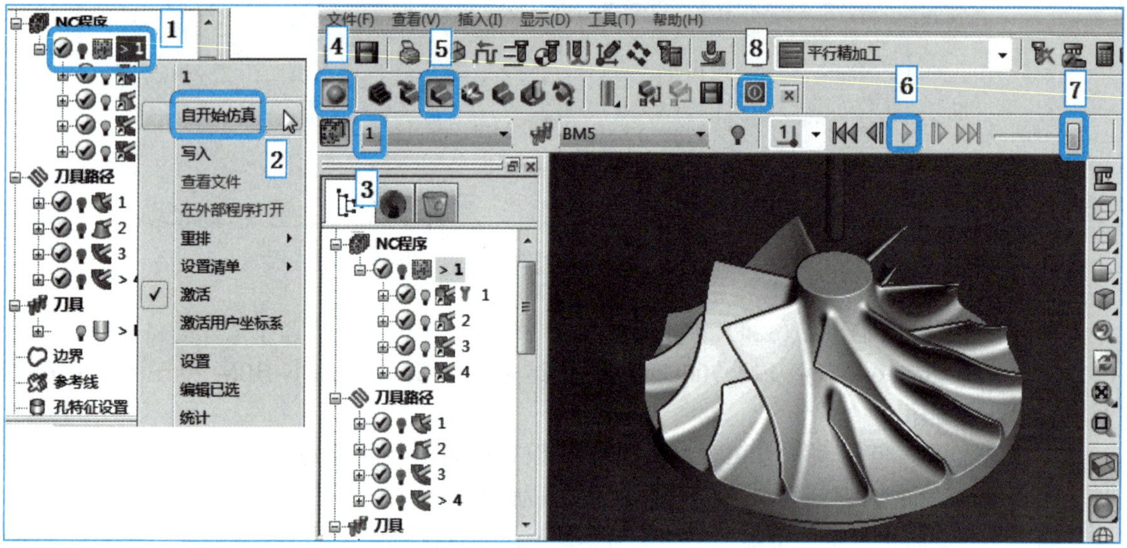

图 7-36　完成实体仿真

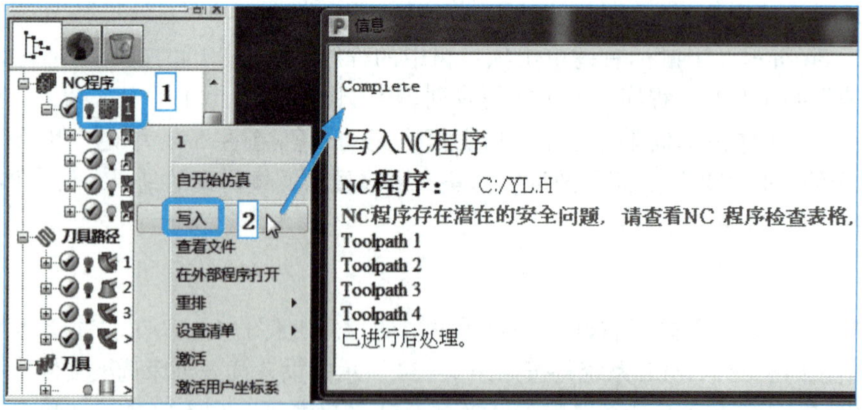

图 7-37　生成刀具路径

笔记栏

7.4 叶轮五轴铣削的加工仿真

前面已经完整叙述了五轴仿真加工中心的操作步骤，这里仅介绍关键步骤。

启动宇龙机械加工仿真软件后，选择需要仿真的五轴机床，并启动数控系统。

1. 自定义工艺板

单击菜单“装夹”→“安装自定义工艺板”，打开“用户自定义工艺板”对话框，输入工艺板的尺寸，长“150”、宽“150”、高“50”，如图 7－38 所示。

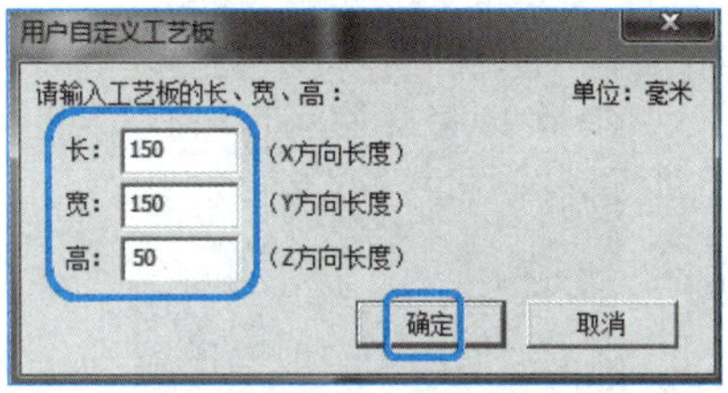

图 7－38　自定义工艺板

2. 定义夹具类型

单击菜单“装夹”→“安装通用夹具”，打开“选择夹具”对话框，选择小尺寸的自定心卡盘，如图 7－39 所示。

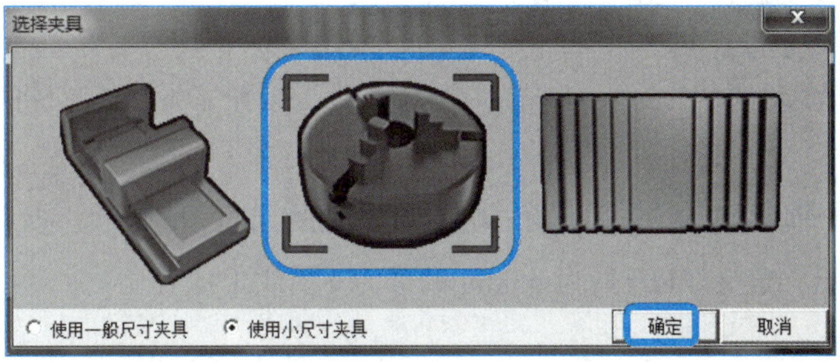

图 7－39　定义夹具类型

3. 将车削完成的叶轮毛坯导入到夹具上

如图 7－40 所示，单击菜单“文件（F）”（图注 1）→“导入零件模型（I）”（图注 2），打开“打开”对话框，选择文件路径（图注 3），选择车削完成的毛坯文件（图注 4），单击“打开”按钮（图注 5），窗口显示毛坯模型。

4. 移动叶轮毛坯到正确位置

如图 7－41 所示，单击菜单“零件（P）”（图注 1）→“移动零件”（图注 2），打开移动控制对话框（图注 3）。毛坯移动过程如下：

笔记栏

（1）勾选“仅工件”选项。

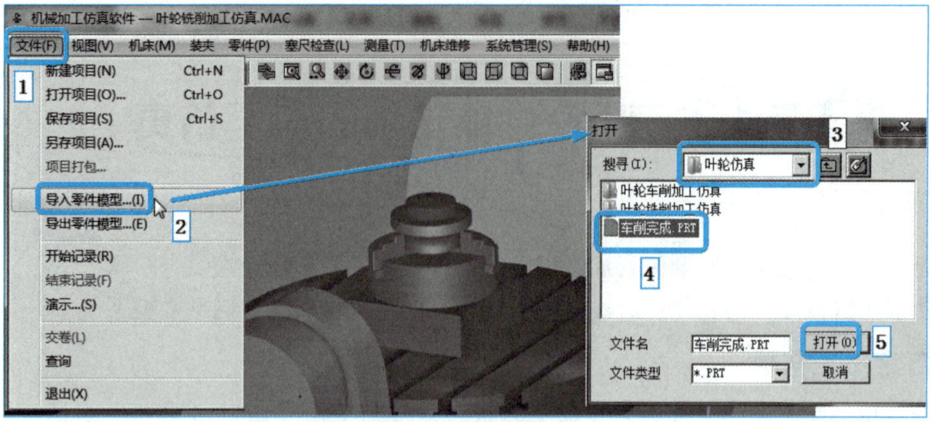

图 7－40　导入毛坯

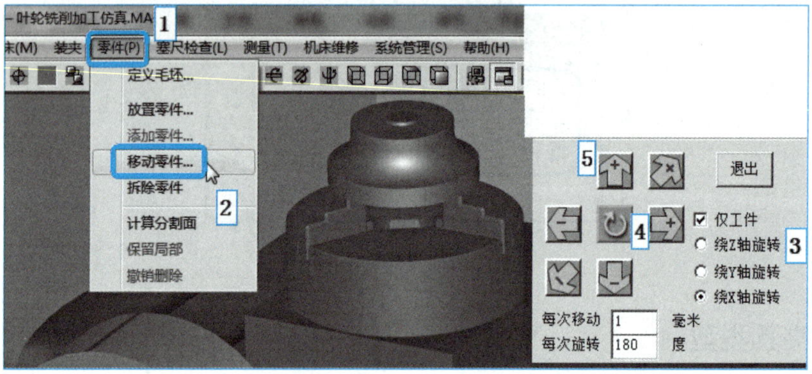

图 7－41　将叶轮毛坯移至正确位置

（2）选择“绕 X 轴旋转”（图注 3）。

（3）输入每次旋转的值 180°，单击“旋转”按钮（图注 4）。

（4）输入每次移动的值 1mm，单击“向上移动”按钮（图注 5），将叶轮毛坯移至正确位置。

5. 按照 CAM 软件定义的刀具尺寸选择对应的加工刀具

如图 7－42 所示，定义 T1 刀具为 ϕ5mm 的球刀（图注 1）。

6. 建立刀具表

（1）在操作面板上选择“手动操作”模式。

（2）在屏幕右下角选择“刀具表”，进入“编辑刀具表”界面，如图 7－43 所示。

（3）将“编辑”键设置在“开”位置（图注 1）。

（4）用光标键选择需要修改的参数，T1 的刀具名称为“BM5”，刀具总长 L 值为“180.000”（依据图 7－42 中图注 2），刀具半径 R 值为“2.500”，因为是球头刀，所以 R2 的值为“2.500”（图注 2）。

（5）在 MDI 模式下输入“TOOL CALL 1 Z”指令并执行，将 1 号刀换到主轴上。

7. 对刀找正，确定用户坐标系

对刀找正过程不再赘述，用户坐标系预设表如图 7－44 所示。

笔记栏

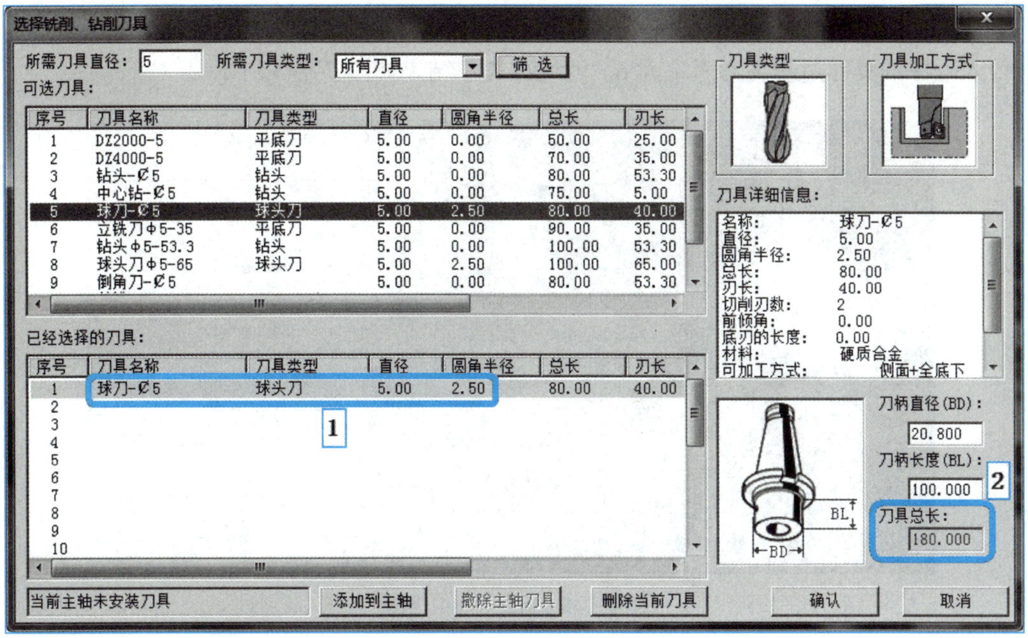

图 7-42 定义 T1 刀具

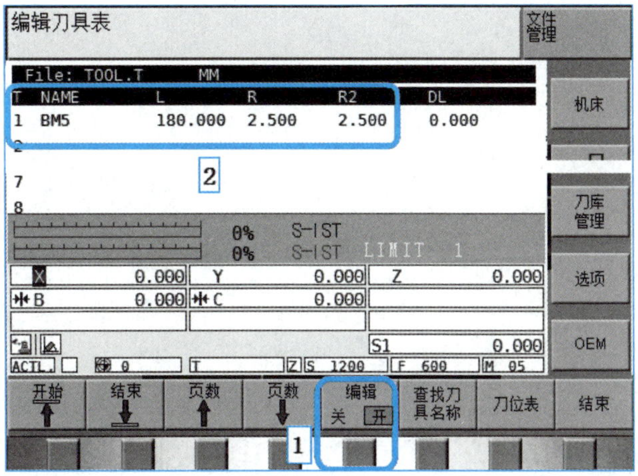

图 7-43 编辑刀具表

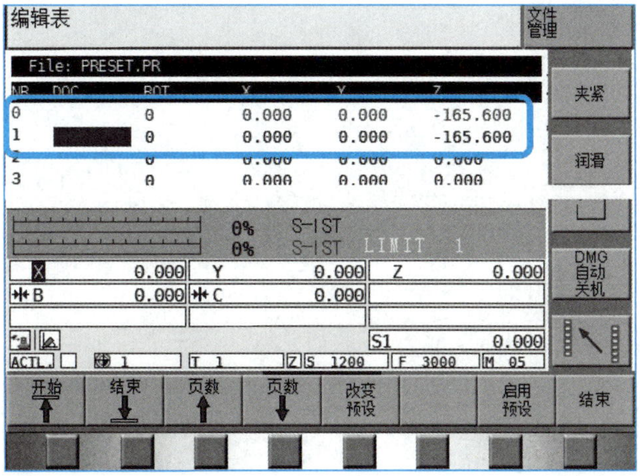

图 7-44 用户坐标系设置

笔记栏

8. 传入加工程序并执行

传入程序的具体过程请参考单元 6。叶轮的加工结果如图 7 - 45 所示。

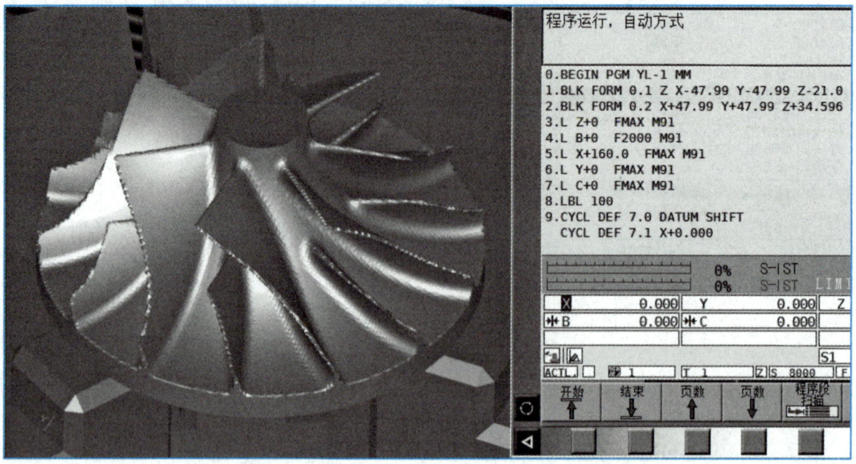

图 7 - 45　叶轮的加工结果

笔记栏

单元 8

世界杯工艺品五轴加工实例

学习目标

- 能独立完成世界杯的五轴加工。
- 能够熟练应用多种加工策略。

立德树人

凭一技之长绽放精彩人生

匠心铸就梦想，技能点亮人生。以一技之长投身中国制造，成为越来越多技术工人实现人生出彩的途径。在这样一个伟大的时代，无论从事哪种职业，都有创造辉煌的机会，都可以收获精彩的人生。

8.1 概　述

工艺品是艺术家精心设计、精雕细琢、反复修改的成果。目前，优秀的工艺品制作工匠越来越少，工艺品的制作成本越来越高，那么如何突破工艺品的传统制作工艺，高效快捷地设计制造工艺品；对具有历史价值的工艺品如何保护和开发，是需要解决的问题。计算机技术、先进制造技术的发展，将逆向工程技术、CAD/CAM 技术与工艺品设计制造相融合，给这类具有复杂曲面的产品的设计制造带来了新途径，实现了工艺品的三维数字化保存、二次设计、小批量加工；解决了曲面工艺品创新设计难、制造难的问题；给具有历史价值、艺术价值的工艺品提供了数字化保护和开发的新方法。

如图 8－1 所示为世界杯奖杯模型。学生通过逆向工程，以实物为基础，使用三维扫描仪

笔记栏

获取其表面点云数据，利用 NURBS 曲线曲面理论和计算机技术，将 NURBS 曲线曲面逼近拟合模型点云，得到世界杯奖杯的三维实体模型后，便可使用五轴加工中心将其加工出来。这种将多门课程知识交叉融合的实训，有助于提升学生的专业技能，培养学生的分析和应变能力。

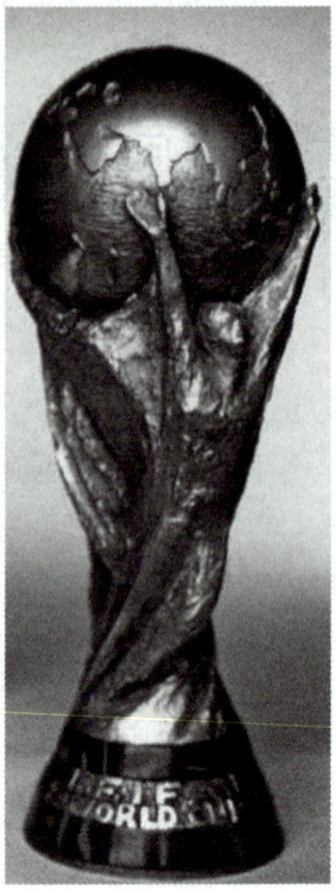

图 8-1　世界杯奖杯模型

笔记栏

8.2 世界杯奖杯毛坯的车削加工编程与仿真

8.2.1 车削加工图纸

世界杯奖杯毛坯的车削加工图纸如图 8 - 2 所示。

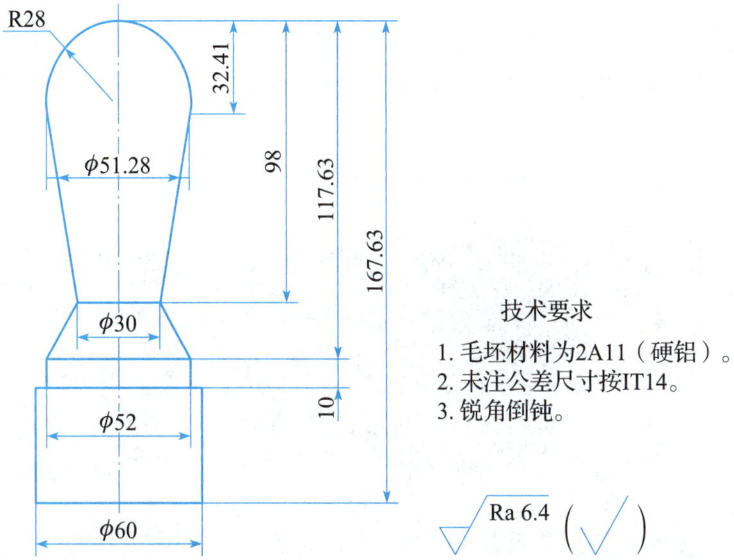

图 8 - 2　世界杯奖杯毛坯的车削加工图纸

微课：世界杯工艺品编程与仿真

工件展示（图 8 - 2）

8.2.2 车削程序和加工仿真

限于篇幅，这里不详细讲解车削仿真的过程，只提供手工编写的加工程序和车削完成后的项目。

程序内容（车削世界杯毛坯，FANUC 系统）	程序注释（加工时不需要输入）
%	传输程序的起始符号
/G28U0	
N1	工步 1 粗车
G0G40G97G99T0101S600M3F0.2	刀具初始化，1 号刀为 95° 外圆左偏刀
X62.0Z2.0	加工起始点
G73U26.0W0R10	G73 粗加工循环指令
G73P10Q11U0.5W0	留 X 方向余量 0.5，Z 方向 0
N10G01G42X0	外形轨迹的描述
Z0	
G03X51.28Z-32.41R28.	

笔记栏

续表

程序内容（车削世界杯毛坯，FANUC 系统）	程序注释（加工时不需要输入）
G01X30.Z-98.	
X52.Z-117.63	
Z-127.63	
N11G1G40X62.0	退刀，补偿取消
G0X200.0Z100.0	返回换刀点
M05	主轴转动停止
N2	工步 2 精车
G0G40G97G99T0101S1100M3F0.08	
X62.0Z2.0	
G70P10Q11	G70 精加工循环指令
G0X200.0Z100.0M05	
M30	程序结束
%	传输程序的结束符号

车削完成后，单击菜单“文件（F）”→“导出零件模型（E）”（图注 1），如图 8－3 所示，在打开的“文件存储”对话框中输入文件存储路径和文件名，将车削完成的零件导出，供铣削仿真加工使用。

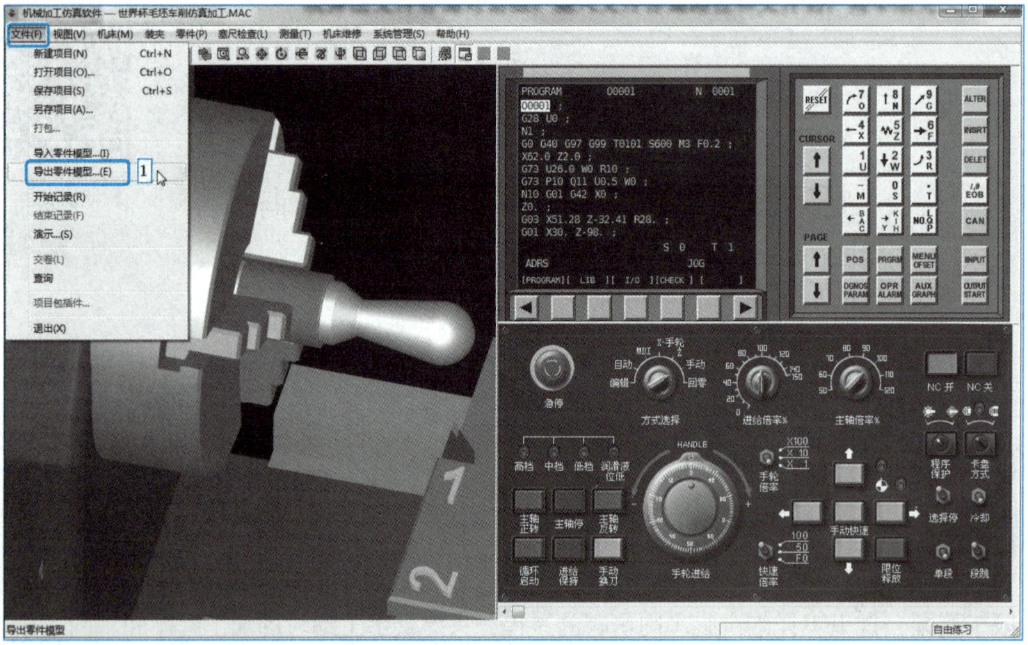

图 8－3　导出零件模型

零件导出后，单击菜单“文件（F）”→“保存项目（S）”，保存车削项目，车削加工仿真就完成了。

笔记栏

8.3 世界杯奖杯五轴铣削加工的编程

8.3.1 导入加工模型

启动 PowerMill 软件，导入加工模型，如图 8－4 所示。单击“普通阴影模式”按钮（图注 1），再单击“轴测图模式”按钮（图注 2）。观察导入的模型，确认模型质量良好。

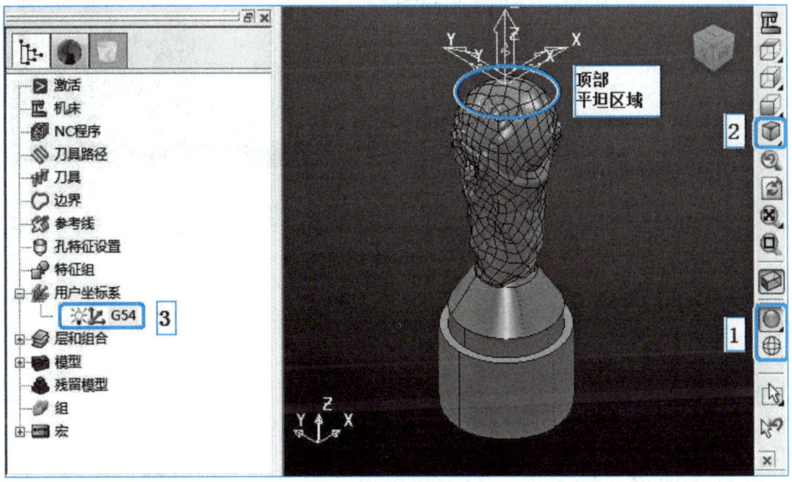

图 8－4 世界杯奖杯铣削模型

由于车削工序已经将多余的材料去除，因此铣削时仅需完成模型的半精加工和精加工。圆锥面以下的部分为夹持区域，长度不确定，无须加工。圆锥面以上为世界杯奖杯模型，顶部为平缓区域，中间主体部分较陡峭，编程加工时应将顶部和主体分开，选取不同的刀具路径策略，以便生成更适合的刀路轨迹，最后统一编程和加工。

8.3.2 设置用户坐标系

观察导入的模型，世界坐标系和设计坐标系的原点在世界杯奖杯的顶部中心位置，与车削的模型对比可知，此位置方便找正，可以直接使用。将设计坐标系的名字改为“G54”（图 8－4 的图注 3），完成用户坐标系设置。

8.3.3 设置加工毛坯

如图 8－5 所示，单击“毛坯”按钮（图注 1），打开“毛坯”对话框。注意，待铣削的毛

笔记栏

坯是已经完成车削的，对于特殊毛坯，PowerMill 允许导入通过其他设计软件创建的毛坯。在“由…定义”下拉列表中选择“三角形”（图注 2），单击旁边的“打开”按钮（图注 3），打开“通过三角形模型打开毛坯”对话框，选择文件路径（图注 4）和文件类型（图注 5），找到通过其他软件创建的毛坯文件（图注 6）。打开该文件后，右边的窗口将出现毛坯形状，在“毛坯”对话框中确认毛坯尺寸后，单击“接受”按钮完成毛坯设置。

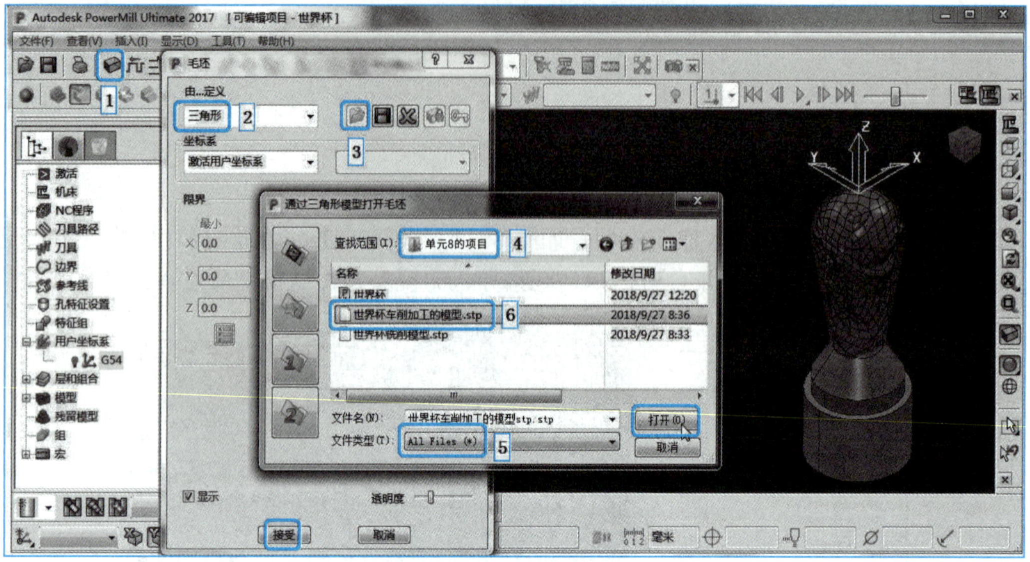

图 8－5　设置加工毛坯

8.3.4　设置半精铣刀具参数

考虑到工艺品加工应重点满足形状和表面粗糙度的要求，尺寸精度次之，因此在半精加工时选用强度较好的 $\phi 8R4$ 球头刀。

如图 8－6 所示，用鼠标右键单击项目树中的“刀具”（图注 1），在右键浮动菜单中选择“产生刀具”（图注 2）→“球头刀”（图注 3），打开“球头刀”对话框，设置刀具直径“8.0”（图

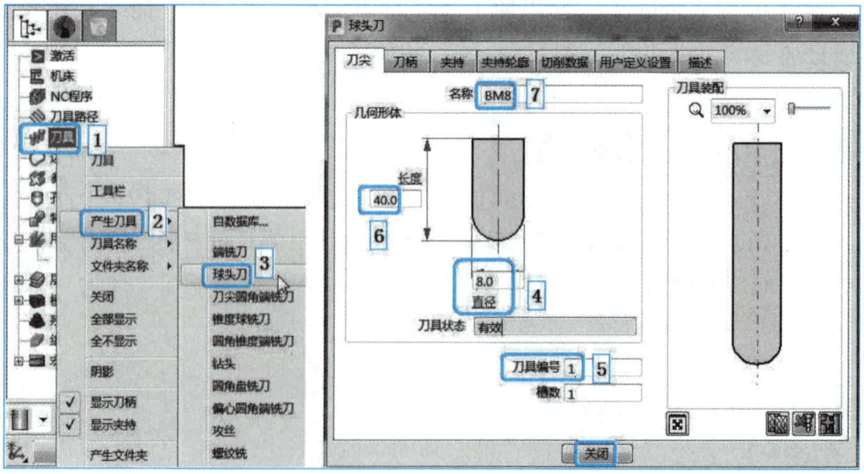

图 8－6　设置刀具参数

注 4)、刀具编号“1”(图注 5)、刀具长度“40.0”(建议按实际值设置)(图注 6),名称为“BM8”(图注 7)。然后单击“关闭”按钮完成刀具参数的设置。如果夹持刀具的刀柄比较特殊,可在“刀柄”选项卡和“夹持”选项卡中设置其尺寸。

8.3.5 采用 3D 偏置精加工策略半精加工奖杯顶部平缓区域

如图 8－7 所示,单击“选取刀具路径策略”按钮(图注 1),打开“策略选取器”对话框。单击“精加工”(图注 2),再单击“3D 偏置精加工”(图注 3),然后单击“接受”按钮(图注 4),进入 3D 偏置精加工对话框。

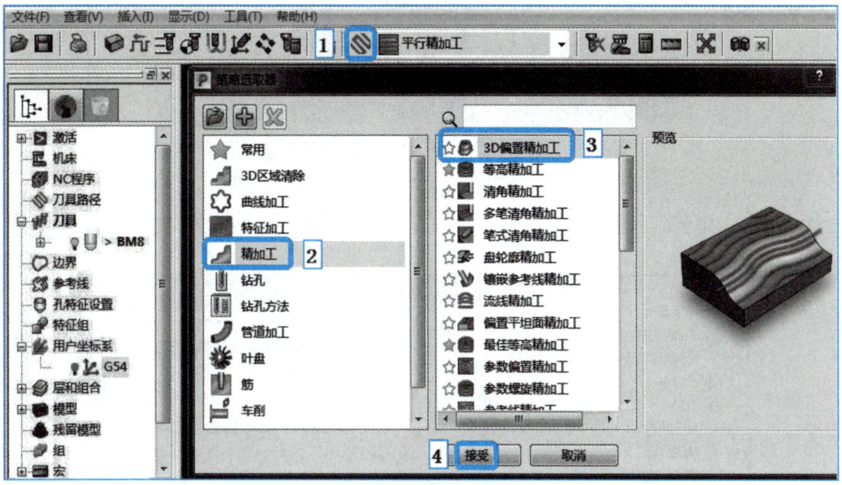

图 8－7　选取 3D 偏置精加工策略

如图 8－8 所示,用户坐标系、毛坯和刀具都已设置好,单击“限界”(图注 5),在“限界”对话框的“Z 限界”栏将最小值设为“-4.0”,这是顶部平缓区域在 Z 方向上的高度。

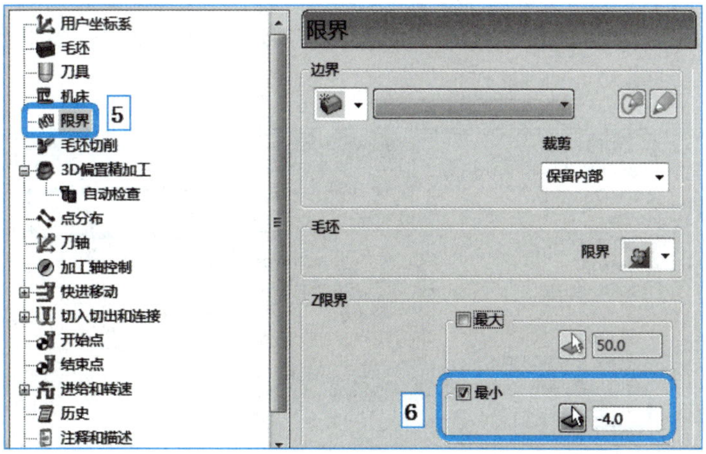

图 8－8　设置限界参数

如图 8－9 所示,单击“3D 偏置精加工”(图注 7),在“偏置方向”下拉列表中选择“由内向外”,并勾选“螺旋”选项(图注 8),然后设置公差为“0.05”、余量为“0.2”、行距为“1.5”(图注 9)。

笔记栏

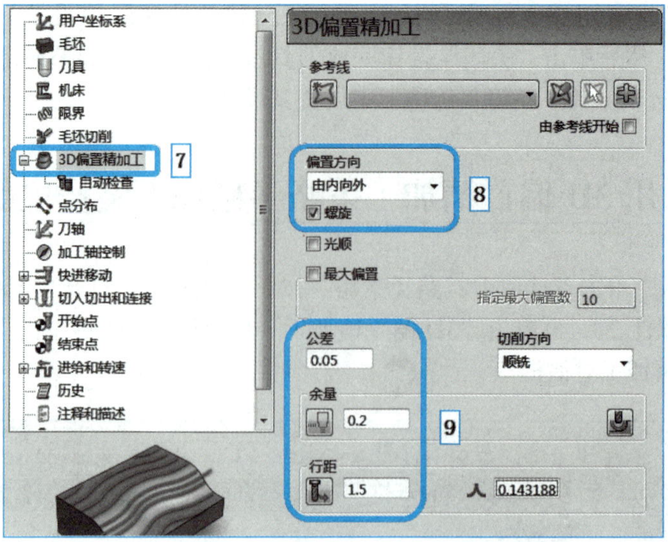

图 8－9　设置 3D 偏置精加工的参数

如图 8－10 所示，单击“切入”(图注 10)，在“第一选择”下拉列表中选择“斜向”(图注 11)。

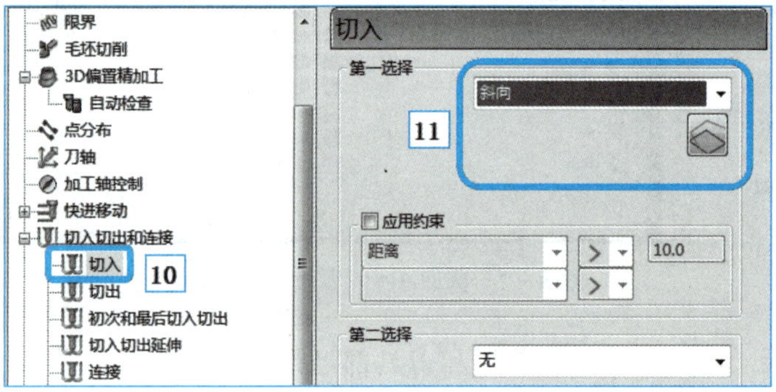

图 8－10　设置切入参数

如图 8－11 所示，单击“连接”(图注 12)，在“第一选择”下拉列表中选择“曲面上”(图注 13)。

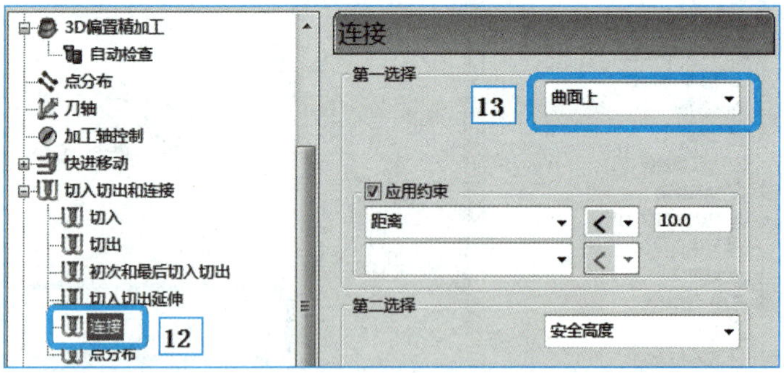

图 8－11　设置连接参数

如图 8－12 所示，单击“开始点”(图注 14)，在“使用”下拉列表中选择“毛坯中心安全高度”(图注 15)。这个开始点是系统默认的选项，可以不设置。选择这个位置是因为其距离用户坐标系原点最近。

笔记栏

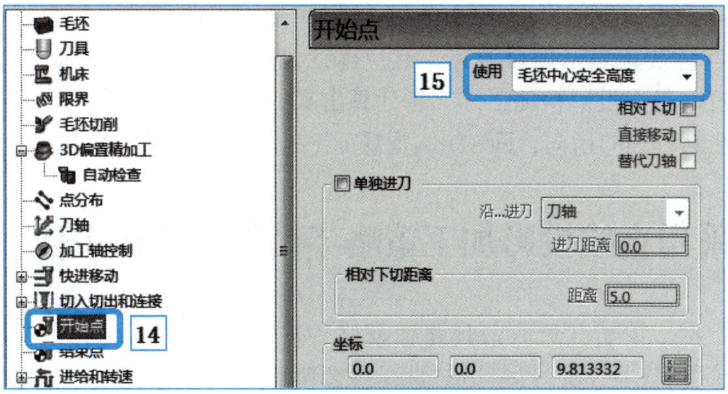

图 8-12　设置开始点

如图 8-13 所示，单击“结束点”（图注 16），在“使用”下拉列表中选择“毛坯中心安全高度”（图注 17）。这个结束点不是系统默认的选项。设置加工结束回到这个位置是因为其距离原点最近。后续加工环节需要零件绕原点旋转时，这个位置的刀具与零件干涉小。

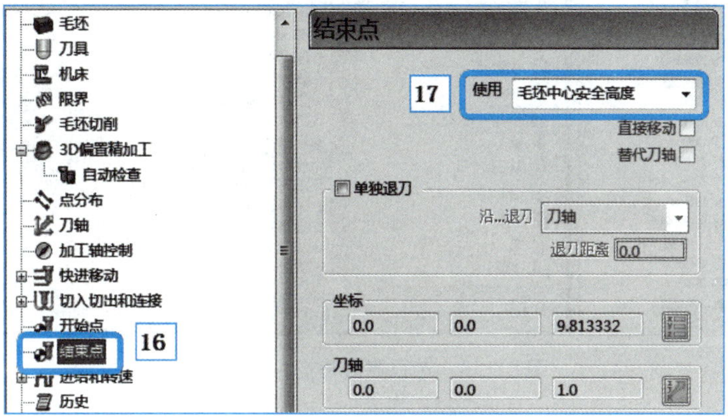

图 8-13　设置结束点

如图 8-14 所示，单击“进给和转速”（图注 18），输入主轴转速“4000.0”、切削进给率“600.0”、下切进给率“200.0”、掠过进给率“3000.0”（图注 19）。所有设置完成后，单击“计算”按钮（图注 20），系统自动依据设置的切削参数，按照加工策略算法计算出切削刀路的轨迹（图注 21）。

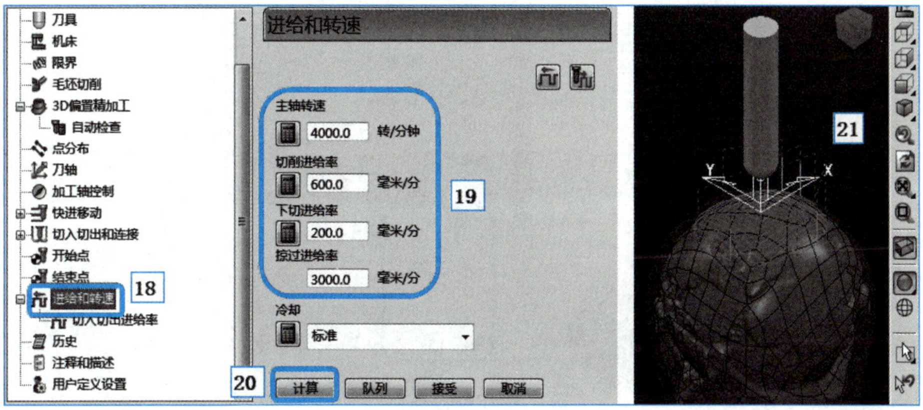

图 8-14　设置进给和转速

笔记栏

分析图 8－14 中奖杯顶部平缓区域的 3D 偏置精加工刀路轨迹，绿色线条表示切削进给，形状接近方形，橙色线条表示连接刀路，红色虚线表示快速移动。该加工策略是三轴加工策略，类似的加工策略是点投影精加工，二者计算出来的刀路基本相同，但点投影精加工是五轴加工策略，可以控制刀轴的指向，而 3D 偏置精加工的刀轴始终是竖直的。

8.3.6　采用直线投影加工策略半精加工奖杯主体

如图 8－15 所示，单击“选取刀具路径策略”按钮（图注 1），打开“策略选取器”对话框。单击“精加工”（图注 2），再单击“直线投影精加工”（图注 3），然后单击“接受”按钮（图注 4），进入“直线投影”对话框。

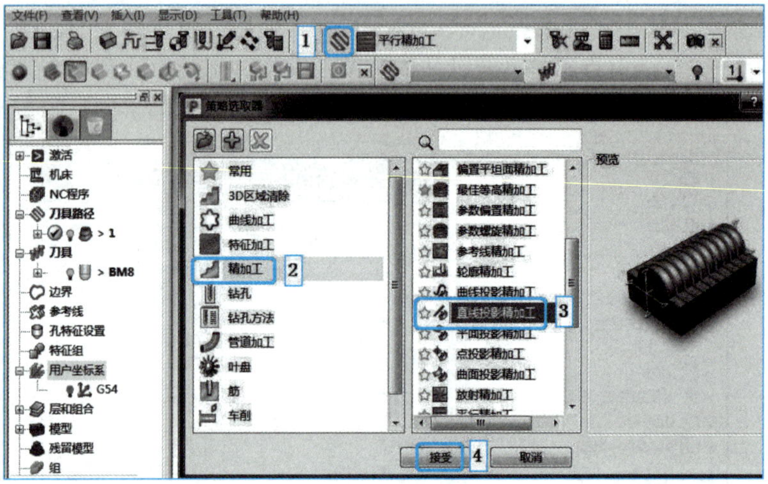

图 8－15　选取直线投影精加工策略

如图 8－16 所示，用户坐标系、毛坯和刀具都已设置好，可直接单击“直线投影”（图注 5），在“样式”下拉列表中选择“螺旋”（图注 6），设置公差为“0.05”、余量为“0.2”、行距为“1.5”（图注 7）。

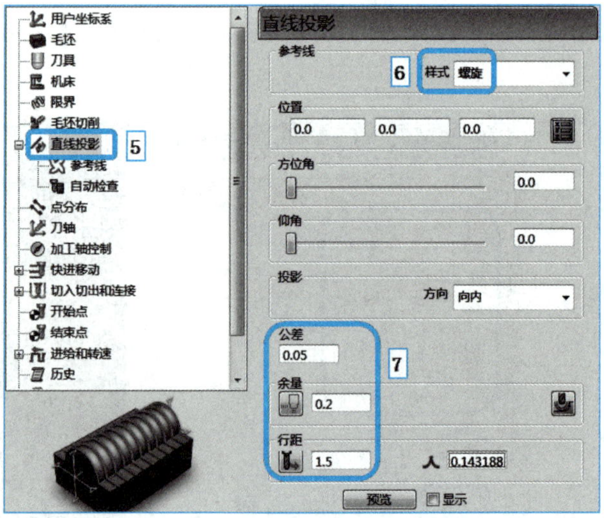

图 8－16　设置直线投影的加工参数

笔记栏

如图 8－17 所示，单击“参考线”（图注 8），在“样式”下拉列表中选择“螺旋”，在“方向”下拉列表中选择“顺时针”（图注 9），在“高度”栏设置开始为“–3.0”、结束为“–120.0”（图注 10）。单击“预览”按钮并勾选“显示”选项（图注 11），即可看到铣削位置。

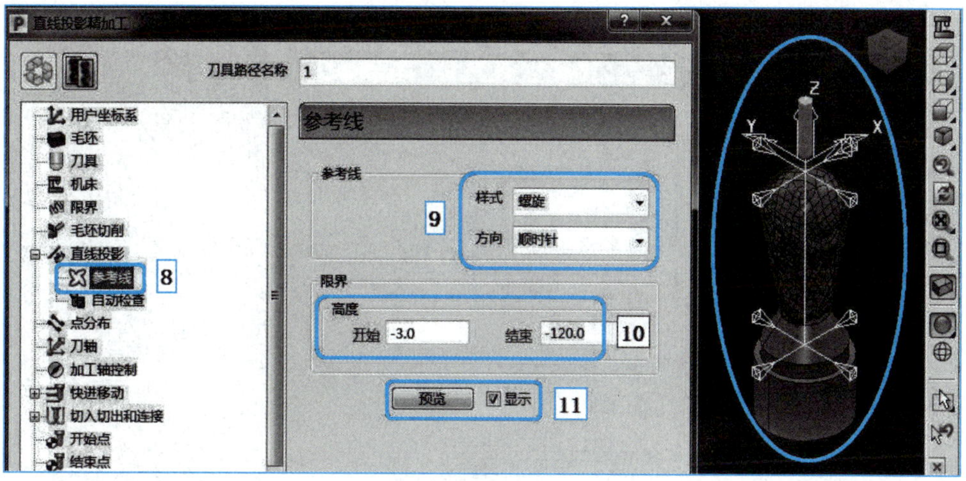

图 8－17　设置参考线参数

如图 8－18 所示，单击“刀轴”（图注 12），在“刀轴”下拉列表中选择“朝向直线”（图注 13）。

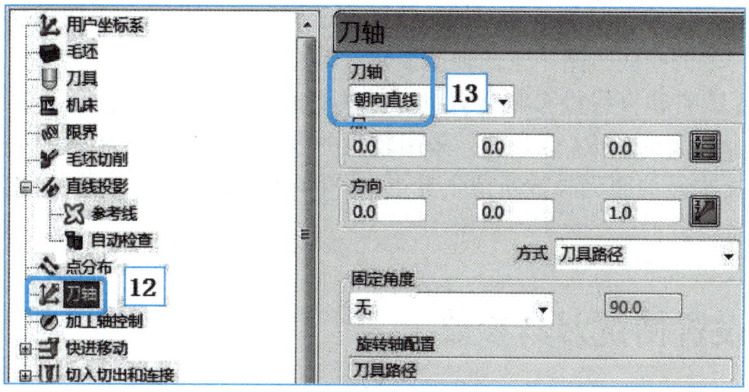

图 8－18　设置刀轴朝向

如图 8－19 所示，单击“切入切出和连接”（图注 14），“切入切出和连接综述”栏中的选项保持系统默认（图注 15）。

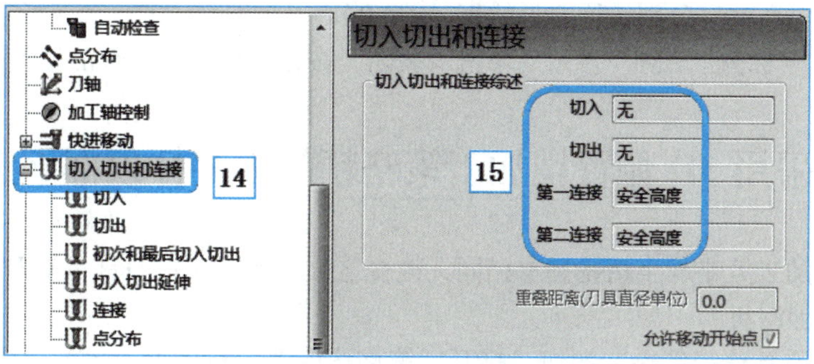

图 8－19　设置切入切出和连接参数

笔记栏

如图 8－20 所示，单击“进给和转速”（图注 16），输入主轴转速“4000.0”、切削进给率“600.0”、下切进给率“200.0”，掠过进给率“3000.0”（图注 17）。所有设置完成后，单击“计算”按钮（图注 18），系统自动依据设置的切削参数，按照加工策略算法计算出切削刀路的轨迹（图注 19）。

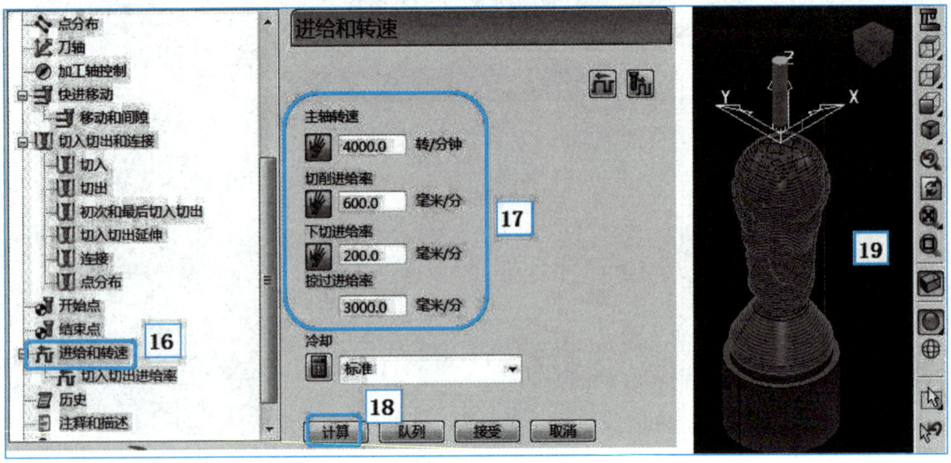

图 8－20　设置进给和转速

直线投影加工策略属于五轴加工策略，与其相似的加工策略是旋转精加工策略，二者计算出来的刀路基本相同。旋转精加工的刀轴始终垂直于旋转轴，只适用于四轴加工，而直线投影加工策略能控制刀轴的指向，适用于四轴加工和五轴加工。

使用 3D 偏置策略和直线投影策略对世界杯奖杯进行半精加工后，形状已接近最终效果，但是由于使用的是较大的 $\phi 8R4$ 球头刀，采用较大的公差和步距，并留有一定余量，尤其是在精细曲面处，刀具半径的原因导致所留余量更大，因此需要选用半径更小的刀具进行精加工，以获得更好的表面质量。

8.3.7　设置精铣刀具参数

分析模型发现，如果想非常精细地勾画工艺品的细节，特别是一些细小的沟槽，需要选用 0.2mm 的雕刻刀进行精铣。考虑到加工成本和加工时间等实际情况，这里选用 $\phi 4R2$ 球头刀进行精加工，精铣 98% 以上的区域即可。

用鼠标右键单击项目树中的“刀具”，在右键浮动菜单中选择“产生刀具”→“球头刀”，打开“球头刀”对话框，分别设置刀具的直径“4.0”、刀具编号“2”、刀具长度“40.0”（建议按实际值设置），名称为“BM4”。然后单击“关闭”按钮完成刀具参数的设置。

8.3.8　采用 3D 偏置精加工策略精加工奖杯顶部平缓区域

精铣采用的加工策略与半精铣基本相同，改变之处是换了 1 把刀具，使刀具转速变快、进给变小，刀路更加密集。

单击“选取刀具路径策略”按钮，打开“策略选取器”对话框。单击“精加工”，再单击“3D 偏置精加工”，然后单击“接受”按钮，进入 3D 偏置精加工对话框。

笔记栏

如图 8－21 所示，用户坐标系、毛坯和刀具都已设置好，单击“限界”（图注 1），在“限界”对话框的“Z 限界”栏将最小值设为“–5.0”（图注 2），这是顶部平缓区域在 Z 方向上的高度

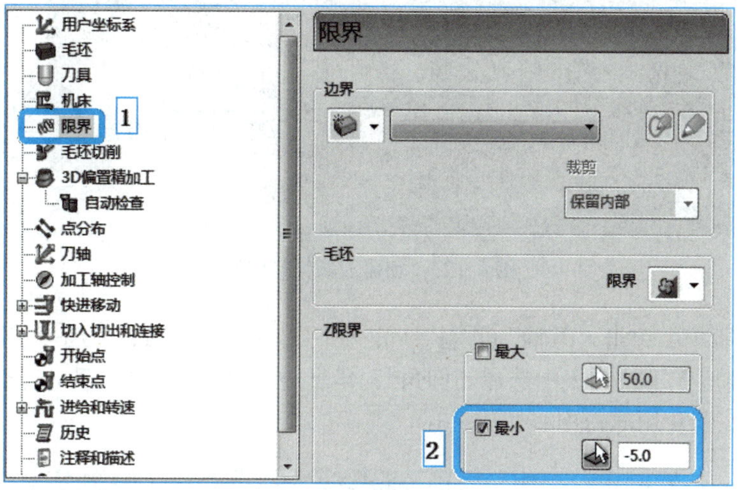

图 8－21　设置限界参数

如图 8－22 所示，单击“3D 偏置精加工”（图注 3），在“偏置方向”下拉列表中选择“由内向外”（图注 4），勾选“螺旋”和“光顺”选项，设置公差为“0.01”、余量为“0.0”、行距为“0.2”（图注 5）。

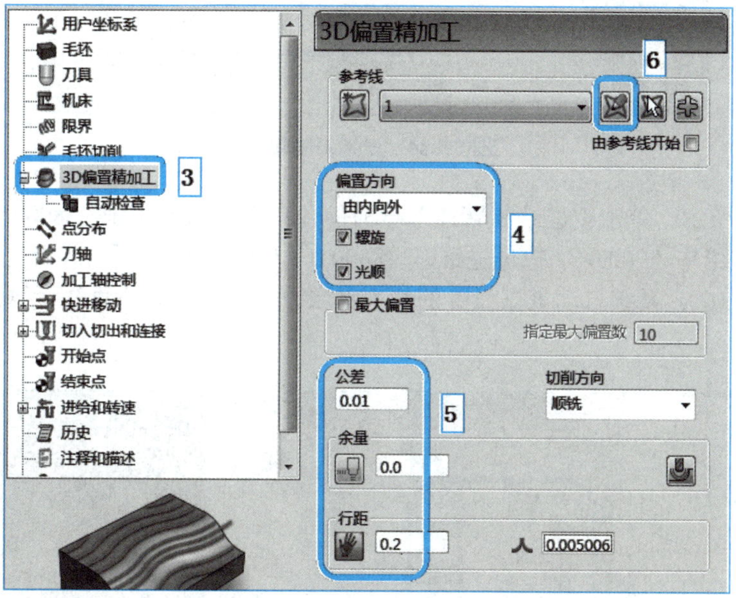

图 8－22　设置 3D 偏置精加工的参数

半精铣时，3D 偏置的加工刀路是矩形倒了 4 个圆角的样子，如果希望得到接近圆形的刀路，可单击“曲线编辑器”按钮（图注 6），系统会弹出曲线编辑工具栏，如图 8－23 所示。单击“圆形”按钮（图注 7），系统默认圆半径为“5.0”（图注 8），在世界坐标系的原点处单击，即可创建一个圆形（图注 9），确认后单击“☑”按钮（图注 10）。

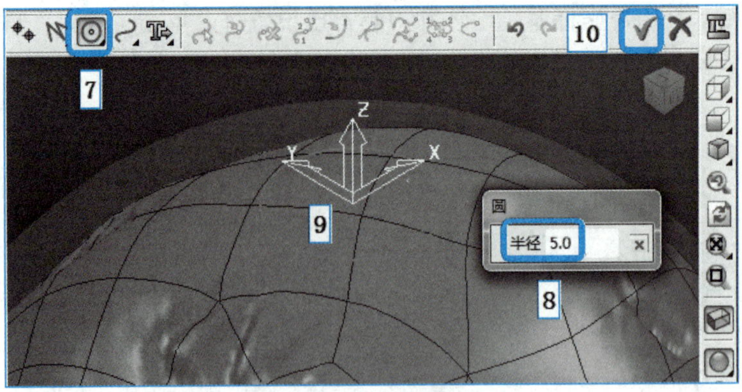

图 8－23　创建刀路样式曲线

如图 8－24 所示，单击“刀轴”(图注 11)，在“刀轴”下拉列表中选择“朝向直线”(图注 12)，在“固定角度”下拉列表中选择“仰角”，角度为“85.0”（图注 13）。这个参数的作用是让刀具倾斜 5°，避免用球刀中心切削。

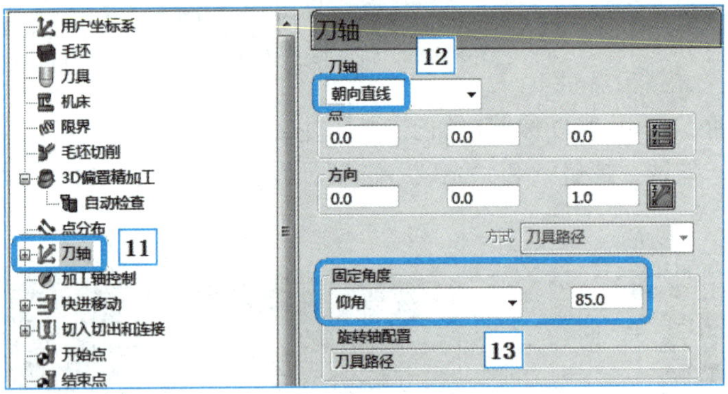

图 8－24　设置刀轴朝向

如图 8－25 所示，单击“进给和转速”（图注 14），输入主轴转速“8000.0”、切削进给率“400.0”、下切进给率“200.0”、掠过进给率“3000.0”（图注 15）。所有设置完成后，单击“计算”按钮（图注 16），系统自动依据设置的切削参数，按照加工策略算法计算出切削刀路的轨迹（图注 17）。

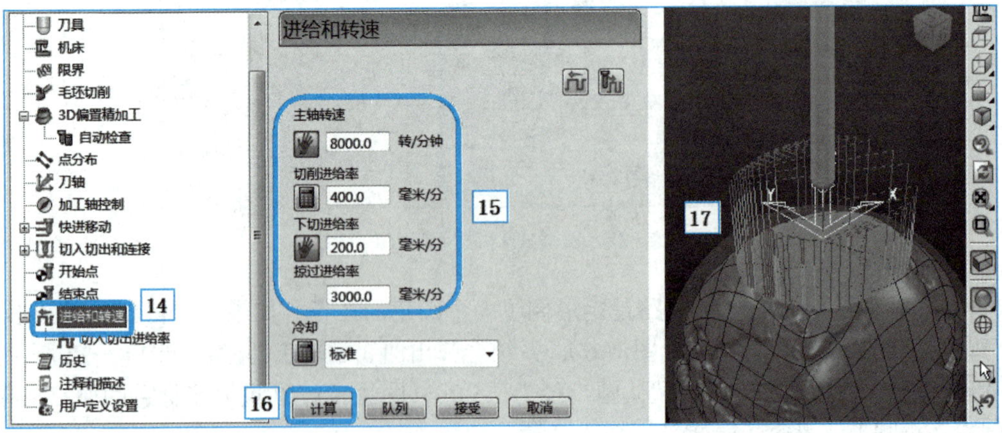

图 8－25　设置进给和转速

笔记栏

分析奖杯顶部平缓区域的精加工刀路轨迹，其中绿色线条表示切削进给，形状接近圆形。与半精铣刀路相比，刀路密集了很多，对于边缘的毛刺刀路，会增加提刀次数。可以手工去除这些刀路，如图 8－26 所示，选中毛刺刀路后（图注 1）单击鼠标右键，在右键浮动菜单中选择“编辑”→“删除已选部件”（图注 2），即可将毛刺刀路删除。删除所有毛刺刀路的效果如图 8－26 的图注 3 所示。

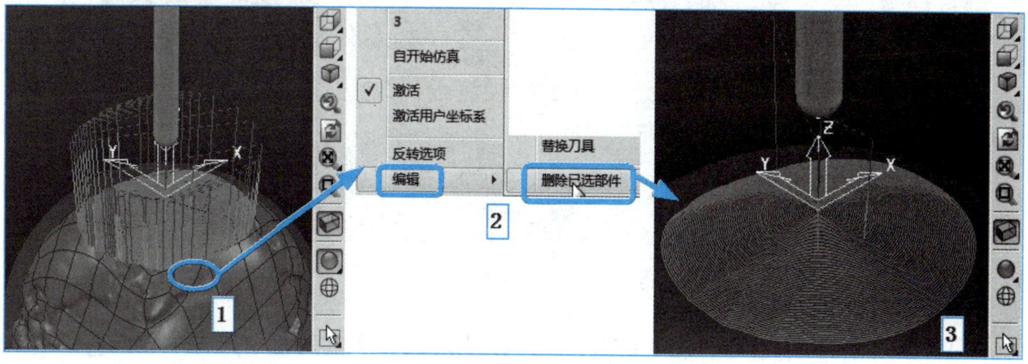

图 8－26　手工删除多余刀路

8.3.9　采用直线投影加工策略精加工奖杯主体

单击“选取刀具路径策略”按钮，打开“策略选取器”对话框。单击“精加工”，再单击“直线投影精加工”，然后单击“接受”按钮，进入“直线投影”对话框，如图 8－27 所示。用户坐标系、毛坯和刀具都已设置好，可直接单击“直线投影”（图注 1），在“样式”下拉列表中选择“螺旋”（图注 2），设置公差为“0.01”、余量为“0.0”、行距为“0.2”（图注 3）。

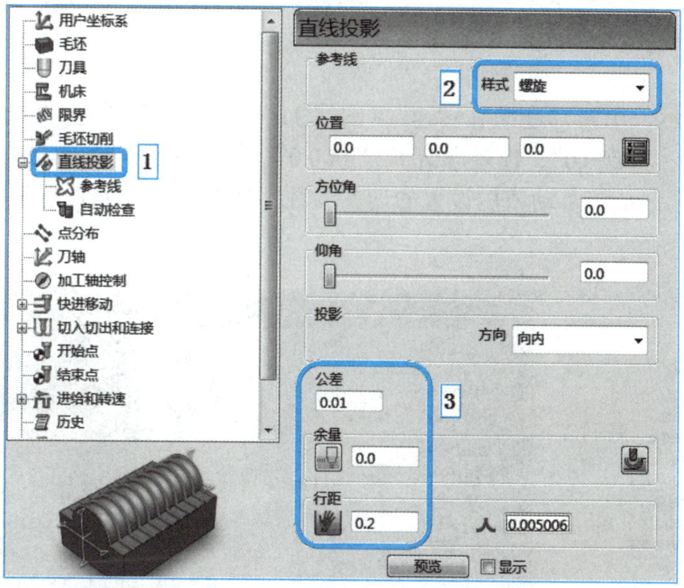

图 8－27　设置直线投影的参数

如图 8－28 所示，单击“参考线”（图注 4），在“样式”下拉列表中选择“螺旋”，在“方向”下拉列表中选择“顺时针”（图注 5），在“高度”栏设置开始为“-3.0”、结束为“-120.0”

（图注 6）。单击“预览”按钮，勾选“显示”选项（图注 7），确认铣削的位置。

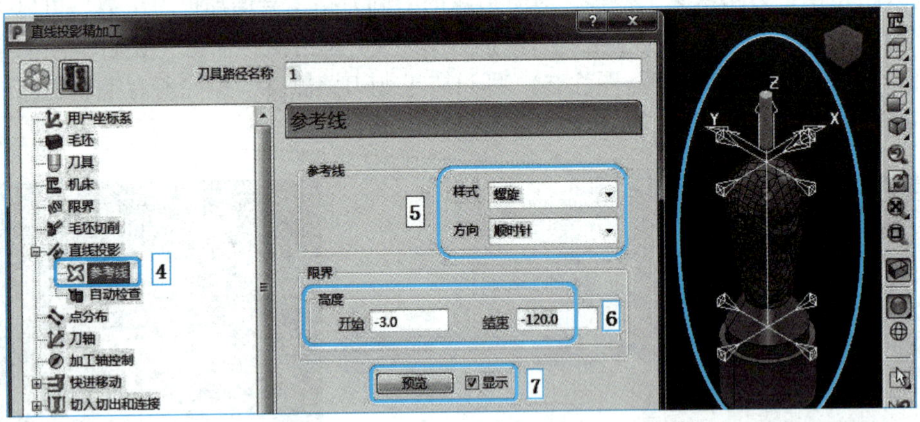

图 8－28　设置参考线参数

如图 8－29 所示，单击“刀轴”（图注 8），在“刀轴”下拉列表中选择“朝向直线”（图注 9），在“固定角度”下拉列表中选择“仰角”，角度为“5.0”（图注 10）。这个参数的作用是让刀具倾斜 5°，避免用球头刀中心切削。

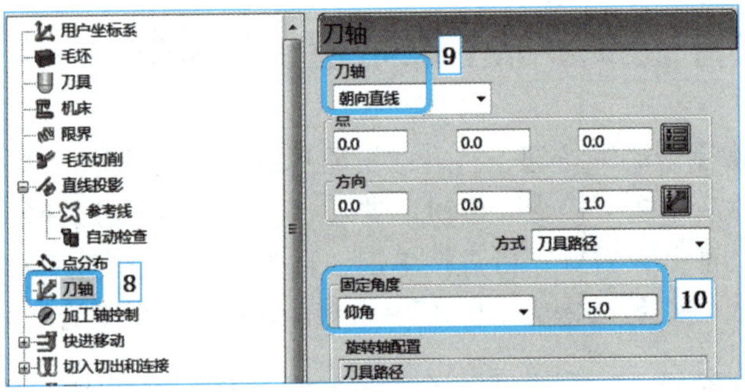

图 8－29　设置刀轴朝向

如图 8－30 所示，单击“进给和转速”（图注 11），输入主轴转速“8000.0”、切削进给率“400.0”、下切进给率“200.0”、掠过进给率“3000.0”（图注 12）。所有设置完成后，单击“计算”按钮（图注 13），系统自动依据设置的切削参数，按照加工策略算法计算出切削刀路的轨迹（图注 14）。

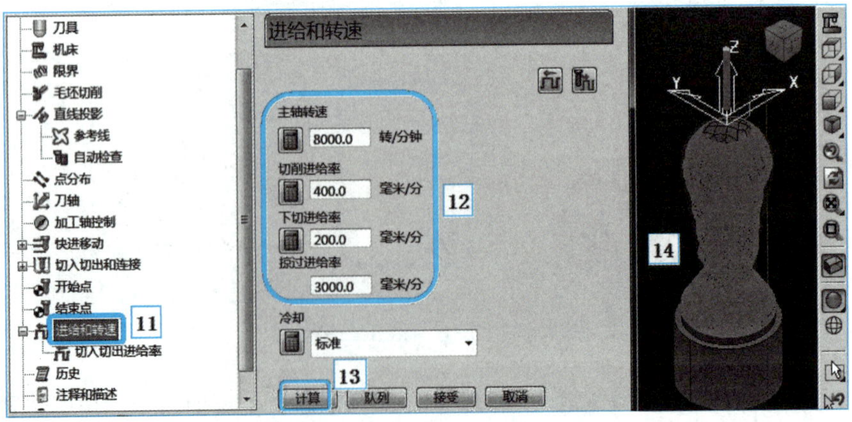

图 8－30　定义进给和转速

笔记栏

注意：对于精加工刀路，由于切削行距设置较小（0.2mm），因此计算时间会比较长。

分区域加工可能会产生接刀问题，即两个刀路衔接部分如果参数设置不当，会出现欠切削或过切削的情况。如果不想分区域加工，可以使用曲面投影精加工策略。通过构造一个特殊曲面，同时控制加工奖杯顶部和侧面的刀轴的指向，一次性完成所有曲面的加工，就不会产生接刀问题。

8.3.10　模拟仿真全部刀具路径的加工过程

如图 8－31 所示，用鼠标右键单击项目树中的“NC 程序”（图注 1），在右键浮动菜单中选择“产生 NC 程序”（图注 2），打开“NC 程序”对话框。

设置 NC 程序的输出路径和文件名 C:\worldcup.H（图注 3），设置机床选项文件的路径和文件名 C:\dcam\config\ductpost\GF-HEM_700U.pmoptz，这是针对 GF MIKRON HEM 700U 五轴机床的专用后置处理程序。

在“输出用户坐标系”下拉列表中选择已设定的 G54 用户坐标系（图注 4）。然后单击“接受”按钮（图注 5），创建一条名称为 1、内容为空的 NC 程序。

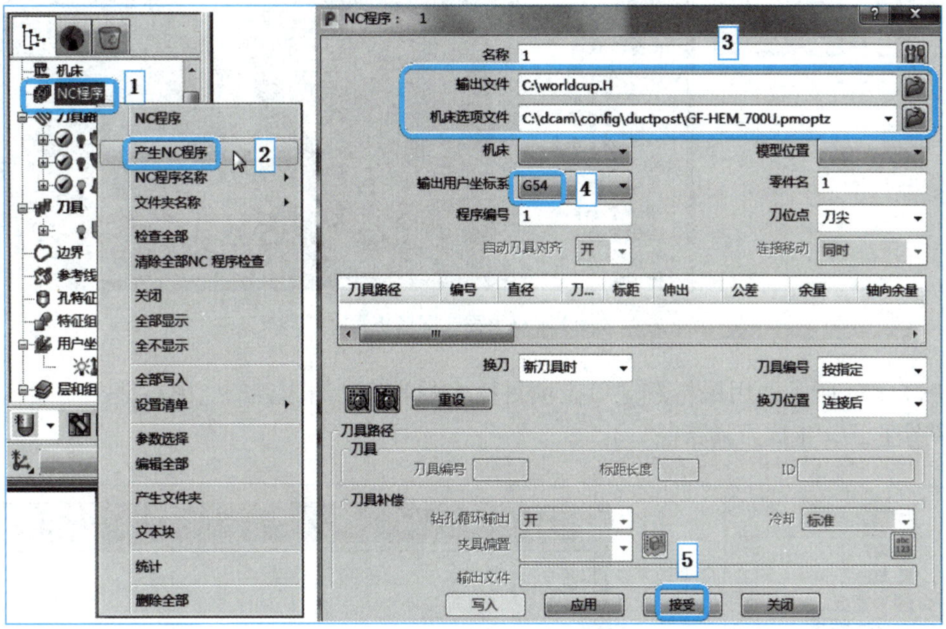

图 8－31　设置 NC 程序的存放路径和后置处理程序的路径

如图 8－32 所示，按住键盘上的“Ctrl”键，然后依次选中全部刀具路径（图注 1），再用鼠标右键单击这些刀具路径，在右键浮动菜单中选择“增加到”（图注 2）→“NC 程序”（图注 3），所有刀具路径即可出现在 NC 程序中。

注意：NC 程序中的刀路顺序将成为加工时的工步顺序。

如图 8－33 所示，用鼠标右键单击项目树中的程序 1（图注 1），在右键浮动菜单中选择“自开始仿真”（图注 2），程序 1 出现在仿真列表中（图注 3），单击“ViewMill”按钮（图注 4），加工区呈现实体仿真效果，单击“仿真模式 3”按钮（图注 5），单击“开始仿真”按钮（图注 6）。图注 7 是调整仿真演示速度的滑块，窗口显示实体仿真的结果（图注 8）。仿真加工完成后，单击“结束仿真”按钮（图注 9）。

笔记栏

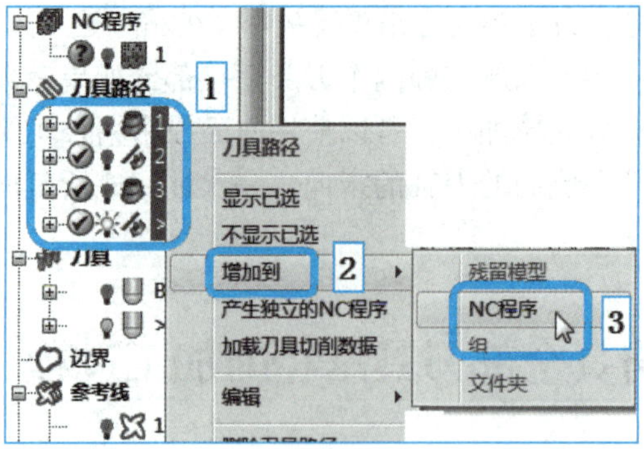

图 8 - 32　设置 NC 程序中的工步顺序

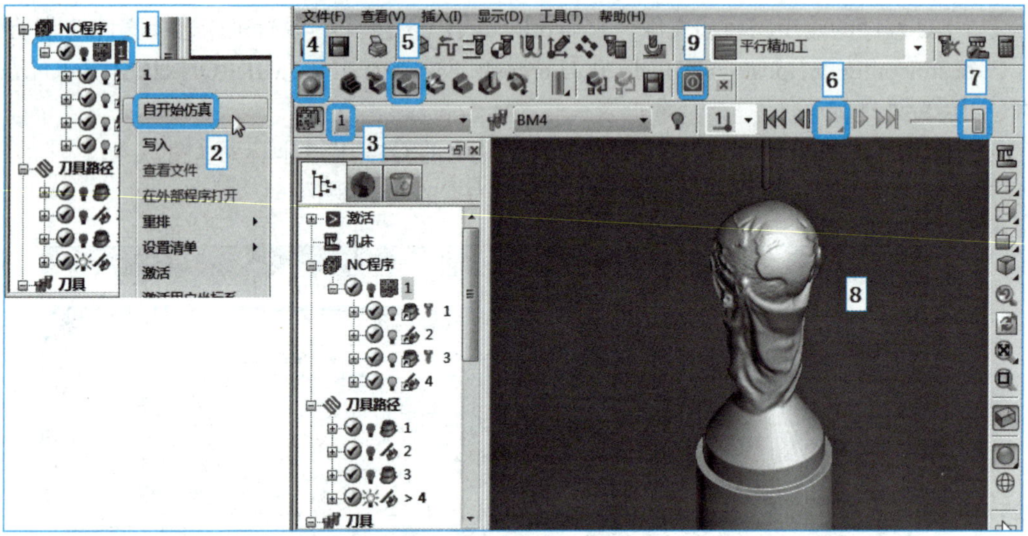

图 8 - 33　完成实体仿真

如图 8 - 34 所示，用鼠标右键单击项目树中的程序 1（图注 1），在右键浮动菜单中选择“写入”（图注 2），生成刀具路径。

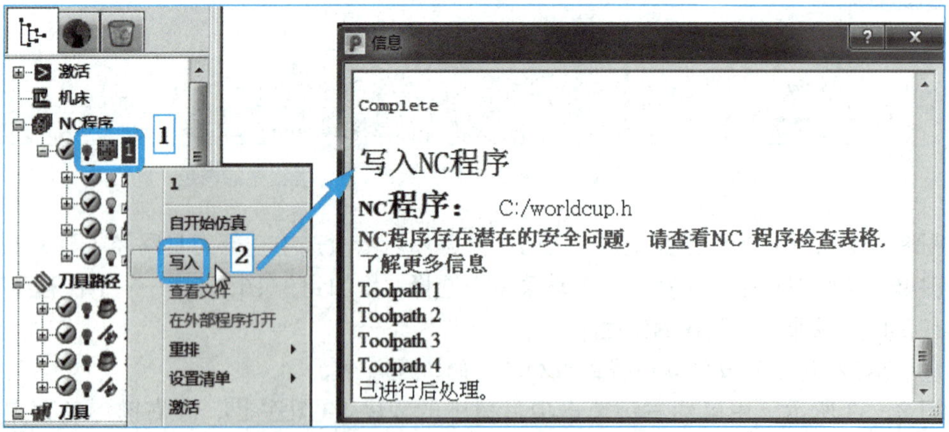

图 8 - 34　生成刀具路径

PowerMill 系统将按照图 8 - 31 所示的设置读入机床选项文件，并按照设置好的机床 NC 格式将所有刀具路径数据转换到 G54 坐标系下。写入完成后，弹出“信息”对话框。

笔记栏

8.4 世界杯奖杯五轴铣削的加工仿真

前面已经完整叙述了五轴仿真加工中心的操作步骤，这里仅介绍关键步骤。

（1）如图 8－35 所示，单击菜单“装夹”→“安装自定义工艺板”，设置工艺板尺寸为 150mm × 150mm × 50mm（图注 1）。单击菜单“装夹”→“安装通用夹具”，选择小尺寸的自定心卡盘（图注 2）。单击菜单“文件（F）”→“导入零件模型（I）”（图注 3），在“打开”对话框中选择文件路径（图注 4），找到车削加工完成的模型文件（图注 5），单击“打开”按钮（图注 6），世界杯奖杯的毛坯即可出现在窗口中。

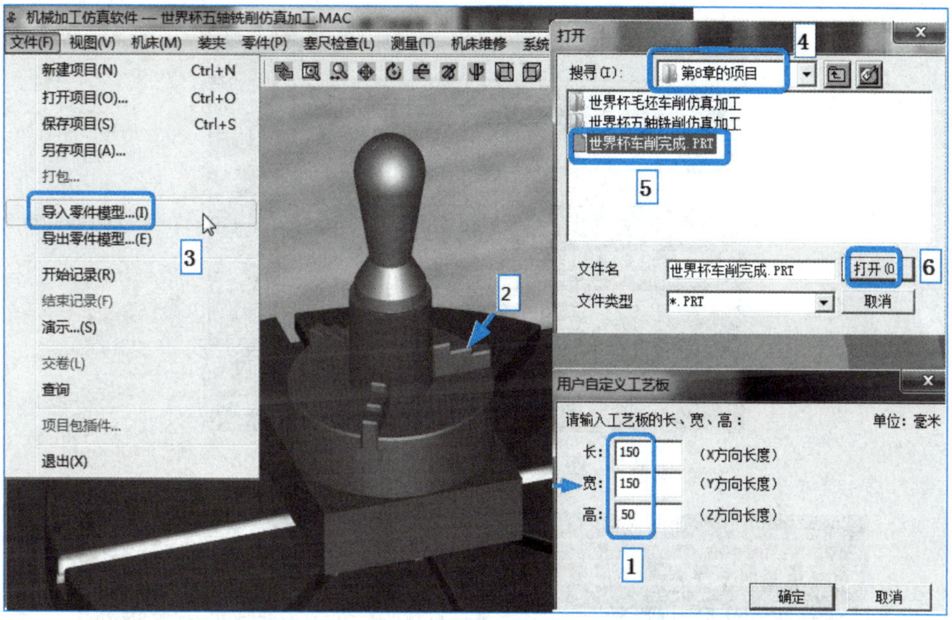

图 8－35 导入毛坯

（2）按照 CAM 软件中定义的刀具尺寸选择加工刀具。如图 8－36 所示，定义 T1 刀具为 ϕ8mm 球头刀、T2 刀具为 ϕ4mm 球头刀（图注 1）。

（3）建立刀具表。在操作面板上选择“手动操作”模式，在屏幕右下角选择“刀具表”，进入编辑刀具表界面，如图 8－37 所示。如果“编辑”键为“关”状态（图注 1），刀具参数只能查看，不能修改；如需修改，单击“编辑”键变成“开”状态，再用光标键选择需要修改的参数，T1 的刀具名称为“BM8”，刀具总长 L 值为“150.000”（依据图 8－36 中图注 2），刀具半径 R 值为“4.000”，因为是球头刀所以 R2 的值为“4.000”。T2 的刀具名称为“BM4”，刀具总长 L 值为“150.000”，刀具半径 R 值为“2.000”，R2 的值为“2.000”。在 MDI 模式下输入“TOOL CALL 1 Z”指令并执行，将 1 号刀换到主轴上。

（4）对刀找正，确定用户坐标系。

（5）传入加工程序并执行，执行结果如图 8－38 所示。

笔记栏

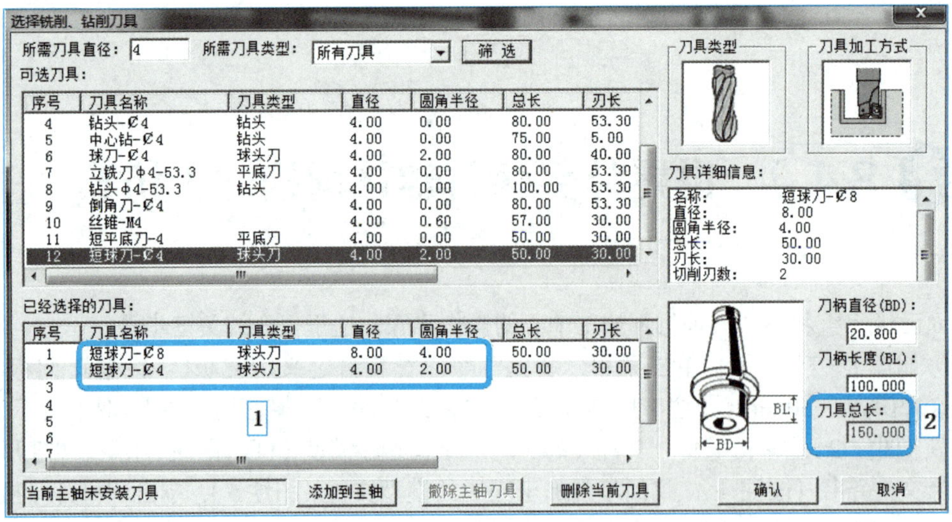

图 8-36　定义加工刀具

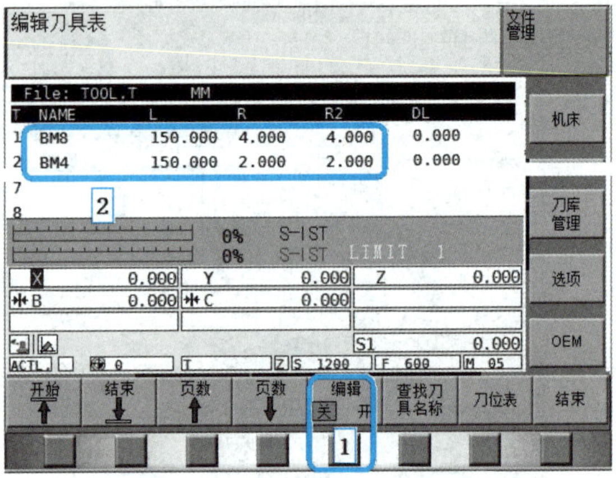

图 8-37　编辑刀具表

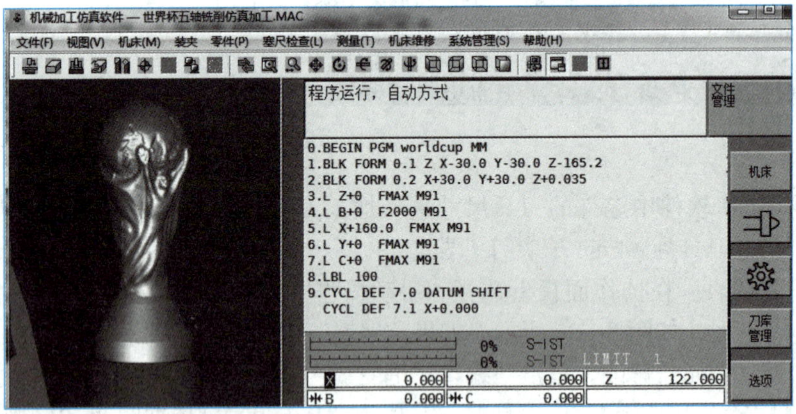

图 8-38　世界杯奖杯的加工结果

观察世界杯奖杯的仿真加工过程可以发现，如果零件伸出来太短、切削刀具伸出来的长度不够，主轴的侧面可能与工作台发生碰撞，可通过调节工艺板的高度来解决此问题。这都是因为五轴加工时，零件出现了大角度偏转。与三轴加工不同，仿真加工可以让用户提前发现问题，从而在实际工作中避免出现同样的问题，这便是五轴加工仿真软件的价值所在。

单元 9

仿真加工实例

仿真加工是五轴加工技术教学的重要环节。本单元选取了几个具有代表性的实例，并以“平面 + 立体”的形式呈现。请同学们结合实例，熟悉工艺分析、坐标系设定、刀具选择、路径生成及仿真验证等工作流程，加深理解复杂曲面加工中的多轴联动原理。重点关注刀具姿态控制与干涉避让策略，为后续实际操作奠定坚实基础。

（1）如图 9 - 1 所示为二轴半零件综合编程实例。

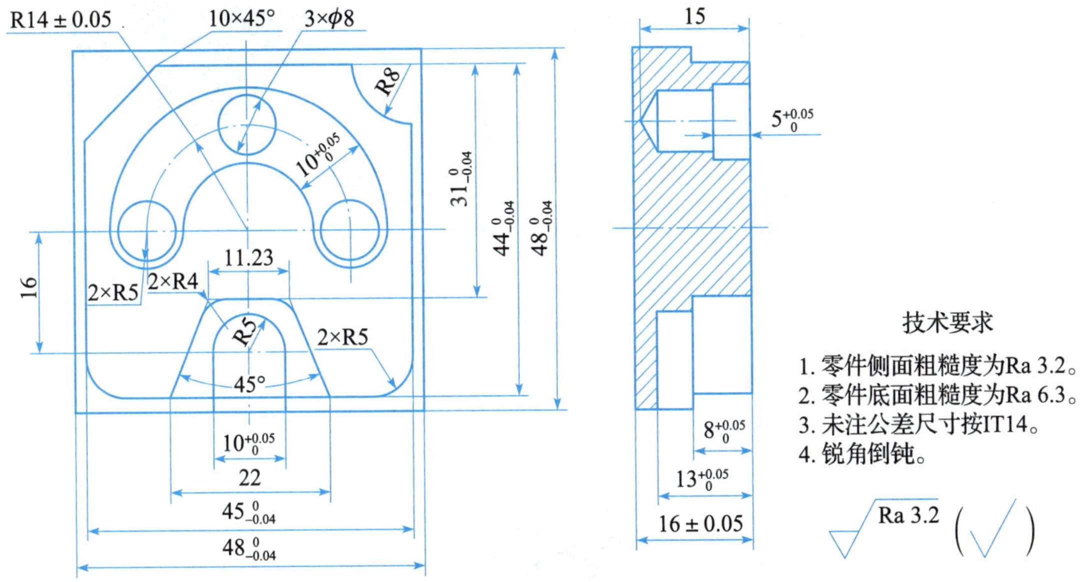

图 9 - 1　二轴半零件综合编程实例

工件展示
（图 9 - 1）

（2）如图 9－2 所示为三轴零件综合编程实例一。

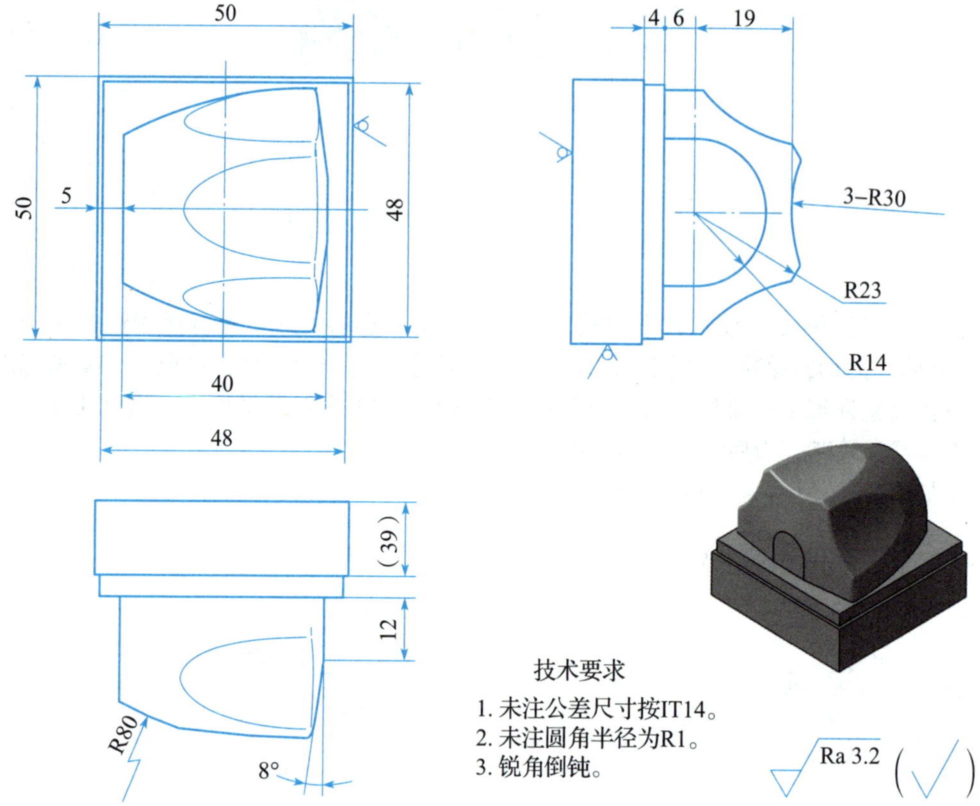

图 9－2　三轴零件综合编程实例一

工件展示
（图 9－2）

（3）如图 9－3 所示为三轴零件综合编程实例二。

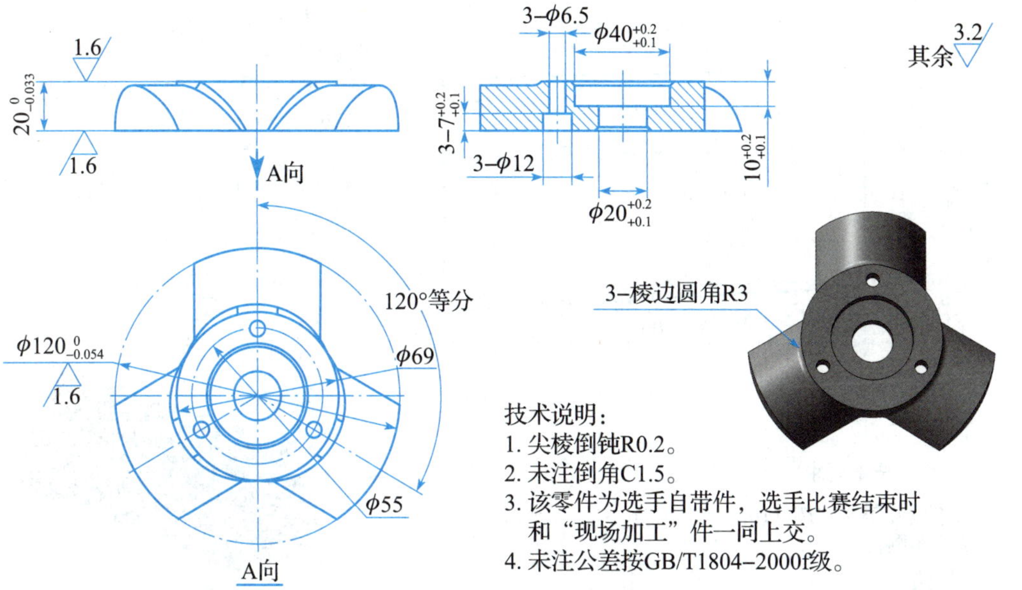

GB/T1804−2000线性尺寸公差等级节选					
尺寸段	0.5～3	3～6	6～30	30～120	120～400
精密级f	±0.05	±0.05	±0.1	±0.15	±0.2

图 9－3　三轴零件综合编程实例二

工件展示
（图 9－3）

（4）如图 9－4 所示为四轴零件综合编程实例一。

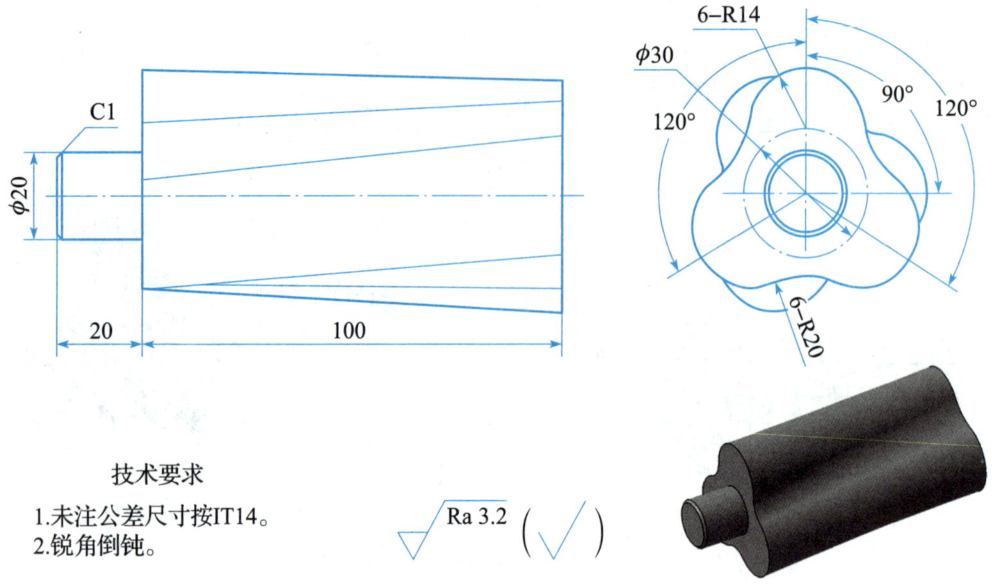

图 9－4　四轴零件综合编程实例一

工件展示
（图 9－4）

（5）如图 9－5 所示为五轴零件综合编程实例一。

工件展示
（图 9－5）

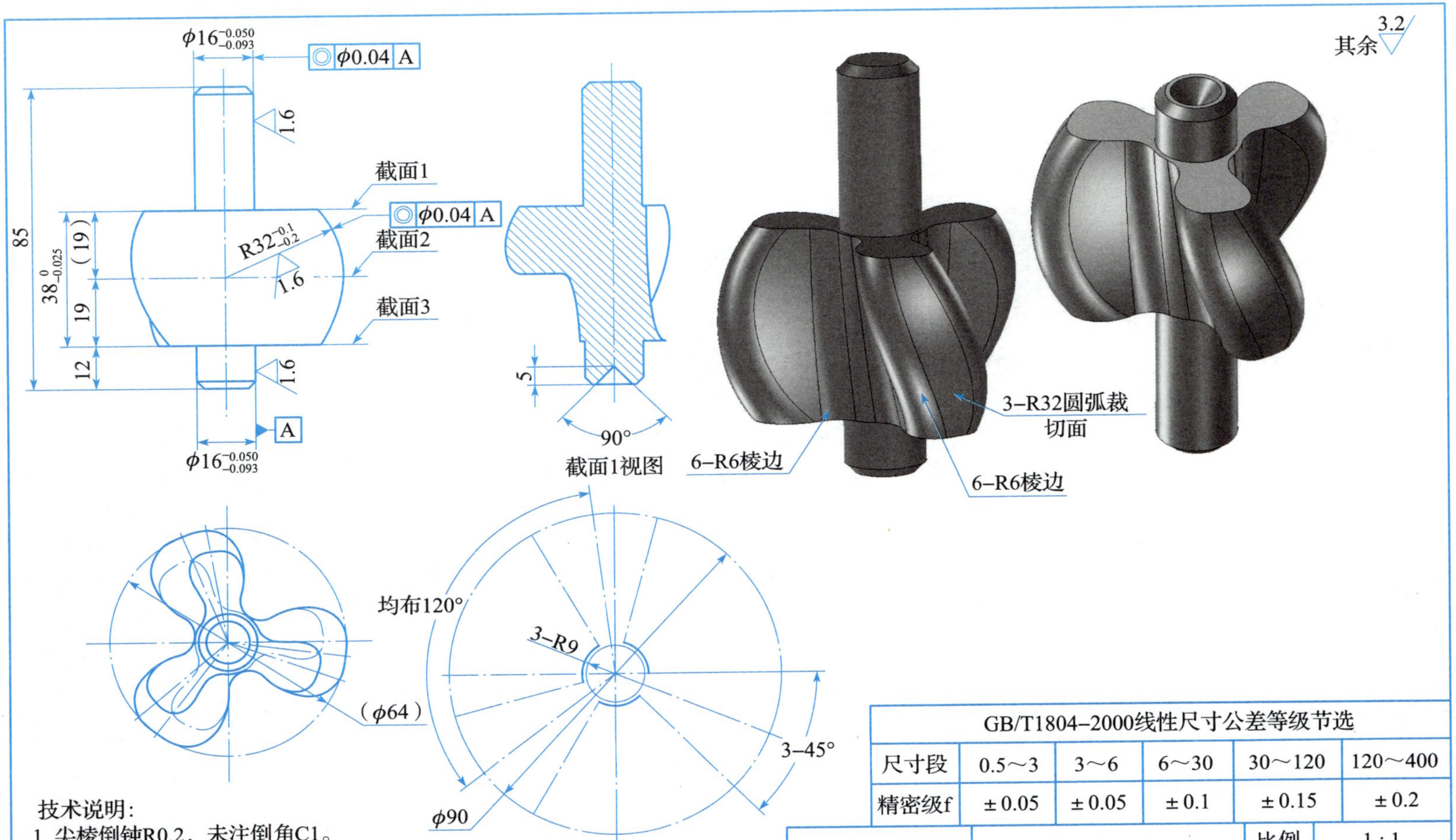

GB/T1804–2000线性尺寸公差等级节选					
尺寸段	0.5～3	3～6	6～30	30～120	120～400
精密级f	±0.05	±0.05	±0.1	±0.15	±0.2

		全国数控技能大赛 加工中心操作工 （多轴联动加工技术）	比例	1:1
			材料	H65
姓名			图号	5X–Z–01–03
设备		陀螺	第4张	共6张

技术说明:

1. 尖棱倒钝R0.2，未注倒角C1。
2. 陀螺的螺旋，先由三个截面放样生成（截面1、截面2、截面3），截面图见纸内。“截面2”由“截面1”逆时针旋转12°，再向下平移19获得。“截面3”由“截面2”逆时针旋转12°，再向下平移19获得。生成的放样体再由R32的回转面裁切而成。然后做各棱边过渡。
3. 未注公差按GB/T1804–2000f级。

图 9–5 五轴零件综合编程实例一